中学教科書ワーク　学習カード
ポケット
スタディ
数学1年

1 自然数

次の数をすべて求めると？

(1)　3より小さい自然数

(2)　−3より大きい負の整数

2 絶対値

次の数の絶対値は？

(1)　−4

(2)　+4

JN085435

3 不等式

次の数の大小を，不等号を使って表すと？

(1)　−3，2

(2)　−5，4，0

4 2つの数の加法

次の計算をすると？

(1)　(−6)+(−4)

(2)　(−6)+(+4)

5 2つの数の減法

次の計算をすると？

(1)　(−6)−(−4)

(2)　(−6)−(+4)

6 加法・減法

次の式を，項を書き並べた式にすると？

−3−(−5)+(−1)

7 乗法・除法

次の計算をすると？

(1)　(−6)×(−2)

(2)　(−6)÷(+2)

8 累乗

次の計算をすると？

(1)　-4^2

(2)　$(-4)^2$

9 四則計算

次の計算をすると？

$-1+(-2)\times(-3)^2$

正や負の数の区別をしよう！

答 (1) **1, 2**　　(2) **−1, −2**

数 $\begin{cases} 正の数 \\ 0 \\ 負の数 \end{cases}$

★自然数＝正の整数
★0は正でも負でもない

使い方

◎ミシン目で切り取り，穴をあけてリングなどを通して使いましょう。
◎カードの表面が問題，裏面が解答と解説です。

小 < 大　　小 < 中 < 大

答 (1) **−3 < 2**　　(2) **−5 < 0 < 4**

$a < b$…aはbより小さい。
$a > b$…aはbより大きい。

★(2)のように，3つ以上の数の大小は，不等号を同じ向きにして書く。

絶対値は数直線で考えよう！

答 (1) **4**　　(2) **4**

絶対値は原点からの距離を表す。

距離が4　距離が4
−4　　0　　4

減法→その数の符号を変えて加える

答 (1) **−2**　　(2) **−10**

(1) $(-6)-(-4)$
　$=(-6)+(+4)$
　$=-(6-4)$
　$=-2$

(2) $(-6)-(+4)$
　$=(-6)+(-4)$
　$=-(6+4)$
　$=-10$

同符号か異符号かを確認

答 (1) **−10**　　(2) **−2**

(1) $(-6)+(-4)$
　$=-(6+4)$
　$=-10$

(2) $(-6)+(+4)$
　$=-(6-4)$
　$=-2$

乗除では，まず符号を決める

答 (1) **12**　　(2) **−3**

$(+)\times(+)\rightarrow(+)$　　$(+)\div(+)\rightarrow(+)$
$(-)\times(-)\rightarrow(+)$　　$(-)\div(-)\rightarrow(+)$
$(+)\times(-)\rightarrow(-)$　　$(+)\div(-)\rightarrow(-)$
$(-)\times(+)\rightarrow(-)$　　$(-)\div(+)\rightarrow(-)$

$-(-\bullet)\rightarrow+\bullet$　$+(-\bullet)\rightarrow-\bullet$

答 **−3+5−1**

計算をすると，
$-3-(-5)+(-1)=-3+5-1$
$\qquad\qquad\qquad\quad=5-3-1$
$\qquad\qquad\qquad\quad=5-4$
$\qquad\qquad\qquad\quad=1$

正の項と負の項でまとめる。

累乗，（　）の中→乗除の順に計算

答 **−19**

$-1+(-2)\times(-3)^2$

累乗の計算が先

$=-1+(-2)\times 9$

乗法の計算が先

$=-1+(-18)=-19$

累乗→何を何個かけるか確認

答 (1) **−16**　　(2) **16**

-4^2 ──4を2個──→ $-(4\times4)=-16$

$(-4)^2$ ──−4を2個──→ $(-4)\times(-4)=16$

10 文字式のきまり

文字式のきまりにしたがって表すと？

(1) $-2 \times x \times y$

(2) $a \times a \div b + 2 \times a$

11 式の値

$x = -3$のとき，次の式の値は？

$-3 + 4x$

12 文字式の計算

次の計算をすると？

(1) $3x + 6 - x - 1$

(2) $-2x - 4 + 2x$

13 分配法則

次の計算をすると？

$-4(2x - 1)$

14 かっこのついた計算

次の式をかっこを使わない式で表すと？

$(3x + 1) - (4x + 2)$

15 不等式

ある数xの４倍に３を加えた数が
２より大きいことを不等式で表すと？

16 方程式の解き方

次の方程式を解くと？

$2x - 5 = 1$

17 小数をふくむ方程式

方程式$0.5x - 3 = 0.2x$を
解くときに，

最初にするとよいことは？

18 分数をふくむ方程式

方程式$\dfrac{1}{2}x + \dfrac{4}{3} = \dfrac{2}{3}x + \dfrac{3}{2}$を
解くときに，

最初にするとよいことは？

19 比例式

次の比例式を解くと？

$2 : x = 3 : 5$

まずは数を代入した式を考える

答 -15

$-3+4x=-3+4\times(-3)$ ← 負の数を代入するときは、かっこをつける。
$\quad\quad=-3-12$
$\quad\quad=-15$

＋，－の符号は，はぶけない

答 (1) $-2xy$　　(2) $\dfrac{a^2}{b}+2a$

・×ははぶく，÷は分数の形にする。
・「数→アルファベット」の順に表す。
・同じ文字の積は累乗の形で表す。

$a(b+c)=ab+ac$

答 $-8x+4$

$-4(2x-1)$ ① ②
$=\underbrace{-4\times2x}_{①}+\underbrace{(-4)\times(-1)}_{②}$
$=-8x+4$

x の項，数の項で計算！

答 (1) $2x+5$　　(2) -4

(1)　$3x+6-x-1$ → 文字をふくむ項と数の項に整理する。
$\quad=3x-x+6-1$
$\quad=2x+5$

(2)　$-2x-4+2x=-2x+2x-4=-4$

数量の関係を不等号で表す

答 $4x+3>2$

x
$4x$ → 4倍する。
$4x+3$ → 3を加える。
$4x+3>2$ → 2より大きい。

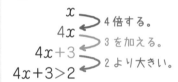

－（　）の（　）のはずし方に注意

答 $3x+1-4x-2$

計算をすると，
$(3x+1)-(4x+2)$ （　）の中の符号を変えて（　）をはずす。
$=3x+1-4x-2$
$=-x-1$

係数を整数にすることを考える

答 両辺に10をかける。

これを解くと，$(0.5x-3)\times10=0.2x\times10$
$\quad\quad\quad\quad 5x-30=2x$
$\quad\quad\quad\quad 3x=30$
$\quad\quad\quad\quad x=10$

移項や等式の性質を使って解く

答 $x=3$

$2x-5=1$
　　　→ 移項
$2x=1+5$ → 右辺を計算する。
$2x=6$ → 両辺を x の係数2でわる。
$x=3$

$a:b=c:d$ ならば $ad=bc$

答 $x=\dfrac{10}{3}$

$2\times5=x\times3$
$10=3x$
$x=\dfrac{10}{3}$

$a:b$ の比の値は $\dfrac{a}{b}$，
$c:d$ の比の値は $\dfrac{c}{d}$ より
$\dfrac{a}{b}=\dfrac{c}{d}$ だから $ad=bc$

係数を整数にすることを考える

答 両辺に分母の（最小）公倍数の6をかける。

これを解くと，$\left(\dfrac{1}{2}x+\dfrac{4}{3}\right)\times6=\left(\dfrac{2}{3}x+\dfrac{3}{2}\right)\times6$
$\quad\quad\quad\quad 3x+8=4x+9$
$\quad\quad\quad\quad -x=1$
$\quad\quad\quad\quad x=-1$

20 比例の式

yはxに比例し，
$x=3$のとき$y=-6$です。
yをxの式で表すと？

21 反比例の式

yはxに反比例し，
$x=3$のとき$y=-6$です。
yをxの式で表すと？

22 座標

右の点Aの座標は？

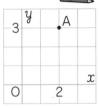

23 比例・反比例のグラフ

右の図で，次の式を
表すグラフは㋐〜㋒
の中のどれ？

$$y=2x$$

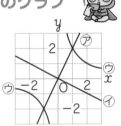

24 垂直と平行

長方形ABCDで，次の位
置関係を記号で書くと？

(1)　辺ABと辺BC
(2)　辺ABと辺DC

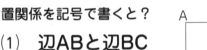

25 図形の移動

右の図で三角形㋑を１回
の移動で㋖に重ねるとき
の図形の移動方法は？

26 垂直二等分線

線分ABの
垂直二等分線の
作図のしかたは？

A ——— B

27 角の二等分線の作図

∠AOBの
二等分線の作図
のしかたは？

28 円の接線の作図

円周上の点Pを通る
接線の作図
のしかたは？

29 おうぎ形の弧の長さと面積

半径r，中心角$a°$の
おうぎ形の**弧の長さ ℓ**
と**面積S**を求める式は？

反比例を表す式⇒$y=\dfrac{a}{x}$

答 $y=-\dfrac{18}{x}$

$y=\dfrac{a}{x}$に$x=$ 3 ，$y=-6$ を代入すると，

$-6=\dfrac{a}{3}$ より，$a=-18$

比例を表す式⇒$y=ax$

答 $y=-2x$

$y=ax$に$x=$ 3 ，$y=-6$ を代入すると，

$-6=a\times$ 3 より，$a=-2$

比例のグラフ⇒直線　反比例のグラフ⇒双曲線

答 ⑦

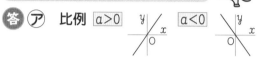

比例　$a>0$　　　$a<0$

反比例　$a>0$　　　$a<0$

座標は，（x座標，y座標）で表す

答 A($\underset{\uparrow}{2}$，$\underset{\uparrow}{3}$)

x座標　y座標

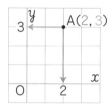

移動の性質を確認しよう

答 平行移動または対称移動

平行移動…一定の方向に一定の距離だけ動かす。

回転移動…ある点（回転の中心）で回転させる。

対称移動…ある直線（対称の軸）で折り返す。

垂直…⊥　平行…∥

答
(1)　AB⊥BC
(2)　AB∥DC

垂直…直角に交わる。

平行…交わらない。

角の二等分線…その角の2辺までの距離が等しい

答

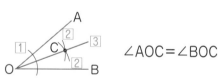

∠AOC＝∠BOC

垂直二等分線…両端からの距離が等しい

答

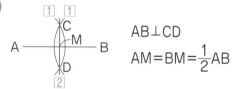

AB⊥CD

AM＝BM＝$\dfrac{1}{2}$AB

おうぎ形…円周や円の面積の$\dfrac{a}{360}$倍

答 弧の長さ　$\ell=2\pi r\times\dfrac{a}{360}$

面積　$S=\pi r^2\times\dfrac{a}{360}=\dfrac{1}{2}\ell r$

（接点を通る円の半径）⊥（接線）

答

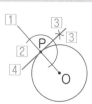

円の接線は，「垂線の作図」を利用してかく。

30 投影図

右の投影図で表される
立体の名前や
見取図は？

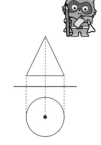

31 2直線の位置関係

右の立方体で,
次の位置関係は？

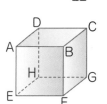

(1) **辺ABと辺HG**
(2) **辺ABと辺CG**

32 円柱の表面積

円柱の展開図で,
側面の形は？
右の図で, **表面積**を
求める式は？

側面積 S_1

底面積 S_2

33 円錐の表面積

円錐の展開図で,
側面の形は？
右の図で, **表面積**を
求める式は？

側面積 S_1

底面積 S_2

34 角錐・円錐の体積

底面積がSで高さがhの
角錐や円錐の体積を
求める式は？

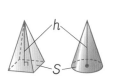

35 球

半径rの球の**体積**と
表面積を求める式は？

36 ヒストグラム

右のヒストグラムで
度数がいちばん多い
階級は？

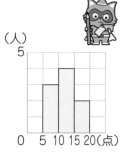

(人)

0 5 10 15 20(点)

37 相対度数

度数分布表が与えられているとき,
次の値の求め方は？

(1) **ある階級の相対度数**
(2) **ある階級の累積相対度数**

38 代表値

データを調べるときの代表値には
どんなものがある？

39 確率の考え方

王冠を1000回投げたら,
400回表が出ました。
このとき, 表が出る確率は
いくらと考えられる？

表向き

裏向き

同じ平面上にあるかを確かめる

答 (1) 平行　(2) ねじれの位置

同じ平面上にある2直線
…交わる・平行
平行でなく交わらない2直線
…ねじれの位置

立面図で柱か錐かを考えよう

答 円錐

見取図　投影図 {
立面図（正面から見た図）
…三角形
平面図（真上から見た図）
…円

角錐や円錐は底面が1つである

答 おうぎ形　　$S_1 + S_2$

側面積
表面積
底面積
長さが等しい

角柱や円柱は底面が2つである

答 長方形　　$S_1 + S_2 \times 2$

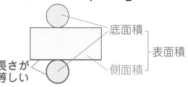

底面積
表面積
側面積
長さが等しい

球の体積と表面積…$\frac{4}{3}\pi r^3$　$4\pi r^2$

答 体積…$\dfrac{4}{3}\pi r^3$

表面積…$4\pi r^2$

体積は半径の3乗，表面積は半径の2乗に比例していることに注意する。

錐の体積は柱の体積の3分の1

答 $\dfrac{1}{3}Sh$

角錐や円錐の体積…$\dfrac{1}{3} \times$ 底面積 $\times$ 高さ

↑ 角柱や円柱の体積

データの比較は相対度数を利用する

答 (1) $\dfrac{（その階級の度数）}{（度数の合計）}$

(2) 最初の階級から，ある階級までの相対度数を合計する。

階級は「○以上△未満」で表す

答 10点以上15点未満の階級

※右の図の赤線は
度数折れ線，または
度数分布多角形という。

確率→起こりやすさの程度を表す数

答 0.4

（表が出た回数）÷（投げた回数）
$= 400 \div 1000 = 0.4$

代表値…平均値・中央値・最頻値など

答 平均値，中央値，最頻値

平均値…（個々のデータの値の合計）÷（データの総数）

中央値…データの値を順に並べたときの中央の値

最頻値…データの中でもっとも多く出てくる値

数研出版版 数学1年 もくじ

発展→この学年の学習指導要領には示されていない内容を取り上げています。学習に応じて取り組みましょう。

※特別ふろくについて、くわしくは表紙の裏や巻末へ

解答と解説 別冊

確認のワーク　**ステージ1**　**1　正の数と負の数**
■ 符号のついた数

例1 正の符号，負の符号　　　教 p.16, 17 →基本問題 ①

0°C を基準にして，次の温度を，正の符号，負の符号を使って表しましょう。

(1)　0°C より 5.5°C 低い温度

(2)　0°C より 10°C 高い温度

考え方　0°C を基準にして，0°C より低い温度を負の符号 −（マイナス），
0°C より高い温度を正の符号 +（プラス）を使って表すことがある。

> **覚えておこう**
> + …正の符号
> − …負の符号

解き方　(1)　0°C より 5.5°C 低い温度を，[①＿＿＿]°C と表す。
負の符号 − を使う。　　　　　「マイナス 5.5°C」と読む。

(2)　0°C より 10°C 高い温度を，[②＿＿＿]°C と表す。
正の符号 + を使う。　　　　　「プラス 10°C」と読む。

例2 正の数，負の数　　　教 p.18 →基本問題 ②

次の数の中から，下の数をすべて選びましょう。　　−5，+3，+1.2，0，−0.8，6

(1)　正の数　　　　　(2)　負の数　　　　　(3)　自然数

考え方　0 より大きい数を正の数，0 より小さい数を負の数という。また，正の整数のことを自然数という。

解き方　(1)　0 より大きい数を選ぶから，[③＿＿＿]
+の符号がついていないけれど，「6」も正の数

(2)　0 より小さい数を選ぶから，[④＿＿＿]
負の小数をわすれない。

(3)　正の数の中から，整数を選べばよいので，
[⑤＿＿＿]　←自然数には 0 をふくまない。

> **たいせつ**
> 整数 { 正の整数（自然数）+1，+2，+3，…
> 0
> 負の整数 …，−3，−2，−1
> 注 0 は，正の数でも負の数でもない数である。

例3 符号のついた数で表す　　　教 p.19, 20 →基本問題 ④⑤

地点Aから東へ 3 m の地点を +3 m と表すと，地点Aから西へ 7 m の地点はどのように表されますか。

考え方　ある基準に関して反対の性質をもつ数量は，一方を正の数で表すと，他方は負の数で表すことができる。ここでは，地点Aを基準にして，「東へ ○ m の地点」を正の符号 + を使って表し，「西へ △ m の地点」を負の符号 − を使って表す。

解き方　基準となる地点Aから西へ 7 m の地点だから，
負の符号 − を使う。
[⑥＿＿＿]と表される。

> **ここが ポイント**
> 反対の性質をもつ数量は，正の数，負の数で表すことができる。

基本問題 解答 ▶ p.1

1 正の数，負の数　次の数を，正の符号，負の符号を使って表しましょう。　教 p.18問2

(1)　0より8大きい数　　　(2)　0より3.6大きい数　　　(3)　0より $\dfrac{2}{5}$ 小さい数

2 正の数，負の数　次の①～④の中から，正しいものを選び，番号で答えましょう。

① 　0より小さい数は正の符号を使って表す。　　教 p.18問3

② 　−4 や −7.5 のような数を負の数という。

③ 　0は自然数である。

④ 　整数は，正の整数と負の整数だけである。

0は整数だけど，自然数ではないよ。

3 基準とのちがい　右の表は，ある中学校のクラスごとの人数を表したものです。1組の人数38人を基準にして，それより多い人数を正の数，少ない人数を負の数で表すことにして，2組と3組の人数をそれぞれ表しましょう。　教 p.19問4

1組	2組	3組
38人	41人	36人

4 符号を使って表す　南北にのびる道があります。北へ5m進むことを +5m と表すことにすると，次のように表される移動は，どちらの方向にどれだけ進むことを表していますか。

(1)　+2.5m と表される移動　　　教 p.20問6

(2)　−13m と表される移動

5 反対の性質をもつ数量　[　]内のことばを使って，次の数量を表しましょう。　教 p.20問7

(1)　200g重い　[軽い]

(2)　北へ5km進む　[南]

重い ⟷ 軽い
北 ⟷ 南
前 ⟷ 後
収入 ⟷ 支出
高い ⟷ 低い
反対のことばを使うときは負の数を使えばいいね。

(3)　1時間前　[後]

(4)　200円の収入　[支出]

(5)　3℃高い　[低い]

 左ページの 例 の答え　① −5.5　② +10　③ +3，+1.2，6　④ −5，−0.8　⑤ +3，6　⑥ −7m

ステージ **1**
1 正の数と負の数
2 数の大小

例 **1** 数直線

教 p.21, 22 → 基本問題 **1 2**

下の数直線で，点 A，B，C の表す数を答えましょう。

```
      A            B                        C
  ┼──┼──┼──┼──┼──┼──┼──┼──┼──┼──┼──
 −5   −4  −3  −2  −1   0  +1  +2  +3  +4  +5
```

考え方 数直線では，0 より右側には正の数，0 より左側には
負の数を対応させる。

解き方 点Aは −4 と −5 の中間にあるので，小数で表すと，

① [   ]　　点Bは 0 より左側にあるので ② [   ]
　　　　　　　　　　　　 <u>負の数</u>

点Cは 0 より右側にあるので ③ [   ]
　　　 <u>正の数</u>

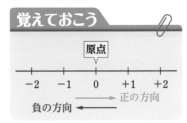

覚えておこう

原点

```
  ┼──┼──┼──┼──┼
 −2  −1   0  +1  +2
負の方向 ←　　→ 正の方向
```

例 **2** 数の大小と不等号

教 p.22, 23 → 基本問題 **3**

次の各組の数の大小を，不等号を使って表しましょう。 (1) −2, −7 (2) 0, +1, −10

考え方 数を数直線上の点で表したとき，右側にある数ほど大
きく，左側にある数ほど小さい。

解き方 (1) 数直線上で，<u>−7 が左側，−2 が右側にあるから，</u>
　　　　　　　　　　　　　 −2 の方が−7 より大きい

−7 ④ [   ] −2 または −2 ⑤ [   ] −7 と表す。
<u>「−7 小なり−2」と読む。</u>　　　　　 <u>「−2 大なり−7」と読む。</u>

(2) 数直線上で，0 は +1 より左側にあるから，+1 の方が大きい。また，−10 は 0 より左側

にあるから，0 の方が大きい。よって， −10 ⑥ [   ] 0 ⑦ [   ] +1 ← +1>0>−10 でもよい。

ミス注意

3つ以上の数の大小を表
すときは，不等号の向き
をすべて同じにする。
例 −4<0<+1

例 **3** 絶対値

教 p.24, 25 → 基本問題 **4 5**

次の数の絶対値を答えましょう。 (1) +7 (2) −2.3 (3) $-\dfrac{1}{3}$

解き方 (1) +7 を表す点の原点からの距離は 7 だから，

⑧ [   ]

(2) −2.3 を表す点の原点からの距離は 2.3 だから，

⑨ [   ]

(3) $-\dfrac{1}{3}$ を表す点の原点からの距離は $\dfrac{1}{3}$ だから，

⑩ [   ]

絶対値

数直線上で，原点から，ある数を
表す点までの距離のこと。
例 −3と +3 の絶対値は 3

```
     B   3   O   3   A
  ┼──┼──┼──┼──┼──┼──┼──┼──┼
 −4 −3 −2 −1  0  +1 +2 +3 +4
```

注 0 の絶対値は 0 である。

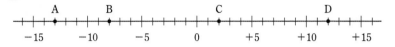

基本問題　　　　　　　　　　　　　　　　　　　　　　　　解答 p.1

1 数直線　下の数直線で，点 **A**，**B**，**C**，**D** の表す数を答えましょう。　教 p.22問1

```
        A        B              C              D
  +--+--●--+--+--●--+--+--+--+--+--+--●--+--+--+--+--●--+--+--+
  -15     -10     -5       0      +5      +10     +15
```

A (　　　) B (　　　) C (　　　) D (　　　)

2 数直線　下の数直線上に，次の数を表す点をかき入れましょう。　教 p.22問2

(1)　+4　　　　　　(2)　−4　　　　　　(3)　+0.5　　　　　(4)　−1.5

```
  +--+--+--+--+--+--+--+--+--+--+--+--+--+--+--+--+
  -4    -3    -2    -1     0    +1    +2    +3    +4
```

3 数の大小と不等号　次の各組の数の大小を，不等号を使って表しましょう。　教 p.23問3

(1)　+1，−8　　　　　　(2)　−9，−3

(3)　−0.2，−2　　　　　(4)　$-\dfrac{3}{5}$，$-\dfrac{1}{5}$

(5)　+7，−8，0　　　　　(6)　$-\dfrac{1}{2}$，−6，$+\dfrac{1}{3}$

> **ここが ポイント**
> ・数の大小は，数直線を
> 　使って考える。
> ・正の数は 0 より大きく，
> 　負の数は 0 より小さい。

4 絶対値　次の数の絶対値を答えましょう。　教 p.24問4

(1)　+100　　　　　　(2)　−12

(3)　+5.7　　　　　　(4)　$-\dfrac{1}{6}$

> 絶対値は，正の数，負の
> 数から，その数の符号を
> とったものと考えること
> もできるね。

5 絶対値　次の数の中で，絶対値が等しい数はどれとどれですか。　教 p.24, 25

-1，0，$+0.2$，$-\dfrac{1}{2}$，$+0.1$，-0.2，$-\dfrac{1}{10}$

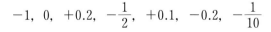

左ページの
例 の答え　①−4.5　②−2　③+3　④<　⑤>　⑥<　⑦<　⑧7　⑨2.3　⑩$\dfrac{1}{3}$

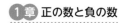

2 加法と減法
1 加法

┌─ **例1 符号が同じ2つの数の和** ──────── 教 p.26, 27 → 基本問題 **1** ─┐

次の計算をしましょう。

(1) $(+3)+(+7)$　　　　　　　　　(2) $(-5)+(-4)$

└──────────────────────────────────┘

解き方 (1) $(+3)+(+7)=\boxed{①}(3+7)=\boxed{②}$

共通の符号　　絶対値の和

たし算のことを「加法」，加法の結果を「和」というよ。

(2) $(-5)+(-4)=-(\boxed{③}+4)=\boxed{④}$

共通の符号　　絶対値の和

┌─ **例2 符号が異なる2つの数の和** ──────── 教 p.28, 29 → 基本問題 **2** ─┐

次の計算をしましょう。

(1) $(+6)+(-8)$　　　(2) $(-2)+(+9)$　　　(3) $(-11)+(+11)$

└──────────────────────────────────┘

解き方 (1) $(+6)+(-8)=\boxed{⑤}(8-6)$ ◁符号を決める。

絶対値が大きい方の符号　絶対値の差

$=\boxed{⑥}$

まずは符号を先に決めるんだね。絶対値は大きい方から小さい方をひいた差になるよ。

(2) $(-2)+(+9)=+(\boxed{⑦}-2)$ ◁符号を決める。

絶対値が大きい方の符号　絶対値の差

$=\boxed{⑧}$

(3) $(-11)+(+11)=\boxed{⑨}$

絶対値が等しく，符号が異なる2つの数

┌─ **例3 加法の計算法則** ──────── 教 p.30 → 基本問題 **3** ─┐

くふうして，$(-1)+(+4)+(-9)+(+6)$ の計算をしましょう。

└──────────────────────────────────┘

考え方 加法では，交換法則や結合法則が成り立つ。

解き方 $(-1)+(+4)+(-9)+(+6)$

$=(-1)+(-9)+(+4)+(+6)$ ⟩加法の交換法則を使って計算の順序を入れかえる。

$=\{(-1)+(-9)\}+\{(+4)+(+6)\}$ ⟩加法の結合法則を使って計算の組み合わせをかえる。

$=(\boxed{⑩})+(+10)$

$=\boxed{⑪}$

たいせつ

加法の交換法則
$■+●=●+■$

加法の結合法則
$(■+●)+▲=■+(●+▲)$

※■, ●, ▲には，それぞれ同じ数が入る。

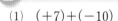 **基本問題** ┄┄┄┄┄┄┄┄┄┄┄┄┄┄┄┄┄┄┄┄┄┄┄┄┄┄┄┄┄┄┄┄┄┄┄┄┄┄ 解答 p.2

❶ 符号が同じ 2 つの数の和 次の計算をしましょう。

教 p.27問3

(1) $(+9)+(+4)$　　　　　(2) $(-6)+(-3)$

同じ符号の数の加法は，答えも同じ符号になるんだね。

(3) $(+15)+(+18)$　　　　(4) $(-17)+(-29)$

(5) $(+0.6)+(+1.3)$　　　(6) $\left(-\dfrac{1}{4}\right)+\left(-\dfrac{3}{4}\right)$

❷ 符号が異なる 2 つの数の和 次の計算をしましょう。

教 p.29問5

(1) $(+7)+(-10)$　　　　(2) $(+15)+(-9)$

ここが ポイント

・絶対値が等しい符号が異なる 2 つの数の和は 0 になる。
例 $(+8)+(-8)=0$

(3) $(-2.1)+(+0.4)$　　　(4) $\left(+\dfrac{3}{2}\right)+\left(-\dfrac{1}{2}\right)$

(5) $(+19)+(-19)$　　　　(6) $\left(-\dfrac{7}{3}\right)+\left(+\dfrac{7}{3}\right)$

・ある数と 0 との和は，もとの数に等しい。
例 $(-8)+0=-8$
　　$0+(-8)=-8$

(7) $(+9)+0$　　　　　　(8) $0+(-10)$

❸ 加法の計算法則 くふうして，次の計算をしましょう。

教 p.30問6

(1) $(+2)+(-11)+(+14)+(-6)$

知ってると得

3 つ以上の数の加法では，数の順序や組み合わせをかえて，どの 2 つの数から計算してもよい。

(2) $(-27)+(+9)+(+27)+(-18)$

(3) $(-7)+(+1)+(+5)+(-3)+(+7)$

(4) $(+1.8)+(-0.8)+(-1)+(+1)+(-2)$

(5) $\left(-\dfrac{1}{2}\right)+\left(+\dfrac{1}{4}\right)+\left(-\dfrac{1}{8}\right)+\left(+\dfrac{1}{16}\right)$

左ページの 例 の答え　① ＋　② ＋10　③ 5　④ －9　⑤ －　⑥ －2　⑦ 9　⑧ ＋7　⑨ 0　⑩ －10　⑪ 0

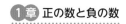
 **ステージ 1**　**2　加法と減法**　**2 減法**

例 1　正の数，負の数の減法

数 p.31, 32 → 基本 問題 ❶ ❸

次の減法を，加法になおして計算しましょう。

(1)　$(+3)-(+9)$　　　　　　(2)　$(-5)-(-12)$

考え方　ある数をひく計算は，ひく数の符号を変えてたし算になおすことができる。

解き方　(1)　$(+3)-(+9)$

$=(+3)+(\boxed{①　})$
「+9 をひくこと」と
「−9 をたすこと」は同じである。

$=-(9-3)$
符号が異なる 2 つの数の和を計算する。

$=\boxed{②　}$

(2)　$(-5)-(-12)$

$=(-5)+(\boxed{③　})$
「−12 をひくこと」と
「+12 をたすこと」は同じである。

$=+(12-5)$
符号が異なる 2 つの数の和を計算する。

$=\boxed{④　}$

ひき算のことを「減法」，減法の結果を「差」というよ。

> **正の数，負の数の減法**
>
> 　正の数をひく　　　　　　負の数をひく
> 　減法を加法になおす　　　　減法を加法になおす
> 　$(+2)-(+3)=(+2)+(-3)$　　$(+2)-(-3)=(+2)+(+3)$
> 　　負の数をたす　　　　　　　正の数をたす

例 2　0をふくむ減法

数 p.32, 33 → 基本 問題 ❷ ❸

次の計算をしましょう。

(1)　$(-5)-0$　　　　(2)　$0-(+8)$　　　　(3)　$0-(-11)$

考え方　(1)　$(-5)-0$

$=\boxed{⑤　}$ ◁ もとの数のまま

(2)　$0-(+8)$

$=0+(\boxed{⑥　})$

$=\boxed{⑥　}$ ◁ ひいた数の符号を変えた数になる。

(3)　$0-(-11)$

$=0+(\boxed{⑦　})$

$=\boxed{⑦　}$ ◁ ひいた数の符号を変えた数になる。

> **0をふくむ減法**
>
> **0をひく**
> 　ある数から 0 をひくと，差はもとの数に等しくなる。
> 　例　$(-7)-0=-7$
> 　　　　　　　　　↑
> 　　　　　　　もとの数
>
> **0からひく**
> 　0 からある数をひくと，差はひいた数の符号を変えた数になる。
> 　例　$0-(+4)=-4$　　　$0-(-4)=+4$
> 　　　　符号を変える　　　　符号を変える

基本問題 ·· 解答 p.2

1 正の数，負の数の減法 次の減法を，加法になおして計算しましょう。

(1) $(+7)-(+8)$ (2) $(+1)-(-5)$

(3) $(-2)-(+10)$ (4) $(-4)-(-9)$

(5) $(+2)-(+4)$ (6) $(+5)-(-3)$

(7) $(-3)-(+1)$ (8) $(-7)-(-9)$

(9) $(-6)-(-15)$ (10) $(+8)-(-11)$

ミス注意

減法を加法になおすとき，「ひかれる数」の符号を変えてはいけない。　▲－●　ひかれる数　ひく数

知ってると得

正の数をひく
→差は「ひかれる数」より小さくなる。
負の数をひく
→差は「ひかれる数」より大きくなる。

2 0をふくむ減法 次の計算をしましょう。

(1) $(+8)-0$ (2) $0-(-8)$

3 小数，分数の計算 次の計算をしましょう。

(1) $(+2.3)-(+3.9)$ (2) $(-0.8)-(+1.8)$

(3) $\left(-\dfrac{7}{8}\right)-\left(-\dfrac{5}{8}\right)$ (4) $\left(-\dfrac{1}{2}\right)-\left(-\dfrac{5}{2}\right)$

(5) $(-1.7)-0$ (6) $0-(+0.3)$

(7) $\left(+\dfrac{2}{3}\right)-0$ (8) $0-\left(-\dfrac{3}{5}\right)$

負の小数や分数の加法や減法も，整数のときと同様に計算するよ。

確認のワーク　ステージ1　2　加法と減法　❸ 加法と減法の混じった式

例1 式の項　　　　　　　教 p.34 →基本問題❶

$(+8)-(+3)+(-1)-(-7)$ の正の項，負の項をすべて答えましょう。

考え方 項を見つけるときは，加法だけの式になおすとわかりやすい。

解き方 $(+8)-(+3)+(-1)-(-7)$

$-(+3)$ は $+(-3)$ となおせる。

加法だけの式になおす。

$=(+8)+(\boxed{①})+(-1)+(\boxed{②})$

となおせるから，正の項は $+8$ と $\boxed{③}$

負の項は $\boxed{④}$ と -1 である。

たいせつ

加法の式 $(+2)+(-9)+(-3)$ で，加法の記号 $+$ で結ばれた $+2，-9，-3$ を，この式の項といい，$+2$ を**正の項**，$-9，-3$ を**負の項**という。

注 加法だけの式は，加法の記号 $+$ とかっこをはぶいて，項を並べた式で表すことができる。このとき，式の最初の項が正の数ならば，その正の符号 $+$ を省略する。
$(+8)+(-3)+(-1)+(+7)=8-3-1+7$

例2 項を並べた式の計算　　　　　教 p.35, 36 →基本問題❷❸

$12-19+6-3$ を計算しなさい。

考え方 加法の交換法則や結合法則を使って，符号が同じ項どうしをまとめて計算する。

解き方 $\underline{12}\ \underline{-19}\ \underline{+6}\ \underline{-3}$

$=12+\boxed{⑤}\ \ -19-\boxed{⑥}$

正の項と負の項に分ける。【加法の交換法則】

$=18\boxed{⑦}$

正の項の和と負の項の和をそれぞれ計算する。【加法の結合法則】

$=-4$

項を並べた式は加法だけの式だから，加法の交換法則と結合法則を使って計算できるんだね。

例3 加法と減法の混じった式の計算　　　教 p.36 →基本問題❹

$-15-(-8)+9-(+1)$ を計算しなさい。

考え方 まず，項だけを並べた式で表してから，交換法則や結合法則を使って計算する。

解き方 $-15-(-8)+9-(+1)$

$=-15+8+9-1$

項だけを並べた式にする。

$=8+9-15-1$

項の順序をかえる。【加法の交換法則】項の最初の正の符号 $+$ は省略する。

$=17-\boxed{⑧}$

正の項，負の項をまとめる。【加法の結合法則】

$=1$

覚えておこう

加法だけの式から加法の記号 $+$ とかっこをはぶくと，項を並べた式にできる。

注 計算の結果が正の数のときは，正の符号 $+$ を省略する。

基本問題 解答 p.3

1章

① 式の項 次の式の正の項，負の項を答えましょう。 教 p.34問2

(1) $1-5-8$

(2) $(-9)-(+6)+(-4)$

(3) $-\dfrac{1}{2}+\dfrac{5}{3}-\dfrac{3}{4}$

(4) $(+0.7)-(-1.3)-(-2.1)$

② 項を並べた式 次の式を，項を並べた式で表しましょう。 教 p.35問3

(1) $(-4)+(+9)+(-1)$

(2) $-17-(-3)+(-5)-8$

③ 項を並べた式の計算 次の計算をしましょう。 教 p.36問4

(1) $-2+5-8+13$

(2) $9-15+1-6+4$

(3) $3-7-16+4$

(4) $-12-13+5-9+8$

(5) $3.5-5.3+8.2-1$

(6) $-\dfrac{3}{8}-\dfrac{1}{2}+\dfrac{3}{4}$

小数や分数でも整数と同じように計算するよ。

④ 加法と減法の混じった式の計算 次の計算をしましょう。 教 p.36問5, 問6

(1) $14+(-3)-(-10)$

(2) $0-9-(+16)+9$

(3) $1.5-(+0.8)-(-1.2)$

ミス注意

$■+(-●)=■-●$　　$■-(-●)=■+●$

・式の最初の項の負の符号－は省略できない。

・式の最初の項の正の符号＋は省略できる。

(4) $-\dfrac{3}{4}+\left(-\dfrac{1}{3}\right)-\left(-\dfrac{3}{2}\right)$

左ページの例の答え 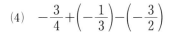 ①-3　②$+7$　③$+7$　④-3　⑤$6$　⑥$3$　⑦-22　⑧$16$

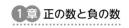

 1　正の数と負の数　　2　加法と減法

1 東西にのびる道があります。東へ 2 m 進むことを +2 m と表すことにするとき，次のように表される移動は，どちらの方向にどれだけ進むことを表していますか。

(1)　−10 m

(2)　0 m

2 次のことを，負の数を使わないで表しましょう。

(1)　−1000 円の収入

(2)　−75 m 高い

(3)　−10 増加

(4)　−3 分早い

3 下の数直線で，点 A，B，C，D の表す数を小数で答えましょう。また，下の数直線上に，次の数を表す点をかき入れましょう。

(1)　$+\dfrac{5}{2}$

(2)　$-\dfrac{1}{2}$

(3)　0 より 3.5 小さい数

4 次の各組の数の大小を，不等号を使って表しましょう。

(1)　$+\dfrac{1}{10}$，$-\dfrac{1}{5}$，$-\dfrac{1}{2}$

(2)　-2.5，$-\dfrac{7}{2}$，-3

5 次の問いに答えましょう。

(1)　絶対値が 15 になる数を答えましょう。

(2)　絶対値が 5 より小さい整数は何個ありますか。

(3)　$-\dfrac{7}{3}$ より小さい整数のうち，もっとも大きい数を答えましょう。

(4)　絶対値が $\dfrac{17}{4}$ より大きく $\dfrac{41}{5}$ より小さい整数は何個ありますか。

6 次の数を小さい順に並べましょう。

-0.01，-100，0，$-\dfrac{1}{10}$

5 (2)　−5 より大きく，+5 より小さい整数を答える。−5 と +5 はふくまない。

(4)　$\dfrac{17}{4}=4\dfrac{1}{4}$，$\dfrac{41}{5}=8\dfrac{1}{5}$ より，絶対値が 5 以上 8 以下の整数を考える。

7 次の計算をしましょう。

(1) $(-42)+(+35)$

(2) $(-16)-(+39)$

(3) $(+2.8)-(+1.9)$

(4) $-12-27+29-23$

(5) $1-2+3-4+5-6$

(6) $18+(-26)-15-(-29)$

(7) $2-\{3-(-1)\}$

(8) $-1.8-(-5.5)+3.2-(+1.3)$

(9) $\dfrac{5}{6}+\left(-\dfrac{2}{3}\right)+\dfrac{1}{2}+\left(-\dfrac{7}{9}\right)$

(10) $-\dfrac{1}{4}+\dfrac{3}{8}+\left(-\dfrac{2}{3}\right)-\left(-\dfrac{5}{9}\right)$

(11) $-0.6+\left(-\dfrac{2}{5}\right)$

レベルUP (12) $\dfrac{1}{5}-\left\{1.8-\left(0.9+\dfrac{9}{5}\right)\right\}$

入試問題を **やってみよう！**┈┈┈┈┈┈┈┈┈┈┈┈┈

1 次の計算をしましょう。

(1) $(-5)+(-2)$ 〔兵庫〕

(2) $7+(-5)$ 〔北海道〕

(3) $-\dfrac{2}{7}+\dfrac{1}{3}$ 〔愛媛〕

(4) $\left(-\dfrac{3}{4}\right)+\dfrac{2}{5}$ 〔福島〕

(5) $-7+3-4$ 〔鳥取〕

(6) $-3-(-8)+1$ 〔山形〕

2 海面の高さを基準の 0 m とすると，比叡山の山頂は $+848$ m，琵琶湖の一番深い所は，-19 m と表すことができます。比叡山の山頂と琵琶湖の一番深い所の高さの差は何 m ですか。求めましょう。 〔滋賀〕

〜〜〜〜〜〜〜〜〜〜〜〜〜〜〜〜〜〜〜〜〜〜〜〜〜〜〜

7 (11) -0.6 を分数になおす。$-0.6=-\dfrac{3}{5}$

(12) $\dfrac{1}{5}=0.2$，$\dfrac{9}{5}=1.8$ になおして，（ ）の中→{ }の中の順に計算する。

確認のワーク ステージ1　3　乗法と除法
❶ 乗法(1)

例1　2つの数の乗法
教 p.38〜41 →基本問題 ❷

次の計算をしましょう。

(1)　$(+3)\times(+6)$　　　　　　　　(2)　$(-4)\times(+2)$

(3)　$(-5)\times(-3)$　　　　　　　　(4)　$(+7)\times(-8)$

考え方　2つの数の乗法では，

　符号が同じ2つの数の積は，絶対値の積に正の符号をつける。

　符号が異なる2つの数の積は，絶対値の積に負の符号をつける。

かけ算のことを「乗法」，乗法の結果を「積」というよ。

解き方　(1)　$(+3)\times(+6)=+(3\times6)=$ ①[　　　]
　　　　　　　符号が同じ　　絶対値の積

(2)　$(-4)\times(+2)=-(4\times2)=$ ②[　　　]
　　　　符号が異なる　　絶対値の積

(3)　$(-5)\times(-3)=+(5\times3)=$ ③[　　　]

(4)　$(+7)\times(-8)=-(7\times8)=$ ④[　　　]

覚えておこう

2つの数の積の符号

$(+)\times(+)\to(+)$
$(-)\times(-)\to(+)$
$(+)\times(-)\to(-)$
$(-)\times(+)\to(-)$

例2　乗法の計算法則
教 p.42 →基本問題 ❸

くふうして，$(-2)\times(+9)\times(-5)$ の計算をしましょう。

考え方　乗法では，交換法則や結合法則を使って計算することができる。

解き方　$(-2)\times(+9)\times(-5)$　　交換法則を使って，計算の順序をかえる。
　　　　$=(+9)\times(-2)\times(-5)$　　結合法則を使って，計算の組み合わせをかえる。
　　　　$=(+9)\times\{(-2)\times(-5)\}$
　　　　$=(+9)\times$ ⑤[　　　]$=$ ⑥[　　　]

たいせつ

乗法の交換法則
　$\blacksquare\times\bullet=\bullet\times\blacksquare$
乗法の結合法則
　$(\blacksquare\times\bullet)\times\blacktriangle=\blacksquare\times(\bullet\times\blacktriangle)$

例3　いくつかの数の積
教 p.43, 44 →基本問題 ❹

$(-7)\times(-3)\times(+2)$ を計算しましょう。

考え方　積の符号を決めてから，積の絶対値を求める。

解き方　$(-7)\times(-3)\times(+2)$　　負の数が偶数個なので符号は「+」
　　　　$=+(7\times3\times2)$
　　　　$=$ ⑦[　　　]

たいせつ

いくつかの数の積

符号…$\begin{cases}負の数が奇数個のとき，- \\ 負の数が偶数個のとき，+\end{cases}$

絶対値…それぞれの数の絶対値の積

基本問題

解答 p.4

1 ある数と0との積　次の計算をしましょう。

 p.40

(1) $(+16)\times 0$　　　　(2) $0\times(-24)$

(3) $(-0.3)\times 0$　　　　(4) $0\times\left(+\dfrac{3}{7}\right)$

ある数と0の積は、つねに0になるよ。
●×0＝0, 0×●＝0
だね。

2 2つの数の乗法　次の計算をしましょう。

 p.41問3, 問4

(1) $(+2)\times(+5)$　　　　(2) $(-3)\times(-4)$

(3) $(+9)\times(-2)$　　　　(4) $(-7)\times(+6)$

(5) $(+9)\times(-1)$　　　　(6) $\left(-\dfrac{2}{3}\right)\times(-1)$

(7) $(+0.8)\times(-2.5)$　　　　(8) $(-1.8)\times(+0.5)$

ここが ポイント

ある数と -1 との積は、もとの数の符号を変えた数になる。

$$+8 \underset{\times(-1)}{\overset{\times(-1)}{\rightleftarrows}} -8$$

(9) $\left(-\dfrac{6}{7}\right)\times\left(+\dfrac{2}{3}\right)$　　　　(10) $\left(-\dfrac{7}{12}\right)\times\left(-\dfrac{9}{14}\right)$

3 乗法の計算法則　くふうして、次の計算をしましょう。

 p.42問6

(1) $5\times(-13)\times(+2)$　　　　(2) $(-4)\times 11\times(-25)$

4 いくつかの数の積　次の計算をしましょう。

 p.44問8

(1) $(-8)\times(+2)\times(-2)$　　　　(2) $(+6)\times(-7)\times(-3)\times 4$

(3) $\left(-\dfrac{1}{4}\right)\times(-12)\times\left(-\dfrac{5}{3}\right)$　　　　(4) $(-8)\times\dfrac{5}{6}\times\left(-\dfrac{3}{10}\right)\times(-2)$

(5) $(-2)\times(-3)\times 0\times(-4)$　　　　(6) $1.5\times(-3)\times(-9)\times 2$

確認のワーク **ステージ1** **3 乗法と除法**
❶ 乗法(2)   **❷ 除法**

例1 累乗の計算 ── 教 p.45 →基本問題❶❷

次の計算をしましょう。   (1) $(-7)^2$ (2) -7^2 (3) $\left(-\dfrac{1}{2}\right)^2$

考え方 指数は，かけ合わせた同じ数の個数を表し
ているので，どの数を何個かけたのかを考える。

┌ −7 を 2 個かけ合わせることを表す。

解き方 (1) $(-7)^2 = (\boxed{①}) \times (\boxed{②}) = 49$

┌ 7 を 2 個かけ合わせることを表す。

(2) $-7^2 = -(\boxed{③} \times \boxed{④}) = -49$

(3) $\left(-\dfrac{1}{2}\right)^2 = \left(\boxed{⑤}\right) \times \left(\boxed{⑥}\right) = \dfrac{1}{4}$

> **累乗**
> 同じ数をいくつかかけ合わせたものを，その数の累乗といい，右かたの数を指数という。 3^{4} ← 指数
> 例 3×3 は「3^2」と表し，「3 の 2 乗」，または「3 の平方」ともいう。
> $3 \times 3 \times 3$ は「3^3」と表し，「3 の 3 乗」，または「3 の立方」ともいう。

例2 2つの数の除法 ── 教 p.46, 47 →基本問題❸

次の計算をしましょう。   (1) $(+10) \div (-2)$ (2) $(-8) \div (-4)$

考え方 2 つの数の除法では，
符号が同じ 2 つの数の商は，絶対値の商に正の符号をつける。
符号が異なる 2 つの数の商は，絶対値の商に負の符号をつける。

解き方 (1) $(+10) \div (-2) = -(10 \div 2) = \boxed{⑦}$

     符号が異なる   絶対値の商

(2) $(-8) \div (-4) = +(8 \div 4) = \boxed{⑧}$

     符号が同じ   絶対値の商

> わり算のことを「除法」，除法の結果を「商」というよ。

例3 除法を乗法になおす計算 ── 教 p.48, 49 →基本問題❹❺

次の計算をしましょう。   (1) $\left(-\dfrac{3}{5}\right) \div \left(-\dfrac{9}{4}\right)$ (2) $6 \div \left(-\dfrac{10}{3}\right) \times (-5)$

考え方 ある数でわることは，その数の逆数をかけることと
同じである。

解き方 (1) $\left(-\dfrac{3}{5}\right) \div \left(-\dfrac{9}{4}\right) = \left(-\dfrac{3}{5}\right) \times \left(\boxed{⑨}\right)$ ← 除法を乗法になおす。

$= +\left(\dfrac{3}{5} \times \boxed{⑩}\right) = \dfrac{4}{15}$

> **思い出そう**
> $-\dfrac{9}{4}$ と $-\dfrac{4}{9}$ のように，積が 1 になる 2 つの数の一方を，他方の数の逆数という。

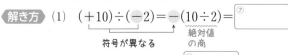

(2) $6 \div \left(-\dfrac{10}{3}\right) \times (-5) = 6 \times \left(\boxed{⑪}\right) \times (-5) = +\left(6 \times \dfrac{3}{10} \times 5\right) = 9$

      └─ 乗法だけの式にする ─┘   ここで約分する

基本問題 ·· 解答 p.5

1 累乗　次の積を，累乗の指数を使って表しましょう。　 教 p.45問9

(1)　$3 \times 3 \times 3 \times 3 \times 3$

(2)　$-(-5) \times (-5) \times (-5)$

(3)　0.4×0.4

(4)　$\left(-\dfrac{1}{3}\right) \times \left(-\dfrac{1}{3}\right)$

2 累乗の計算　次の計算をしましょう。　教 p.45問10

(1)　$(-4)^3$

(2)　-10^2

(3)　$(-1) \times (-6^2)$

(4)　$(-5)^2 \times (-2^2)$

覚えておこう

累乗の計算は，積の形に書きなおしてから計算するとよい。どの数を何個かけ合わせているかをはっきりさせる。

3 2つの数の除法　次の計算をしましょう。　教 p.47問2〜問4

(1)　$(+54) \div (+6)$

(2)　$0 \div (-2)$

(3)　$(+30) \div (-3)$

(4)　$(+1.6) \div (-0.8)$

(5)　$(-6) \div 12$

(6)　$-15 \div (-20)$

ここがポイント

0 は正の数でわっても，負の数でわっても，商は 0 になる。また，どのような数も，0 でわることは考えない。

4 除法を乗法になおす計算　次の計算をしましょう。　教 p.48問6

(1)　$\left(-\dfrac{2}{5}\right) \div (-10)$

(2)　$12 \div \left(-\dfrac{3}{4}\right)$

(3)　$\left(-\dfrac{7}{3}\right) \div \dfrac{4}{9}$

(4)　$\left(-\dfrac{5}{6}\right) \div (-0.3)$

小数の逆数を求めるときは，小数を分数になおしてから考えればいいよ。

5 乗法と除法の混じった式の計算　次の計算をしましょう。　教 p.49問7

(1)　$18 \div (-8) \times (-4)$

(2)　$(-20) \times \dfrac{3}{5} \div \left(-\dfrac{15}{2}\right)$

(3)　$\left(-\dfrac{2}{3}\right) \div 12 \times \dfrac{6}{5}$

(4)　$\left(-\dfrac{3}{7}\right) \div \left(-\dfrac{4}{3}\right) \div \left(-\dfrac{3}{28}\right)$

左ページの 例 の答え　① -7　② -7　③ 7　④ 7　⑤ $-\dfrac{1}{2}$　⑥ $-\dfrac{1}{2}$　⑦ -5　⑧ $+2$　⑨ $-\dfrac{4}{9}$　⑩ $\dfrac{4}{9}$　⑪ $-\dfrac{3}{10}$

 4　いろいろな計算
1 四則

例 1 四則の混じった式の計算　　　　　　　　　　　　数 p.50 →基本問題 1

次の計算をしましょう。　　(1)　$12+2×(-5)$　　　　(2)　$64÷(-2)^3+(-9)$

考え方 四則(しそく)の混じった式の計算では，計算の順序に注意して計算する。
加法，減法，乗法，除法をまとめて「四則」という。

解き方 (1)　$12+2×(-5)$　　　　← 乗法を先に計算する。　(2)　$64÷(-2)^3+(-9)$　　← 累乗を先に計算する。

　　　$=12+(\boxed{①})=2$　　　　　　　　　　$=64÷(\boxed{②})+(-9)$　← 除法を先に計算する。

計算の順序
累乗のある式は，累乗が先
乗法や除法は，加法や減法よりも先
かっこのある式は，かっこの中が先

　　　　　　　　　　　　　　　　　　　　　　　　$=\boxed{③}-9$　　← 減法

　　　　　　　　　　　　　　　　　　　　　　　　$=\boxed{④}$

例 2 分配法則を利用した計算　　　　　　　　　　　数 p.51 →基本問題 2

分配法則を利用して，次の計算をしましょう。

(1)　$\left(\dfrac{3}{5}-\dfrac{4}{7}\right)×35$　　　　　　　　　　(2)　$97×(-16)$

解き方 (1)　$\left(\dfrac{3}{5}-\dfrac{4}{7}\right)×35=\dfrac{3}{5}×\boxed{⑤}-\dfrac{4}{7}×\boxed{⑤}$

　　　　　　　　　$=\boxed{⑥}-20=1$

たいせつ

分配法則(ぶんぱい)

■×(●+▲)=■×●+■×▲

(●+▲)×■=●×■+▲×■

(2)　$97×(-16)=(100-\boxed{⑦})×(-16)$　　97=100-3 と考えて，分配法則を利用する。

　　　　　　　　$=100×(-16)-\boxed{⑧}×(-16)$

　　　　　　　　$=-1600+\boxed{⑨}=\boxed{⑩}$

例 3 数の集合　　　　　　　　　　　　　　　　　　数 p.52,53 →基本問題 3

次の数のうち，自然数の集合にふくまれる数と整数の集合にふくまれる数をそれぞれ答えましょう。　　$2.3,\ -\dfrac{1}{4},\ 5,\ 0,\ -3.4,\ \dfrac{11}{3},\ 7,\ -9$

解き方 5と$\boxed{⑪}$は自然数だから，自然数の

集合にふくまれる数は5，$\boxed{⑪}$である。
それにふくまれるかどうかをはっきりと
決められるものの集まりのこと

整数の集合には，負の整数，0，正の整数がふくまれ

るから，整数の集合にふくまれる数は5，$\boxed{⑫}$，7，$\boxed{⑬}$である。

すべての数
　　$\dfrac{1}{2},\ -0.2,\ -\dfrac{7}{4},\ 7.86$

整数
$\cdots,\ -3,\ -2,\ -1,\ 0,$

自然数
$1,\ 2,\ 3,\ \cdots$

基 本 問 題 ·· 解答 p.6

1 四則の混じった式の計算　次の計算をしましょう。　教 p.50問1, 問2

(1)　$7-6\times(-3)$

(2)　$-18+8\div(-4)$

(3)　$-8-4\times2$

(4)　$(-8)\div(-4+2)$

(5)　$9-(-5)\times2+(-10)$

(6)　$24\div(-9-3)+14$

(7)　$(5-8)+(-3)^2\div3$

四則の混じった計算では，
式の左から計算せずに，
式全体を見てから計算す
るようにしよう。

(8)　$6+(8-2)^2\times(-1)$

2 分配法則を利用した計算　分配法則を利用して，次の計算をしましょう。　教 p.51問3, 問4

(1)　$\left(-\dfrac{5}{8}-\dfrac{1}{6}\right)\times(-24)$

(2)　$(-10)\times\left(-\dfrac{3}{5}+0.3\right)$

(3)　$4\times15-16\times15$

ここが ポイント

(3)は，$(●-▲)\times■=●\times■-▲\times■$
を逆に使って，$(4-16)\times15$ のように
まとめてから，計算する。

(4)　$99\times(-53)$

3 数の集合と四則　自然数の集合と整数の集合，すべての数の集合で，四則の計算を考えます。その集合の中でいつでも計算できるとは限らないのは，右の表の⑦～⑫のどのときですか。ただし，0 でわることは考えないものとします。

教 p.53問5

	加法	減法	乗法	除法
自然数	⑦	④	⑨	ⓔ
整　数	⑦	⑩	⑨	⑦
すべての数	⑦	⑩	⑨	⑫

数の集合と四則

・自然数の加法と乗法の結果は，自然数になる。
・整数の加法や減法，乗法の結果は，整数になる。
・すべての数の加法や減法，乗法，除法 (0 でわることを除く) の結果は，すべての数になる。

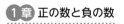

確認のワーク ステージ 1 **4 いろいろな計算**
2 素因数分解 **3 正の数，負の数の利用**

例 1 素数，素因数分解

教 p.54〜56 → 基本問題 1 2 3

次の問いに答えましょう。

(1) 19 は素数ですか。 (2) 90 を素因数分解しましょう。

考え方 (1) 19 以外の自然数でわり切れるか調べる。

(2) 素数で順番にわり，素因数の積の形に表す。

解き方 (1) 1 と 19 のほかには約数 ← 素数の約数は，1とその数自身だけ

がないので，①□□□□□

(2) 右のように，90 を素数で順にわっていく。

$$90 = 2 \times 3 \times 3 \times 5$$ ← 素数の積の形

$$= 2 \times 3^2 \times ②□$$

↑ 累乗の形に表す。

$$\begin{array}{r} 2)\underline{90} \\ 3)\underline{45} \\ 3)\underline{15} \\ 5 \end{array}$$

> **たいせつ**
>
> 素数…それよりも小さい自然数の積の形に表すことができない自然数
> （ただし，1 は素数にふくめない。）
> 素因数…素数である約数
> 素因数分解…自然数を素因数だけの積の形に表すこと

例 2 平均と負の数

教 p.57, 58 → 基本問題 4 5

5 人のテストの得点がそれぞれ 60 点，66 点，70 点，76 点，53 点であるとき，5 人の得点の平均を求めましょう。

考え方 66 点を基準にして，それより高い得点を正の数，低い得点を負の数で表した表をつくる。

解き方 66 点を基準にした表は下のようになる。

平均を求めるときに基準とする値を仮平均という。

得点（点）	60	66	70	76	53
基準とのちがい（点） （基準：66点）	−6	0	③	+10	④

> **覚えておこう**
>
> 基準とする値を決めて，いくつかの数量の平均を求める方法
> （平均）＝（基準の値）
> $$+ \frac{(基準とのちがいの合計)}{(数量の個数)}$$

基準とのちがいの合計は，

$$(-6) + 0 + (③□) + (+10) + (④□) = ⑤□ (点)$$

$$(⑤□) \div 5 = ⑥□ (点)$$ よって，求める平均は $66 + (⑥□) = ⑦□ (点)$

基準とのちがいの平均

別解 $(60 + 66 + 70 + 76 + 53) \div 5 = ⑧□ \div 5 = ⑦□ (点)$

5人の得点の合計

上の式の 5 人の得点の合計は，

$$66 \times 5 + (-6) + 0 + (③□) + (+10) + (④□) = ⑧□ (点)$$

基準とのちがいの合計

のように求めることもできる。

> 基準を決めた方が，計算しやすいね。

基本問題 ·············· 解答 p.6

1 素数 40 から 50 までの素数をすべて答えましょう。　教 p.54問1

2 素因数分解 次の□にあてはまる数やことばを書きましょう。　教 p.55問2

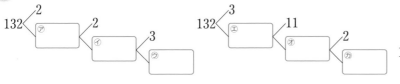

よって，素因数の積の形に表した式は

$132 = 2 \times 2 \times 3 \times \boxed{^{ク}\quad} = 2^2 \times 3 \times \boxed{^{コ}\quad}$ になり，

どのような順序で素因数分解をしても，$\boxed{^{サ}\qquad}$ になる。

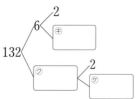
知ってると得

素数 a の約数は1と a だけ だから，素数は，約数が2 個しかない自然数である。

3 素因数分解 次の数を素因数分解しましょう。　教 p.55問2

(1) 20　　　　　(2) 56　　　　　(3) 78

(4) 120　　　　(5) 126　　　　(6) 625

4 正の数，負の数の利用 重さの異なる5個の缶(かん)があります。これらの缶の重さが150gより何g重いかを示すと，それぞれ −20 g，−15 g，+32 g，−4 g，+40 g になります。

教 p.57, 58

(1) 5個の缶の重さの合計を求めましょう。

(2) 缶の重さの平均を求めましょう。

5 正の数，負の数の利用 右の表は，5人の生徒 A〜E の身長が，A より何cm高いかを示したものです。　教 p.57, 58

生徒	A	B	C	D	E
ちがい (cm)	0	+4	−7	−3	+11

(1) 身長がもっとも高い人は，身長がもっとも低い人より何cm高いですか。

(基準にしたAの身長)
＋(Aとのちがいの平均)
＝(身長の平均) と考えるよ。

(2) 5人の身長の平均が157cmのとき，5人のそれぞれの身長を求めましょう。

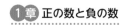

3　乗法と除法　　4　いろいろな計算

1 次の計算をしましょう。

(1)　$(+1.2) \times (-5)$

(2)　$\left(-\dfrac{4}{5}\right) \times \left(-\dfrac{5}{6}\right)$

(3)　$(-8) \div (-10)$

(4)　$\dfrac{5}{12} \div \left(-\dfrac{2}{9}\right)$

(5)　$\dfrac{1}{6} \div \left(-\dfrac{4}{15}\right) \times \left(-\dfrac{3}{10}\right)$

(6)　$(-6) \div \left(-\dfrac{8}{3}\right) \div (-24)$

2 次の計算をしましょう。

(1)　$(-1)^2 \times 10 - 4 \times 3$

(2)　$35 - (-15) \div (-3) \times 2^3$

(3)　$20 - 4 \times \{13 - (+5)\}$

(4)　$(-2)^2 - (-9^2) \div (-3)^3$

(5)　$\{(-2)^3 + (-4) \times 3\} \div (5 - 3^2)$

(6)　$\left(-\dfrac{1}{8}\right) \div \left(-\dfrac{3}{4}\right) - \dfrac{8}{9} \div \left(-\dfrac{2}{3}\right)^2$

(7)　$(-19) \times 15 + (-19) \times 5$

(8)　$(-18) \times \left(-\dfrac{8}{9} - \dfrac{7}{2}\right)$

3 次の問いに答えましょう。

(1)　右の式の□には＋，×，÷の記号，○には＋，－の符号がそ

れぞれ1つずつ入ります。計算結果をもっとも小さい数にする

には，□，○にどの記号や符号を入れたらよいですか。

$\left(-\dfrac{1}{4}\right) \square \left(\bigcirc \dfrac{1}{3}\right)$

(2)　324 はある自然数の平方です。その自然数を求めましょう。

2 計算の順序に注意しよう。累乗・（ ）は先，乗法・除法は加法・減法より先

また，分配法則を利用すると，計算が簡単になることがある。

3 (1) □が＋なら○は－，□が×や÷なら○は＋になる。あとは，3つの式を計算する。

❹ 次の①〜④の計算について，⑴，⑵の問いに答えましょう。

　　① ■＋●　　② ■－●　　③ ■×●　　④ ■÷●

⑴　■や●に自由に自然数を入れるとき，計算結果がいつも自然数になるものの番号をすべて答えましょう。

⑵　■と●に自由に負の整数を入れるとき，計算結果がいつも負の整数になるものの番号をすべて答えましょう。

❺ AさんとBさんは今，同じ位置にいます。2人がじゃんけんをして，勝った人は東へ向かって 3 m，負けた人は西へ向かって 2 m，直線上を移動することにしました。ただし，あいこの場合は回数に入れないものとします。

⑴　4回じゃんけんをしてAさんが1回勝つと，Aさんはもとの位置からどこに移動するか答えましょう。

⑵　10回じゃんけんをしてBさんが6回勝つと，AさんとBさんの間は何 m 離れることになるか答えましょう。

入試問題を やってみよう！ ……………

① 次の計算をしましょう。

⑴　$6 \div \left(-\dfrac{2}{3} \right)$　　〔沖縄〕　　⑵　$\left(-\dfrac{2}{5} + \dfrac{4}{3} \right) \div \dfrac{4}{5}$　　〔山形〕

⑶　$-3 \times (-2^2)$　　〔大分〕　　⑷　$6 + (-3)^2$　　〔熊本〕

⑸　$5 + 4 \times (-3^2)$　　〔京都〕　　⑹　$-5^2 + 18 \div \dfrac{3}{2}$　　〔千葉〕

② 次の表は，ある中学校の 2 年生 6 人の生徒 A，B，C，D，E，F の夏休み中に読んだ本の冊数について，夏休みの読書目標である 6 冊を基準にして，それより多い場合を正の数，少ない場合を負の数で表したものです。6 人の夏休み中に読んだ本の冊数の平均値を求めましょう。　　〔三重〕

生徒	A	B	C	D	E	F
基準との差（冊）	+10	0	+2	−3	+4	−1

❺ もとの位置を基準 (0) にして，東へ移動することを ＋ を使って表すと，西へ移動することは － を使って表せる。

解答 ▶ p.8

ステージ3　正の数と負の数

40分　　/100

1 次の問いに答えましょう。　　　　　　　　　　　　　　　　　　4点×6（24点）

(1) 次の数量を，正の符号，負の符号を使って表しましょう。

① 「10 m 高いこと」を ＋10 m と表すとき「8 m 低いこと」　　（　　　　　）

② 「3 kg 軽いこと」を −3 kg と表すとき「1.8 kg 重いこと」　　（　　　　　）

(2) 絶対値が 4 以下の整数は何個ありますか。　　　　　　　　　　（　　　　　）

(3) 次の数のうち，小さい方から 3 番目の数を答えましょう。

$-\dfrac{1}{5}$, 1.3, −6, $\dfrac{1}{4}$, −0.9, −0.4, 0.01　　　　　（　　　　　）

(4) 次の各組の数の大小を，不等号を使って表しましょう。

① −0.2, −2　　　　　　　　② $\dfrac{3}{10}$, −0.3, $-\dfrac{1}{3}$

（　　　　　）　　　　　　　　　　　　　　（　　　　　）

2 次の計算をしましょう。　　　　　　　　　　　　　　　　　　3点×10（30点）

(1) $2-(-9)-15$

(2) $10-(+7.2)+(-13.5)$

（　　　　　）　　　　　　　　　　　　　　（　　　　　）

(3) $\dfrac{1}{3}-1+\dfrac{1}{2}-\dfrac{3}{4}$

(4) $1\div(-7)$

（　　　　　）　　　　　　　　　　　　　　（　　　　　）

(5) $5-(-42)\div(-6)$

(6) $(-3)^3\div(-4^2)\div(-6)$

（　　　　　）　　　　　　　　　　　　　　（　　　　　）

(7) $13-2\times\{4-(-3)\}$

(8) $(-2)^3-(-5^2)\div(-5)$

（　　　　　）　　　　　　　　　　　　　　（　　　　　）

(9) $\left(-\dfrac{5}{2}-\dfrac{1}{2}\right)\times\left(-\dfrac{1}{9}\right)$

(10) $\dfrac{3}{4}\times\left(-\dfrac{2}{3}\right)-\left(\dfrac{5}{6}-\dfrac{3}{4}\right)$

（　　　　　）　　　　　　　　　　　　　　（　　　　　）

3 分配法則を利用して，次の計算をしましょう。　　　　　　　　3点×2（6点）

(1) $\left(\dfrac{4}{7}-\dfrac{2}{5}\right)\times(-35)$

(2) $22\times\left(-\dfrac{1}{4}\right)-20\times\left(-\dfrac{1}{4}\right)$

（　　　　　）　　　　　　　　　　　　　　（　　　　　）

目標 ❶〜❸，❺は基本問題である。全問正解をめざしたい。また，❻，❼は基準とのちがいを正しく読みとれるようにしよう。

自分の得点まで色をぬろう！

| 😣がんばろう！ | 😐もう一歩 | 😊合格！ |

0　　　　　　　　　　　　　　60　　80　　100点

❹ 次の㋐〜㋕の計算について，□に自由に負の数を入れるとき，計算結果がいつも正の数になるものをすべて選び，記号で答えましょう。 （5点）

㋐ $(□+5)×(□+2)$　　　　　　㋑ $(□+5)×(□-2)$

㋒ $(□-5)×(□-2)$　　　　　　㋓ $(□-5)×(□+2)$

㋔ $(□-5)^2+1$　　　　　　　　㋕ $(□+5)^2-1$

（　　　　　　　　　　　）

❺ 次の数を素因数分解しましょう。 3点×3（9点）

(1) 75　　　　　　　　(2) 98　　　　　　　　(3) 210

（　　　　　　）　　（　　　　　　）　　（　　　　　　）

❻ 右の表は，東京を基準にして各都市との時差を示したものです。 3点×6（18点）

(1) 東京が20時のとき，次の各都市の時刻をそれぞれ求めましょう。

① ニューヨーク　　　② カイロ

（　　　　　）　　（　　　　　）

③ ペキン　　　　　　④ ウェリントン

（　　　　　）　　（　　　　　）

都市名	時差（時間）
ホノルル	-19
ニューヨーク	-14
ロンドン	-9
カイロ	-7
ペキン	-1
東　京	0
シドニー	$+1$
ウェリントン	$+3$

(2) ホノルルが3時のとき，東京は何時ですか。

（　　　　　）

(3) ロンドンとシドニーの時差は，シドニーを基準にすると何時間ですか。

（　　　　　）

❼ 右の表は，ある工場での製品の各曜日の生産個数が，基準にした火曜日の生産個数より何個多いかを示したものです。 4点×2（8点）

曜日	月	火	水	木	金
基準とのちがい（個）	$+4$	0	-13	$+9$	$+5$

(1) 月曜日の生産個数は，水曜日の生産個数より何個多いですか。

（　　　　　）

(2) 火曜日の生産個数を500個として，月曜日から金曜日までの生産個数の平均値を求めましょう。

（　　　　　）

アプリ【どこでもワーク計算編】をやって，さらに力をつけよう！

確認のワーク　ステージ1　1　文字と式
1　文字を使った式

例1　文字を使った式
教 p.64〜66 →基本問題1

　右の図のように，同じ長さのストローを並べて三角形をつくります。三角形を x 個並べるのに必要なストローの本数を文字 x を使った式で表しましょう。

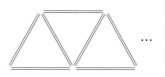

考え方　図をかいて，ストローの本数の増え方を調べる。

三角形の個数　　　　　1個　　　　　　　2個　　　　　　　3個　　…

ストローの本数を求める式　$1+2×1$　$\xrightarrow{2本増える。}$　$1+2×2$　$\xrightarrow{2本増える。}$　$1+2×3$　…

解き方　左端の1本のストローを除いて考えると，

三角形が1個増えるごとに，

ストローは ①[　　　]本ずつ増えているので，

三角形を x 個並べるのに必要なストローの本数は，

$(1+2× $②[　　　]$)$ 本
└左端の1本 └三角形の個数

> 必要なストローの本数は，三角形の個数によって変わるが，どんな場合も，文字 x を使えば1つの式でまとめて表すことができる。

覚えておこう

文字式…a や x などの文字を使った式

この例の「$1+2×x$」は，三角形が x 個のときのストローの本数を表すとともに，本数の求め方も表している。

例2　数量の表し方
教 p.66,67 →基本問題2 3

次の数量を文字式で表しましょう。

(1)　ある日の午前6時の気温は 21℃ で，それより t℃ 高くなった正午の気温

(2)　1個 70 円のみかんを a 個買うときの代金の合計

(3)　長さ x m のリボンを5等分するとき，1本分のリボンの長さ

(4)　1本 a 円の鉛筆を5本と1冊 100 円のノートを b 冊買うときの代金の合計

考え方　数量の関係をことばの式で表すと，式を考えやすい。文字はいろいろな数量の代わりに使うことができる。

解き方　(1)　正午の気温は (午前6時の気温)＋(気温の変化) になるから，$(21+ $③[　　　]$)$℃
　　　　　　　　　　　　　　　　　　　高くなったので，たし算になる。

(2)　代金の合計は (1個の値段)×(買う数) で求めるから，$(70× $④[　　　]$)$ 円
　　　　　　　　　　　　　●倍するから，かけ算になる。

(3)　1本分のリボンの長さは (全体の長さ)÷5 で求めるから，$($⑤[　　　]$÷5)$ m
　　　　　　　　　　　　　　　　　　　5等分するから，わり算になる。

(4)　代金の合計は (鉛筆の代金)＋(ノートの代金) で求めるから，
　　　　　　　　　　(1本の値段)×(買う数)　(1冊の値段)×(買う数)

$(a×5+100× $⑥[　　　]$)$円

基本問題 解答 p.10

1 文字を使った式　次の図のように，マグネットを並べて正三角形をつくります。 教 p.66問2

1番目　2番目　3番目　…

…

ここがポイント

マグネットを何個かずつ囲んで，全体の個数を考えていく。

2章

(1)　5番目の正三角形を並べるのに必要なマグネットの数を求めましょう。

(2)　x番目の正三角形を並べるのに必要なマグネットの数を，xを使って式で表しましょう。

2 数量の表し方　次の□にあてはまる文字や記号を書きましょう。 教 p.66問3

(1)　x円持って買い物に行き750円使うと，残りの金額は（　　　　　-750）円と表せる。

(2)　あめを1人に5個ずつ m 人の子どもに配るとき，必要なあめの数は（$5\times$　　　　　）個と表せる。

(3)　1辺の長さが a cm のひし形の周の長さは（　　　　　$\times 4$）cm と表せる。

(4)　x kg の粘土を3人で等しく分けるとき，1人分の重さは（x　　　　　3）kg と表せる。

3 数量の表し方　次の数量を文字式で表しましょう。 教 p.67問5

(1)　1個480円のケーキを a 個買い，5000円を支払ったときのおつり

(2)　500円硬貨 x 枚，100円硬貨 b 枚の金額の合計

(3)　底辺が4 cm で，高さが x cm の平行四辺形の面積

(4)　縦が5 cm，横が x cm，高さが x cm の直方体の体積

(5)　りんごを1人に a 個ずつ b 人に配ると2個余るときのりんごの総数

x は×と見まちがえない形で書くようにしようね。

確認のワーク ステージ**1**　1　文字と式
2 文字式の表し方　　**3** いろいろな数量の表し方(1)

例1 積の表し方
教 p.68, 69 → 基本問題 **1**

次の式を，文字式の表し方にしたがって書きましょう。

(1)　$150 \times a$　　　　　　　　　　(2)　$y \times x \times 3$

(3)　$(a+b) \times (-2)$　　　　　　　(4)　$x \times x \times 6$

解き方 (1)　$150 \times a = \boxed{①}$
　　　　　記号×をはぶく。

(2)　$y \times x \times 3 = \boxed{②}$ ←数は文字の前に書く。

　注　$y \times x$ は×をはぶくと yx になるが，特別な理由が
　　　なければ，アルファベットの順に xy としておく。

(3)　$(a+b) \times (-2) = \boxed{③}$ ← 式 $a+b$ は1つの文字
　　　　　　　　　　　　　　　　　　　と同じように考える。
　　　　　　　　　　　　　（　）はつけたまま

(4)　$x \times x \times 6 = 6 \times x \times x = \boxed{④}$ ← 同じ文字の積では，
　　　　　　　　　　　　　　　　　　　　指数を使って書く。

> **積や累乗の表し方**
> [1]　文字式では，乗法の
> 　　記号×をはぶく。
> 　例　$10 \times x = 10x$
> [2]　文字と数の積では，
> 　　数を文字の前に書く。
> 　例　$y \times 20 = 20y$
> [3]　同じ文字の積では，
> 　　指数を使って書く。
> 　例　$a \times a = a^2$ ←指数

例2 商やいろいろな式の表し方
教 p.69, 70 → 基本問題 **2 3 4**

次の式を，文字式の表し方にしたがって書きましょう。

(1)　$m \div 8$　　　　(2)　$(x-y) \div 3$　　　　(3)　$6 \times x \div 5$

解き方 (1)　$m \div 8 = \dfrac{\boxed{⑤}}{8}$

> $m \div 8 = m \times \dfrac{1}{8}$ であるから，
> $\dfrac{m}{8}$ は $\dfrac{1}{8}m$ と書いてもよい。

　　　（　）はとる。→ $\boxed{⑥}$

(3)　$(x-y) \div 3 = \dfrac{\boxed{⑥}}{3}$

> $\dfrac{x-y}{3}$ は $\dfrac{1}{3}(x-y)$ と書いてもよい。

(3)　$6 \times x \div 5 = 6x \div 5 = \dfrac{\boxed{⑦}}{5}$

　注　$\dfrac{6x}{5}$ は $\dfrac{6}{5}x$ と書いてもよい。$\dfrac{6}{5}$ を帯分数 $1\dfrac{1}{5}$ にはしない。

> **商の表し方**
> 文字式では，除法の記号÷
> を使わず，分数の形に書く。

例3 いろいろな数量の表し方
教 p.71, 72 → 基本問題 **6**

次の数量を文字式で表しましょう。

(1)　a L の 13% の量　　　　　(2)　時速 30 km で b 時間走ったときの道のり

解き方 (1)　$13\% = \dfrac{13}{100}$ だから，$a \times \dfrac{13}{100} = \boxed{⑧}$ より $\boxed{⑧}$ L
　　　　　　　　　　　　　　（もとにする量）×（割合）＝（比べられる量）

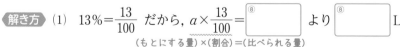

(2)　$\boxed{⑨} \times \boxed{⑩} = \boxed{⑪}$ より $\boxed{⑪}$ km
　　　（速さ）　×　（時間）　＝　（道のり）

> **思い出そう**
> $1\% = \dfrac{1}{100}$, 1割$= \dfrac{1}{10}$
> （速さ）＝（道のり）÷（時間）
> （道のり）＝（速さ）×（時間）
> （時間）＝（道のり）÷（速さ）

基本問題 ⋯⋯⋯⋯⋯⋯⋯⋯⋯⋯⋯⋯⋯⋯⋯⋯⋯⋯⋯⋯⋯⋯⋯⋯ 解答 p.10

1 積の表し方 次の式を，文字式の表し方にしたがって書きましょう。

(1) $7 \times y$ 　　　(2) $b \times 3 \times a$

ミス注意

$1 \times a = a$（1は書かない。）
$(-1) \times a = -a$（1は書かない。）
※$-a$は，aの符号を変えたものである。
$0.1 \times a = 0.1a$（0.1のまま，×の記号だけをはぶく。）

(3) $\dfrac{5}{8} \times x$ 　　(4) $1 \times c$

2章

(5) $y \times (-1)$ 　　(6) $-0.1 \times x$

(7) $13 \times (x-y)$ 　(8) $x \times a \times b \times a \times x$

2 商の表し方 次の式を，文字式の表し方にしたがって書きましょう。 教 p.69問3

(1) $x \div 10$ 　　(2) $a \div (-6)$ 　　(3) $(m+n) \div 5$

3 いろいろな数量の表し方 次の式を，文字式の表し方にしたがって書きましょう。

(1) $x \div 3 \times 2$ 　　(2) $a \div b \times 9$ 教 p.70問4, 問5

(3) $x \times 1 + y \div 3$ 　(4) $a \times a \times (-1) - a \times b$

加法の記号＋と減法の記号－ははぶくことはできないよ。

4 いろいろな数量の表し方 次の数量を，文字式の表し方にしたがって書きましょう。

(1) xの3倍とyの積 　　　　(2) aとbの和の2倍 教 p.70問6

5 ×や÷を使った式 次の式を，記号×や÷を使って表しましょう。 教 p.70問7

(1) $5ab^2$ 　　(2) $\dfrac{x+1}{3}$ 　　(3) $2x - \dfrac{9y}{x}$

6 いろいろな数量の表し方 次の数量を文字式で表しましょう。 教 p.71, 72

(1) 入館料が大人1人800円，中学生1人500円の水族館に，大人a人と中学生b人が入るのに必要な入館料の合計

分速ymというのは，1分あたりにym進む速さのことだよ。

(2) x人の7割の人数

(3) 800mの道のりを，分速ymで走ったときにかかった時間

左ページの例の答え ① $150a$ ② $3xy$ ③ $-2(a+b)$ ④ $6x^2$ ⑤ m ⑥ $x-y$ ⑦ $6x$
⑧ $\dfrac{13}{100}a$ ⑨ 30 ⑩ b ⑪ $30b$

確認のワーク **ステージ1** 　1　文字と式
❸ いろいろな数量の表し方(2)　　**❹ 式の値**

例1 単位のそろえ方 ───── 教 p.72 →基本問題❶

長さ x m のリボンから，長さ 27 cm のリボンを 1 本切り取りました。このとき，残りのリボンの長さを，次の単位で表しましょう。

(1)　cm　　　　　　　　　　　　　　(2)　m

考え方 1 m は 100 cm を使う。

解き方 (1)　x m は ($\boxed{①}×x$) cm だから，($\boxed{①}x-27$) cm

(2)　27 cm は $\boxed{②}$ m だから，$\left(x-\boxed{②}\right)$ m

覚えておこう

1 m は 100 cm

⇔ 1 cm は $\dfrac{1}{100}$ m

例2 円周率 π ───── 教 p.73 →基本問題❷

半径が x cm である円の周の長さを文字式で表しましょう。

考え方 小学校では円周率を 3.14 というおよその数で考えたが，これからは π（パイ）という文字で表す。

解き方 円の周の長さは $2x×\pi=2×\pi×x=\boxed{③}$ (cm)
　　　　　　　　　　(直径)×(円周率)

円周率 π

$\dfrac{(円周)}{(直径)}$ のことで，この値を π と表し，数 π 文字 の順に書く。

例3 式の値 ───── 教 p.74,75 →基本問題❸❹

$x=-2$ のとき，$3x-1$ の値（あたい）を求めましょう。

考え方 式を記号×を使って表してから，x に -2 を代入（だいにゅう）する。
　　　　　　　　　　　　　　　　　式の中の文字を数に
　　　　　　　　　　　　　　　　　おきかえること

解き方 $3x-1=3×x-1$ ◁記号×を使って表す。

　　　　　　　$=3×\boxed{④}-1$ ◁ $x=-2$ を代入する。

　　　　　　　$=-6-1$ └負の数には ( ) をつけて代入する。

　　　　　　　$=\boxed{⑤}$ ◁式の値

式の値

式の中の文字に数を代入して計算した結果のこと

$\underset{代入する}{ⓧ}-16$ 　式の値
　↓
$㊴-16=㉓$

例4 2種類の文字をふくむ式の値 ───── 教 p.75 →基本問題❺

$x=3$，$y=-5$ のとき，$\dfrac{xy}{5}$ の値を求めましょう。

解き方 $\dfrac{xy}{5}=\dfrac{1}{5}xy=\dfrac{1}{5}×x×y$ ◁×を使って表す。

　　　　　　　$=\dfrac{1}{5}×\boxed{⑥}×\boxed{⑦}$ ◁ x と y にそれぞれの数を代入する。

　　　　　　　$=\boxed{⑧}$ ◁式の値

負の数は ( ) をつけて代入するよ。代入した式をきちんと書くようにしよう。

基本問題 ┄┄┄┄┄┄┄┄┄┄┄┄┄┄┄┄┄┄┄┄┄┄┄┄ 解答 p.11

1 単位のそろえ方 次の数量を，〔 〕の中の単位で表しましょう。 教 p.72問4

(1) 2時間と a 分の和 〔分〕

(2) 時速 x km で 15 分間走ったときの道のり 〔km〕

2 円周率 半径が a m である円の面積を文字式で表しましょう。 教 p.73問5

3 式の値 ボールを秒速 25 m で真上に投げ上げると，投げ上げてから t 秒後のボールの高さは $(25t-5t^2)$ m になるといいます。 教 p.74問1

(1) 投げ上げてから 2 秒後のボールの高さを求めましょう。

(2) 投げ上げてから 3.5 秒後のボールの高さを求めましょう。

4 式の値 $x=3$ のとき，次の式の値を求めましょう。また，$x=-6$ のとき，次の式の値を求めましょう。 教 p.75問2～問4

(1) $2x-12$ （2） $-4x+7$

(3) $\dfrac{9}{x}$ （4） $-x^2$

ここがポイント

式の値を求めるときは，式を，記号×や÷を使って表すとよい。

5 2種類の文字をふくむ式の値 $a=-\dfrac{1}{2}$，$b=\dfrac{1}{3}$ のとき，次の式の値を求めましょう。

(1) $12a$ （2） $2-4a$ 教 p.75問3, 問5

(3) $-a+b$ （4） $10-8ab$

(5) $-a+b^2$ （6） $-\dfrac{1}{a}+\dfrac{1}{b}$

左ページの
例 の答え ① 100 ② $\dfrac{27}{100}$ ③ $2\pi x$ ④ (-2) ⑤ -7 ⑥ 3 ⑦ (-5) ⑧ -3

解答　p.12

定着のワーク　ステージ2　1　文字と式

1 次の式を，文字式の表し方にしたがって書きましょう。

(1)　$x \times 7 \times a$

(2)　$1 \times (-c)$

(3)　$y \times (-3) \times x$

(4)　$(m-9) \times 4$

(5)　$b \times b \times c \times a \times 2$

(6)　$0.5 - 0.4 \times x$

(7)　$(a-b) \div (-5)$

(8)　$a \times 3 \div 4$

(9)　$x \times y \times x \div 2$

(10)　$a \times b \times c \div d$

(11)　$3 \times x \times x \div y$

(12)　$-a \times 2 \times a \div 3 \div b$

2 次の式を，記号×や÷を使って表しましょう。

(1)　$\dfrac{m}{8}$

(2)　$-ab^3$

(3)　$\dfrac{x}{7} - \dfrac{y}{2}$

(4)　$3a^2 + \dfrac{x}{5}$

(5)　$\dfrac{a-b}{4}$

3 次の数量を文字式で表しましょう。

(1)　1個 120 円のりんご a 個と 1 本 80 円のバナナ b 本を買ったときの代金の合計

(2)　米 10 kg の代金が x 円のとき，1 kg あたりの代金

(3)　x kg の 3 割の重さ

(4)　全校生徒 a 人の 45 % の人数

(5)　家から図書館までの道のり x m を 8 分で走ったときの速さ

2 (1)　分数は，(分子)÷(分母) と考える。

3 (3)　3 割は $\dfrac{3}{10}$　　(4)　45 % は $\dfrac{45}{100} = \dfrac{9}{20}$

④ $x=-2$ のとき，次の式の値を求めましょう。

(1) $1-10x$

(2) $\dfrac{2}{3}x+1$

(3) $-x^2$

(4) $(-x)^2$

(5) x^3-5x

(6) $-0.1x$

(7) $\dfrac{1}{x}$

(8) $-\dfrac{x^2}{2}+\dfrac{2}{x}$

⑤ 次の図のように，同じ長さのストローを並べて六角形をつくります。

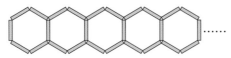

(1) 六角形を 6 個つくるときに必要なストローの本数を答えましょう。

(2) 六角形を n 個つくるときに必要なストローの本数を n の式で表しましょう。

(3) 六角形を 50 個つくるときに必要なストローの本数を答えましょう。

① 次の数量を a を使った式で表しましょう。

(1) ある工場で今月作られた製品の個数は a 個で，先月作られた製品の個数より 25 % 増えました。このとき，先月作られた製品の個数 〔福島〕

(2) 定価 1500 円のＴシャツを a 割引で買ったときの代金(ただし，消費税については考えない。) 〔富山〕

② $a=-2$ のとき，$-a^2-2a-1$ の値を求めましょう。 〔鳥取〕

③ $x=-1$，$y=\dfrac{7}{2}$ のとき，x^3+2xy の値を求めましょう。 〔山口〕

① (1) 先月作られた製品の個数は，(今月作られた製品の個数)÷(割合) で求める。

(2) a 割は $\dfrac{a}{10}$ を使う。

 2 文字式の計算
■ 1次式の加法，減法

例1 項と係数

教 p.78, 79 → 基本問題 1

式 $3x-y-2$ の項と，文字をふくむ項の係数を答えなさい。

考え方 加法の式で表して，項を考える。

解き方 $3x-y-2=3x+(\boxed{①})+(-2)$
└──項──┘

と表されるから，項は $3x$，$\boxed{②}$，-2

$3x=3\times x$ だから，x の係数は $\boxed{③}$

$-y=(-1)\times y$ だから，y の係数は $\boxed{④}$

たいせつ

項…式 $5x-2$ は $5x+(-2)$ と表されるから，
　式 $5x-2$ の項は，$5x$ と -2 である。
係数…文字をふくむ項 $5x$ において，数の部
　分 5 のこと。

例2 1次式のまとめ方

教 p.79〜81 → 基本問題 2

次の計算をしましょう。　(1) $6x+5x$　　(2) $4x-6-x+9$

考え方 同じ文字の項どうしは，分配法則を使って
$ax+bx=(a+b)x$

1つにまとめることができる。

1次式

1次の項だけの式か，1次の項と
数の項の和で表される式のこと。
例 $5x$，$5x-2$

解き方 (1) $6x+5x=(\boxed{⑤}+5)x=11x$
　　　　　　　└─係数のたし算─┘

(2) $\underline{4x}-6-\underline{x}+9$
$=\underline{4x-x}-6+9$
$=(4-1)x+(-6+9)$
$=\boxed{⑥}$

) 項を並べかえる。
文字の項，数の項
をそれぞれまとめる。

ここがポイント

$ax+bx=(a+b)x$
$ax-bx=(a-b)x$

例3 1次式の加法と減法

教 p.82 → 基本問題 3 4

次の計算をしましょう。　(1) $(3a+8)+(4a-1)$　　(2) $(x-7)-(4x-5)$

考え方 かっこをはずしてから，項を並べかえ，同じ文字の項どうしを1つにまとめ，数の項
どうしを計算する。

解き方 (1) $(3a+8)+(4a-1)$
$=\underline{3a}+8+\underline{4a}-1$
$=\underline{3a+4a}+8-1$
$=(3+4)a+8-1$
$=\boxed{⑦}$

) かっこを
はずす。
項を並べかえる。
文字の項，数の項
をそれぞれまとめる。

(2) $(x-7)-(4x-5)$
$=x-7-4x\boxed{⑧}$
$=\underline{x}-4x-7+5$
　$x=1\times x$
$=(1-4)x-7+5$
$=\boxed{⑨}$

) ひく式のかっこをはず
すと，かっこ内のすべての
項の符号が変わる。

基本問題 ・・・・・・・・・・・・・・・・・・・・・・・・・・・・・・・・・ 解答 p.14

1 項と係数 次の式の項と，文字をふくむ項の係数を答えましょう。 教 p.79問1

(1) $2x+3$

(2) $-a+0.3b-4$

(3) $\dfrac{x}{4}-\dfrac{y}{3}$

2 1次式のまとめ方 次の計算をしましょう。 教 p.79問2, 問3

(1) $8x+5x$

(2) $7y-2y$

(3) $6x-6x$

(4) $-2a+5a-4a$

(5) $10x+3-2x-1$

(6) $-y-7+2y+8$

(7) $-0.2x+1.5x$

(8) $3.2x-4.5x$

(9) $\dfrac{x}{3}-\dfrac{x}{2}$

(10) $\dfrac{3}{4}x-\dfrac{4}{5}x$

> **ミス注意**
>
> 文字の項と数の項を，まとめることはできない。
>
> 例 $5x+3$
> $=\cancel{(5+3)x}\ \cancel{8x}$

3 1次式の加法と減法 次の計算をしましょう。 教 p.82問4, 問5

(1) $(a+4)+(6a-2)$

(2) $(3x-8)-(6x-5)$

(3) $(8x-5)+(-3x+2)$

(4) $(2x+10)-(5x-1)$

(5) $(5-m)+(7m-9)$

(6) $(6y-4)-(-2y+9)$

(7) $(8x-5)+(-3x+2)$

(8) $(2a+10)-(6a-1)$

> **たいせつ**
>
> 加法の交換法則
> $a+b=b+a$
> 加法の結合法則
> $(a+b)+c=a+(b+c)$

4 1次式の加法と減法 次の(1), (2)について，2つの式をたしなさい。また，左の式から右の式をひきなさい。 教 p.82問4, 問5

(1) $6x-7,\ -6x+5$

(2) $7-3a,\ -2a+5$

確認のワーク　ステージ1　**2　文字式の計算**
2　1次式と数の乗法，除法

例1　1次式と数の乗法，除法　　　教 p.83,84 →基本問題❶❷

次の計算をしましょう。

(1)　$5x×(-4)$　　　　(2)　$28x÷7$　　　　(3)　$2(3x-5)$

考え方　数どうしの乗法，除法と同じように計算することができる。

解き方　(1)　$5x×(-4)$

$=5×x×(-4)$ ←×を使って表す。

$=5×(-4)×x$ ←積の順序をかえる。

$=$ ①⬜　←数の積を計算する。

(2)　$28x÷7$ 　わる数を逆数にしてかける。

$=28x×\dfrac{1}{7}$

$=28×\dfrac{1}{7}×x$ ←積の順序をかえる。

$=$ ②⬜　←数の積を計算する。

分配法則を使って，かっこをはずす。

(3)　$2(3x-5)$

$=$ ③⬜$×3x+$ ③⬜$×(-5)$

$=$ ④⬜-10

別解　分数の形にして計算してもよい。

$28x÷7=\dfrac{28x}{7}$ 　）約分

$=$ ②⬜

例2　いろいろな計算　　　教 p.84,85 →基本問題❸❹❺

次の計算をしましょう。

(1)　$(18x-9)÷3$　　　(2)　$\dfrac{6a-7}{5}×(-20)$　　　(3)　$3(2x-1)-2(x-4)$

考え方　(1)　$(18x-9)÷3$ 　わる数を逆数にしてかける。

$=(18x-9)×\dfrac{1}{3}$ 　分配法則を使って，かっこをはずす。

$=18x×\dfrac{1}{3}-9×\dfrac{1}{3}$

$=$ ⑤⬜

別解　分数の形にして計算してもよい。

$(18x-9)÷3$

$=\dfrac{18x-9}{3}$ 　）約分

$=$ ⑤⬜

ミス注意

$\dfrac{\overset{6}{\cancel{18x}}-9}{\cancel{3}_1}$

$=6x-9$

としない。

(2)　$\dfrac{6a-7}{5}×(-20)=\dfrac{(6a-7)×(-\overset{4}{\cancel{20}})}{\underset{1}{\cancel{5}}}$ ←約分

$=(6a-7)×($ ⑥⬜$)$

$=6a×($ ⑥⬜$)-7×($ ⑥⬜$)$ 　分配法則を使って，かっこをはずす。

$=$ ⑦⬜

(3)　$3(2x-1)-2(x-4)$ 　分配法則を使って，かっこをはずす。

$=3×2x+3×(-1)+(-2)×x+(-2)×(-4)$

$=6x-3-2x+8$ 　同じ文字の項どうし，数の項どうしをそれぞれまとめる。

$=$ ⑧⬜

基本問題  解答 p.15

1 1次式と数の乗法，除法　次の計算をしましょう。 p.83問1, 問2

(1) $6x \times 7$

(2) $(-3y) \times 8$

(3) $20m \times \dfrac{1}{5}$

(4) $15x \div 3$

(5) $\dfrac{3}{4}x \div 6$

(6) $-27a \div \left(-\dfrac{3}{8}\right)$

たいせつ

乗法の交換法則
$a \times b = b \times a$

乗法の結合法則
$(a \times b) \times c = a \times (b \times c)$

2章

2 項が2つある1次式と数の乗法　次の計算をしましょう。 p.84問3

(1) $3(-5x+4)$

(2) $8\left(\dfrac{3}{4}x-1\right)$

(3) $\dfrac{2}{3}(9x+6)$

3 項が2つある1次式と数の除法　次の計算をしましょう。 p.84問4

(1) $(28x-14) \div 7$

(2) $(-15a+12) \div (-3)$

(3) $(80y-40) \div (-20)$

(4) $(-5x+2) \div \dfrac{1}{4}$

4 分数の形の式と数の乗法　次の計算をしましょう。 p.85問5

(1) $\dfrac{2x-9}{8} \times 16$

(2) $10 \times \dfrac{1-x}{2}$

(3) $\dfrac{2a-3}{5} \times (-35)$

(4) $-21 \times \dfrac{2x-1}{7}$

ここがポイント

分数の分子は1つの文字と同じように考えるので，

(1)は $\dfrac{(2x-9)\times \overset{2}{16}}{8_1}$

のように計算できる。

5 いろいろな1次式の計算　次の計算をしましょう。 p.85問6

(1) $2(x+3)+4(x-2)$

(2) $4(x-3)-5(x-1)$

(3) $-6(2x-5)-4(3-2x)$

(4) $\dfrac{1}{4}(8x-4)+\dfrac{1}{3}(6x-9)$

左ページの 例の答え　①$-20x$　②$4x$　③$2$　④$6x$　⑤$6x-3$　⑥-4　⑦$-24a+28$　⑧$4x+5$

確認のワーク　ステージ 1　3 文字式の利用　■ 文字式の利用　2 関係を表す式

例 1 文字式の表す数量　　　教 p.87 → 基本問題 1

1辺が a cm，高さが b cm の正三角形について，
右の式はどのような数量を表しているか答えましょう。

(1)　$3a$　　　(2)　$\dfrac{ab}{2}$

考え方　式を，記号×や÷を使って表す。

解き方　(1)　$3a = 3 \times a = a \times 3$ だから，正三角形の [①＿＿＿＿] を表す。
　　　　　　　　（1辺の長さ）×3

(2)　$\dfrac{ab}{2} = ab \div 2 = a \times b \div 2$ だから，正三角形の [②＿＿＿＿] を表す。
　　　　　　（底辺）×（高さ）÷2

例 2 文字式の表す数量　　　教 p.87 → 基本問題 2

n を自然数とするとき，$3n$ はどのような数を表しているか答えましょう。

考え方　n に 1，2，3，… を代入すると，$3 \times 1 = 3$，$3 \times 2 = 6$，$3 \times 3 = 9$，… になる。

解き方　n に 1，2，3，… を代入して求められる値 3，6，9，… は，すべて [③＿＿＿] でわり切

れる数だから，[③＿＿＿] の倍数である。

例 3 関係を表す式　　　教 p.89～91 → 基本問題 3 4

次の数量の関係を，等式または不等式で表しましょう。

(1)　1000 円札を 1 枚出して，x 円の品物を 1 個買ったときのおつりは y 円であった。

(2)　8 人の生徒が x 円ずつ出すと，金額の合計は 4000 円より多くなった。

考え方　「数量が等しいという関係」を等号＝を使って
表し，「数量の大小関係」を不等号を使って表す。

解き方　(1)　おつりを式で表すと

（[④＿＿＿＿]）円で，
（支払った金額）−（代金）

これが y 円に等しいから，[④＿＿＿＿] ＝y ←等式
　　　　　　　　　「等号」を使う。

と表すことができる。

(2)　8 人の生徒が出した金額の合計は [⑤＿＿＿]（円）で，

これが 4000 円より多いから，[⑤＿＿＿] ＞4000 ←不等式
　　　　　　　　　　不等号を使う。

と表すことができる。

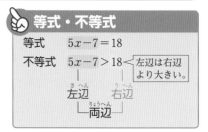

等式・不等式

| 等式 | $5x - 7 = 18$ |
| 不等式 | $5x - 7 > 18$ ← 左辺は右辺より大きい。 |

左辺　　右辺
└──両辺──┘

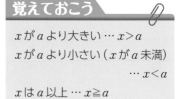

覚えておこう

x が a より大きい … $x > a$

x が a より小さい（x が a 未満）
　　　　　　　　… $x < a$

x は a 以上 … $x \geqq a$

x は a 以下 … $x \leqq a$

① **文字式の表す数量** 鉛筆1本の値段が x 円，消しゴム1個の値段が y 円のとき，次の式はどのような数量を表しているか答えましょう。 教 ▶ p.87問1, 問2

(1) $5x$

(2) $10x+3y$

② **文字式の表す数量** 次の数を，文字を使って表しましょう。 教 ▶ p.87問3

(1) 百の位の数が x，十の位の数が y，一の位の数が8の
3けたの数

(2) 5でわると商が a で余りが2になる自然数

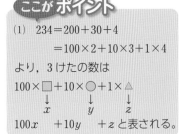

ここがポイント

(1) $234 = 200 + 30 + 4$
$= 100 \times 2 + 10 \times 3 + 1 \times 4$
より，3けたの数は
$100 \times \square + 10 \times \bigcirc + 1 \times \triangle$
　　　↓　　　　↓　　　　↓
　　　x　　　y　　　z
$100x \quad +10y \quad +z$ と表される。

③ **等しい関係を表す式** 次の数量の関係を，等式で表しましょう。 教 ▶ p.89問1

(1) x の7倍から6をひいた数が y に5をたした数に等しい。

(2) A町からB町までの道のり12kmを，はじめは時速4kmで a 時間歩き，途中から時速5kmで b 時間歩いた。

(3) 重さ100gの箱に1個250gのももを x 個入れると，重さの合計は1350gであった。

④ **大小関係を表す式** 次の数量の関係を，不等式で表しましょう。 教 ▶ p.90問2, 問3

(1) 長さ x m のひもから，5m のひもを切り取った残りの長さは2m より短くなった。

(2) ある数 x から3をひいた数は，もとの数の2倍より大きくなった。

(3) a 円持って買い物に行き，800円の本を買ったところ，300円以上余った。

⑤ **等式や不等式が表している数量** ケーキ1個の値段を x 円，プリン1個の値段を y 円とするとき，次の等式や不等式がどのようなことを表しているか答えましょう。 教 ▶ p.91問6

(1) $3x=5y$

(2) $1000-(x+y)>200$

 ステージ **2**　**2　文字式の計算　　3　文字式の利用**

❶ 次の計算をしましょう。

(1)　$13x - 18x$

(2)　$(4x - 6) + (-9x - 5)$

(3)　$-5a - (-2a + 1)$

(4)　$(4x - 8) \times \left(-\dfrac{1}{4}\right)$

(5)　$\left(\dfrac{5}{6}a + \dfrac{3}{4}\right) \times 12$

(6)　$(6x + 30) \div (-3)$

(7)　$-16 \times \dfrac{1 - 2x}{8}$

(8)　$\dfrac{3}{5}(20x - 5) - \dfrac{1}{6}(18 - 12x)$

❷ 次の(1), (2)について, 2つの式をたしましょう。また, 左の式から右の式をひきましょう。

(1)　$2a - 3$ ，$-6a + 1$

(2)　$-8x - 10$ ，$-7x + 10$

❸ (1)〜(4)の式は, 次の⑦〜⑨のどの図形の何を求める式か答えましょう。

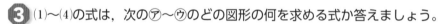

⑦　三角形　　　　　　　⑦　平行四辺形　　　　　　⑦　台形

(1)　$2(a + b)$　　　(2)　$\dfrac{ah}{2}$　　　(3)　ah　　　(4)　$\dfrac{a(a + b)}{2}$

❹ $A = 3x - 6$, $B = -x + 2$ とするとき, 次の式を計算しましょう。

(1)　$A - B$　　　　　　　(2)　$-A + B$　　　　　　(3)　$-3A - 8B$

　❷　2つの1次式の和や差を求めるときは, それぞれの式に ( ) をつけて1つの式に表してから加法や減法の計算をする。

　❸　⑦⑦　それぞれの図形の a は底辺の長さ, h は高さを表している。

5 n を整数とすると，3つの連続した数は，$n-1$，n，$n+1$ と表されます。3つの連続した整数の和は，何の倍数になりますか。

6 次の数量の関係を等式または不等式で表しましょう。

(1) ある道のりを進むのに，x 時間歩き，そのあと 10 分間走ったら，合わせて y 時間かかった。

(2) 1000 円の a％ は b 円である。

(3) 1本 80 円の鉛筆を x 本と 1 個 100 円の消しゴムを 1 個買ったときの代金の合計は 600 円未満だった。

(4) ある遊園地の先週の入場者数は x 人で，今週の入場者数は先週より a 割増えて 5000 人以上になった。

(5) 1個 x 円のケーキを 3 個と 1 個 y 円のケーキを 2 個を買ったら，代金は 1000 円をこえた。

入試問題を やってみよう！

1 次の計算をしましょう。

(1) $\dfrac{4}{5}x - \dfrac{3}{4}x$ 〔三重〕 (2) $\dfrac{7}{4}a - \dfrac{3}{5}a$ 〔滋賀〕

(3) $\dfrac{3a+1}{4} - \dfrac{4a-7}{6}$ 〔京都〕 (4) $\dfrac{2}{3}(2x-3) - \dfrac{1}{5}(3x-10)$ 〔愛知〕

2 家から公園までの 800 m の道のりを，毎分 60 m で a 分間歩いたとき，残りの道のりが b m であった。残りの道のり b を，a を使った式で表しましょう。 〔山口〕

3 ある科学館の入館料は，大人 1 人 a 円，子ども 1 人 b 円です。大人 3 人と子ども 4 人の入館料の合計は 3000 円より安くなります。この数量の関係を不等式で表しましょう。 〔長崎〕

6 (1) 単位を時間にそろえて表す。10 分 $= \dfrac{10}{60}$ 時間 $= \dfrac{1}{6}$ 時間

2 (残りの道のり)＝800－(歩いた道のり) の関係がある。

実力判定テスト　ステージ3　文字と式

40分　　/100

1 次の式を，文字式の表し方にしたがって書きましょう。　　　3点×4（12点）

(1)　$a \times 5 - 4 \times b$

(　　　　　　　　　　）

(2)　$(-y) \div 7$

(　　　　　　　　　　）

(3)　$(-m) \div (x-1)$

(　　　　　　　　　　）

(4)　$b \times (-5) \times c \times a \times c$

(　　　　　　　　　　）

2 x が次の値のとき，それぞれの式の値を求めましょう。　　　4点×3（12点）

(1)　$x=-1$ のとき，$(-x)^3$

(　　　　　　　　　　）

(2)　$x=4$ のとき，$-\dfrac{x^2}{10}$

(　　　　　　　　　　）

(3)　$x=-\dfrac{1}{2}$ のとき，$-\dfrac{1}{2}x^2$

(　　　　　　　　　　）

3 次の計算をしましょう。　　　4点×12（48点）

(1)　$-x+9x$

(　　　　　　　　　　）

(2)　$y-2y$

(　　　　　　　　　　）

(3)　$a-(-a)$

(　　　　　　　　　　）

(4)　$\dfrac{m}{4}-m$

(　　　　　　　　　　）

(5)　$-8x+5-5x$

(　　　　　　　　　　）

(6)　$\dfrac{x}{2}-\dfrac{x}{3}-\dfrac{x}{4}$

(　　　　　　　　　　）

(7)　$-8\left(2x-\dfrac{3}{4}\right)$

(　　　　　　　　　　）

(8)　$(12m-36) \times \left(-\dfrac{5}{12}\right)$

(　　　　　　　　　　）

(9)　$(-54+27y) \div (-3)$

(　　　　　　　　　　）

(10)　$(y-6)+(5-2y)$

(　　　　　　　　　　）

(11)　$(-3+8x)-(8x-3)$

(　　　　　　　　　　）

(12)　$6(3y-2)-3(5y-4)$

(　　　　　　　　　　）

目標 文字の扱いや文字を使った計算のしかたに慣れよう。❶, ❷, ❸は確実に計算できるように練習しておこう。

自分の得点まで色をぬろう！

😫がんばろう！ 😊もう一歩 😄合格！
0　　　　　　　　　　　　　60　　80　100点

4 次の条件を満たす1次式を1つつくりましょう。　　　　　　　　（4点）

> ・3つの項の和になおすことができ，
>   それ以上簡単にできない。
> ・数の項は1つである。
> ・文字をふくむ項の係数は，−1と5である。

（　　　　　　　　）

5 次の数量の関係を等式または不等式で表しましょう。　　　4点×4（16点）

(1)　5 m の値段が a 円であるリボンの，1 m あたりの値段は b 円である。

（　　　　　　　　）

(2)　100枚の画用紙を a 人の子どもに1人3枚ずつ配ると，b 枚以上余る。

（　　　　　　　　）

(3)　2つの数4と m の平均は n である。

（　　　　　　　　）

(4)　分速 x m で1時間20分歩いたときの道のりは，y m 以下だった。

（　　　　　　　　）

6 右の図のように，碁石を長方形の形に並べます。横の1辺に並んだ碁石が a 個であるとき，碁石の総数を次の㋐，㋑のように表しました。それぞれどのように考えたのか答えましょう。　　4点×2（8点）

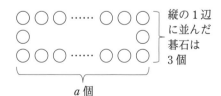

縦の1辺に並んだ碁石は3個

a 個

　㋐　$2(a+1)$　（

　㋑　$(a-2)×2+3×2$　（

確認のワーク ステージ1 1 1次方程式
❶ 方程式とその解　❷ 等式の性質

例1 方程式とその解

教 p.98, 99 → 基本問題 ❶❷

−2，−1，0，1，2 のうち，方程式 $4x−1=3$ の解になるものを求めましょう。

考え方 方程式 $4x−1=3$ の左辺の x に，−2，−1，0，1，2 を代入し
xの値によって成り立ったり成り立たなかったりする等式のこと。
て，(左辺)＝(右辺) となる x の値を見つける。
方程式を成り立たせる文字の値をその方程式の解という。

思い出そう
等式 $3x+2=4x$
　　　左辺＝右辺
　　　　└両辺┘

解き方 $x=−2$ のとき　$4x−1=4×\underline{(−2)}−1=−9$
　　　　　　　　負の数を代入するときは，( )をつける。

　　　$x=−1$ のとき　$4x−1=4×(−1)−1=−5$

　　　$x=0$ のとき　　$4x−1=4×0−1=$ ①□

　　　$x=1$ のとき　　$4x−1=4×1−1=$ ②□ ◁(左辺)＝(右辺)

　　　$x=2$ のとき　　$4x−1=4×2−1=7$

よって，③□ は方程式 $4x−1=3$ の解である。

左辺と右辺の値が等しくなる x の値を見つけるのね。

例2 等式の性質を使った方程式の解き方

教 p.102, 103 → 基本問題 ❸

等式の性質を使って，次の方程式を解きましょう。

(1)　$x+5=1$　　　　　　　　(2)　$2x=10$

考え方 (1)は等式の性質②を，(2)は等式の性質④を使って，方程式を解く。方程式を解くには，
もとの方程式を $x=□$ の形に変形することを考える。
方程式の解を求めること。

解き方 (1)　　　　　$x+5=1$

　　左辺を x だけにするために，両辺から ④□ をひくと，
　　　　　　　　　　　　　　　　　5−5で0をつくって，左辺を x だけにしている。

　　　$x+5−$④□$=1−$④□

　　　　　　　$x=$⑤□

(2)　　　　　$2x=10$

　　左辺の x の係数を 1 にするために，両辺を ⑥□ でわると，

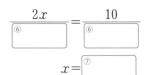
$\dfrac{2x}{⑥□}=\dfrac{10}{⑥□}$

　　　　　$x=$⑦□

等式の性質③を使って，両辺に 2 の逆数の $\frac{1}{2}$ をかけているともいえる。

等式の性質

$A=B$ ならば

① $A+C=B+C$

② $A−C=B−C$

③ $AC=BC$

④ $\dfrac{A}{C}=\dfrac{B}{C}$ $(C≠0)$

　$C≠0$ は，C が 0 に等しくないことを表す。

⑤ $B=A$

基 本 問 題 ┈┈┈┈┈┈┈┈┈┈┈┈┈┈┈┈┈┈┈┈┈┈┈┈┈ 解答 p.20

1 方程式とその解 $-\dfrac{1}{3}$, 0, $\dfrac{1}{3}$, $\dfrac{2}{3}$, 1 のうち，方程式 $6x-1=3$ の解になるものを求めましょう。

教 p.99問1

2 方程式とその解 次の方程式のうち，4 が解であるものをすべて選び，記号で答えましょう。

教 p.99問1

㋐ $x-6=2$

㋑ $-5x=-20$

㋒ $2x+1=-7$

㋓ $10-3x=-2$

㋔ $8+2x=x+12$

㋕ $4(-x+2)=-24$

㋖ $0.5x-2=1.5x$

㋗ $\dfrac{1}{4}x-5=-\dfrac{3}{4}x-1$

3 等式の性質を使った方程式の解き方 等式の性質を使って，次の方程式を解きましょう。

教 p.102, 103

(1) $x-2=8$

(2) $-9+x=1$

(3) $x+7=12$

(4) $x+5=3$

(5) $y+1=-10$

(6) $3a=6$

(7) $10x=5$

(8) $-12x=48$

(9) $-35x=7$

(10) $\dfrac{1}{5}x=5$

$x=\square$ の形に変形することを考えていこう！

(11) $\dfrac{x}{3}=-27$

(12) $\dfrac{2}{5}x=\dfrac{1}{10}$

左ページの 例 の答え ① -1 ② 3 ③ 1 ④ 5 ⑤ -4 ⑥ 2 ⑦ 5

確認のワーク **ステージ1** 1　1次方程式
❸ 1次方程式の解き方(1)

例1 移項を利用した方程式の解き方 ──── 教 p.104〜106 →基本問題❶

方程式 $3x = -2x + 40$ を解きましょう。

考え方 x をふくむ項を左辺に，数の項を右辺に移項し，方程式を $ax = b$ の形に整理する。

解き方
$$3x = -2x + 40$$

$3x \boxed{①} 2x = 40$ ── $-2x$ を移項する。

$\boxed{②} x = 40$ ── 左辺を計算する。

$x = \boxed{③}$ ── 両辺を x の係数でわる。

上のように「＝」を縦にそろえて書くと，計算の過程がわかりやすくなる。

☞ 移項

等式の一方の辺の項を，符号を変えて他方の辺に移すこと。

例　$x - 2 = 5$　　　　　　$6x = 3x + 9$
　　　$x = 5 + 2$　　　　　$6x - 3x = 9$
　　-2 を移項する　　　　$3x$ を移項する
　　-2 は符号が変わり，　$3x$ は符号が変わり，
　　$+2$ になる。　　　　　$-3x$ になる。

例2 かっこのある1次方程式 ──── 教 p.107 →基本問題❷

方程式 $6x - 8 = 5(x + 2)$ を解きましょう。

考え方 かっこのある方程式は，かっこをはずしてから解く。

解き方
$$6x - 8 = 5(x + 2)$$

$6x - 8 = 5x + \boxed{④}$ ── 分配法則を使って，かっこをはずす。

$6x \boxed{⑤} 5x = \boxed{④} + 8$ ── 移項する。

$x = \boxed{⑥}$

🔍ミス注意

かっこをはずすときは，符号に注意する。

例　$-3(2x - 1) = -6x + 3$

例3 係数に小数をふくむ1次方程式 ──── 教 p.108 →基本問題❷

方程式 $0.7x - 1.4 = -0.9x + 1.8$ を解きましょう。

考え方 係数に小数をふくむ方程式は，係数を整数にしてから解く。

解き方
$$0.7x - 1.4 = -0.9x + 1.8$$
$$(0.7x - 1.4) \times 10 = (-0.9x + 1.8) \times 10$$ ── 両辺に 10 をかける。

$\boxed{⑦} - 14 = -9x + 18$

$\boxed{⑦} + 9x = 18 + 14$

$\boxed{⑧} x = 32$

$x = \boxed{⑨}$

小数に 10，100，1000 をかけると，小数点の位置が 0 の数だけ，右へ移る。
$0.7 \times 10 = 7.0$

移項して整理すると，$a \neq 0$ で $ax + b = 0$ すなわち，（1次式）＝0 の形になる方程式を x についての**1次方程式**というよ。

基本問題 解答 p.21

① 移項を利用した方程式の解き方 次の方程式を解きましょう。 教 p.105問1〜問3

(1) $x+5=2$

(2) $x-9=3$

(3) $3x-8=4$

(4) $-5x+6=-4$

(5) $4x=-3x+35$

(6) $6x=7x-10$

(7) $-x+2=3x$

(8) $-2x=-5x+12$

(9) $2x-9=x+2$

(10) $3x+4=-2x+24$

(11) $-4x+2=-6x-10$

(12) $8-5x=-x+12$

1次方程式を解く手順

1 x をふくむ項を左辺に，数の項を右辺に移項する。

2 $ax=b$ の形に整理する。

3 両辺を x の係数 a でわる。

覚えておこう

答えの確かめ
方程式を解いたあとは，解であるかどうかを確かめる。

例 $x+5=2$ を解いた解が $x=-3$ のとき，
(左辺)$=-3+5=2$
(右辺)$=2$
(左辺)$=$(右辺) が成り立つので，$x=-3$ は解として正しい。

② いろいろな1次方程式 次の方程式を解きましょう。 教 p.107問4, 問5

(1) $3(x-2)+4=7$

(2) $4x+6=-5(x-3)$

(3) $7-(2x-5)=-4(x-8)$

(4) $1.5x-0.3=0.9x+2.1$

(5) $0.27x+0.07=0.9x$

(6) $0.2(x-2)+1.6=2$

  ①＋ ②5 ③8 ④10 ⑤− ⑥18 ⑦7x ⑧16 ⑨2

ステージ **1**　**1　1次方程式**
❸　1次方程式の解き方(2)　　**❹　比例式**

例 1　係数に分数をふくむ1次方程式　　　　教 p.108 → 基本問題 ❶

次の方程式を解きましょう。

(1)　$\dfrac{1}{3}x + 2 = \dfrac{1}{2}x$　　　　　　(2)　$\dfrac{x-2}{3} = \dfrac{1}{5}x$

考え方　係数に分数をふくむ方程式は，係数を整数にしてから解く。

解き方　(1)　$\left(\dfrac{1}{3}x + 2\right) \times 6 = \dfrac{1}{2}x \times 6$　← 両辺に分母の3と2の最小公倍数の6をかける。

$$2x + 12 = \boxed{}①$$

> いくつかの自然数に共通な倍数を，公倍数という。
> 公倍数の中で0を除いた最小のものを，最小公倍数という。
> 分母をはらうときは，最小公倍数をかけるとよい。

$$2x - 3x = -12$$
$$-x = -12$$
$$x = \boxed{}②$$

(2)　$\dfrac{x-2}{3} \times 15 = \dfrac{1}{5}x \times 15$　← 両辺に15をかける。

$(x-2) \times \boxed{}③ = 3x$　← 左辺は約分してから，分子にかける。

$$5x - 10 = 3x$$
$$2x = 10$$
$$x = \boxed{}④$$

> 分数をふくまない式に変形することを「分母をはらう」というよ。

例 2　比例式を満たす x の値　　　　教 p.110, 111 → 基本問題 ❷

次の比例式について，x の値を求めましょう。

(1)　$x : 8 = 5 : 4$　　　　　　(2)　$3 : 2 = (x+2) : 6$

考え方　「$a : b = c : d$ のとき $ad = bc$」を利用する。

解き方　(1)　$x \times 4 = 8 \times \boxed{}⑤$

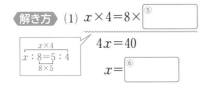

$$4x = 40$$
$$x = \boxed{}⑥$$

(2)　$3 \times 6 = 2 \times (\boxed{}⑦)$

$2 \times (\boxed{}⑦) = 3 \times 6$

$$\boxed{}⑧ = 18$$
$$2x = 14$$
$$x = \boxed{}⑨$$

別解　比の値が等しいことを利用する。

(1)　$\dfrac{x}{8} = \dfrac{5}{4}$ より，両辺に8をかけると，$x = 10$

> **比例式**
> 比が等しいことを表す式のこと
> $$a : b = c : d$$
> ※比 $a : b$ について，a, b を比の項といい，a を b でわった商 $\dfrac{a}{b}$ を「$a : b$ の比の値」という。

基本問題 解答 p.22

1 係数に分数をふくむ1次方程式 次の方程式を解きましょう。 教 p.109問6

(1) $\dfrac{1}{6}x - 2 = \dfrac{1}{3}x$

(2) $\dfrac{x}{2} - \dfrac{1}{6} = \dfrac{x}{6} - \dfrac{3}{2}$

(3) $\dfrac{x}{2} + 1 = \dfrac{2}{5}x + 3$

(4) $\dfrac{x}{4} - \dfrac{2}{3} = 1 - \dfrac{x}{6}$

(5) $\dfrac{x-3}{4} = \dfrac{1}{3}x$

(6) $\dfrac{2x-1}{5} = \dfrac{x-2}{3}$

(7) $\dfrac{x-8}{4} = \dfrac{2x+1}{6}$

(8) $\dfrac{-x+6}{2} = x - 3$

(9) $\dfrac{1}{3}(x-2) = \dfrac{1}{9}(2x-3)$

(10) $\dfrac{3}{10}(2x-1) = \dfrac{2}{5}(1-x)$

2 比例式を満たす x の値 次の比例式について，x の値を求めましょう。 教 p.111問1〜問3

(1) $x : 15 = 4 : 5$

(2) $x : 14 = 3 : 7$

(3) $x : 5 = 2 : 3$

(4) $4 : 7 = 28 : x$

(5) $6 : x = 3 : 14$

(6) $4 : (x+3) = 5 : 15$

(7) $8 : 3 = x : 9$

(8) $(x-1) : 3 = 2x : 7$

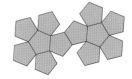

左ページの 例 の答え ① $3x$ ② 12 ③ 5 ④ 5 ⑤ 5 ⑥ 10 ⑦ $x+2$ ⑧ $2x+4$ ⑨ 7

解答 ▶ p.23

 **ステージ2**　**1　1次方程式**

1 次の方程式のうち，-3 が解であるものはどれですか。記号で答えましょう。

㋐　$3x-4=5x+2$　　　　　　　　㋑　$11x-6=-9+2x$

㋒　$-7(x-5)=8(1-2x)$　　　　　㋓　$\dfrac{x}{6}-2=x-\dfrac{9}{2}$

2 次の方程式を解きましょう。

(1)　$4x+2=0$　　　　　　　　　　(2)　$-\dfrac{2}{3}x=\dfrac{7}{6}$

(3)　$3x-2=-x+1$　　　　　　　　(4)　$11x-7=-10x-7$

(5)　$2(2x-5)-(x+9)=2$　　　　　(6)　$0.3(2-x)=0.4(9-2x)$

(7)　$0.05x-0.3=0.4x-1$　　　　　(8)　$\dfrac{x-1}{2}+\dfrac{x}{3}=1$

(9)　$\dfrac{8}{3}(x+1)-\dfrac{x}{2}=-\dfrac{5}{3}$　　　　（レベルUP）(10)　$2.7x-\dfrac{3}{2}=\dfrac{3x-4}{5}$

3 次の比例式について，x の値を求めましょう。

(1)　$x:18=4:9$　　　(2)　$9:x=15:7$　　　(3)　$8:(x+5)=4:3$

4 方程式 $8x=20$ を解くとき，$x=\square$ の形に変形するには，等式の性質をどのように利用すればよいですか。2通りの方法を答えましょう。

2 (6)　左辺は $0.3\times(2-x)$ なので，左辺に 10 をかけると $0.3\times(2-x)\times10=3(2-x)$ となり，かっこの中は変わらない。右辺も同じように考える。
4 ある数でわることは，その数の逆数をかけることと同じことである。

5 次の(1)，(2)の方程式を下のように解きました。①と②の変形では，等式の性質㋐～㋓のどれを使っていますか。それぞれ記号で答えましょう。また，そのときの C にあたる式や数を答えましょう。

等式の性質
㋐　$A=B$ ならば $A+C=B+C$
㋑　$A=B$ ならば $A-C=B-C$
㋒　$A=B$ ならば $AC=BC$
㋓　$A=B$ ならば $\dfrac{A}{C}=\dfrac{B}{C}$ $(C \neq 0)$

(1)　$\begin{aligned} 5x &= 2x-21 \\ 5x-2x &= -21 \end{aligned}$ 　①

$\begin{aligned} 3x &= -21 \\ x &= -7 \end{aligned}$ 　②

(2)　$\begin{aligned} -\dfrac{3}{4}x-1 &= 2 \\ -\dfrac{3}{4}x &= 2+1 \end{aligned}$ 　①

$\begin{aligned} -\dfrac{3}{4}x &= 3 \\ x &= -4 \end{aligned}$ 　②

6 次の問いに答えましょう。

(1)　2つの方程式 $7-2x=5$ と $a-3x=2x$ が同じ解をもつとき，a の値を求めましょう。

(2)　x についての方程式 $4x+1=6x+5a$ の解が -2 であるとき，a の値を求めましょう。

(3)　$x+2=\dfrac{x-4}{3}$ のとき，x^2-3x の値を求めましょう。

✎ 入試問題を やってみよう！ ......

1 次の方程式を解きましょう。

(1)　$3x-5=x+3$ 〔沖縄〕　(2)　$\dfrac{2x+9}{5}=x$ 〔熊本〕

2 比例式 $x:6=5:3$ を満たす x の値を求めましょう。 〔大阪〕

3 x についての方程式 $2x+a=13+4x$ の解が 3 であるとき，a の値を求めましょう。 〔佐賀〕

6 (1) まず $7-2x=5$ の解を求める。
(3) 右辺の分母をはらうための数を両辺にかけて，分数をふくまない形にしてから x の値を求め，その x の値を代入する。

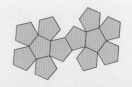

確認のワーク　ステージ1　**2　1次方程式の利用**
1　1次方程式の利用(1)

例1 個数と代金の問題　　　　　　　　　　教 p.113 →基本問題2

　ノートを5冊と1本80円のサインペンを3本買ったところ，代金の合計は840円でした。ノート1冊の値段を求めましょう。

考え方　代金の関係は
（ノートの代金）＋（サインペンの代金）＝840円になる。

解き方　ノート1冊の値段を x 円とする。←何を x とするか書く。　　①

　ノート5冊の代金は ① ［　　　　］円，　　　　　　　②

　サインペン3本の代金は $80×3＝240$（円）だから，

　代金の合計について，① ［　　　　］＋240＝840

　　　　　　　　　　① ［　　　　］＝600　　　　③

　　　　　　　　　　　　$x＝$ ② ［　　　　］

　ノート1冊の値段を120円とすると，代金の合計は　　④
$\underline{120×5＋240＝840}$ より，840円で問題に適している。
答えの確かめをする。

答　③ ［　　　　］

問題を解く手順
1　求める数量を文字で表す。
2　等しい数量を見つけて，方程式に表す。
3　方程式を解く。
4　解が実際の問題に適しているか確かめる。

ことばの式や表を書いたり，図に表したりして，問題の条件を整理してから，方程式をつくればいいね。

例2 代金や所持金の問題　　　　　　　　　教 p.114 →基本問題3

　兄は720円，妹は1320円持っています。2人とも同じボールを1個ずつ買ったところ，妹の残金は兄の残金の3倍になりました。ボール1個の値段を求めましょう。

考え方　兄の残金と妹の残金をどちらも x を使った式で表す。

解き方　ボール1個の値段を x 円とすると，

　兄の残金は $(720－x)$ 円，妹の残金は $(1320－x)$ 円だから，

　残金について，$\underline{3(720－x)＝1320－x}$ ←（兄の残金）×3＝（妹の残金）

　　　　$3×720－$ ④ ［　　　　］$＝1320－x$

　　　　　　$－$ ④ ［　　　　］$＋x＝1320－2160$

　　　　　　　⑤ ［　　　　］$x＝－840$

　　　　　　　　　　$x＝$ ⑥ ［　　　　］

兄の残金 ［　　　］x円　720円
妹の残金 ［　　　　　］x円　1320円

ここがポイント

解の確かめを行うとともに，途中の計算に誤りがないことも確認しておくとよい。

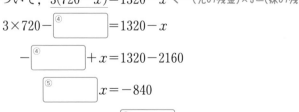

　ボール1個の値段を420円とすると，兄の残金は $(720－420＝)$ 300円，妹の残金は

$(1320－420＝)$ 900円で，$300×3＝900$ となるので，問題に適している。　　答　⑦ ［　　　　］

基本問題 ································· 解答 p.25

① 1次方程式の利用 ある数から3をひいた数の2倍は，もとの数を4倍して2をひいた数に等しくなります。もとの数を求めましょう。 教 p.113

② 個数と代金の問題 次の問いに答えましょう。 教 p.113問1

(1) りんごを12個買って，80円の箱につめてもらったら，代金の合計は2000円でした。りんご1個の値段を求めましょう。

(2) Aのノートと，それより50円高いBのノートがあります。Aのノート3冊とBのノート2冊を買ったところ，代金の合計は600円でした。Aのノート1冊の値段を求めましょう。

(3) 1個100円のプリンと1個120円のシュークリームを合わせて12個買ったところ，代金の合計は1300円でした。プリンとシュークリームをそれぞれ何個買ったか求めましょう。

(4) ある動物園の大人（おとな）の入園料は中学生の入園料より160円高く，大人2人と中学生3人の入園料の合計は1120円でした。大人の入園料を求めましょう。

③ 代金や所持金の問題 次の問いに答えましょう。 教 p.114問2

(1) クッキーが，Aの箱には8枚，Bの箱には36枚入っていました。両方の箱に同じ数のクッキーを増やしたところ，Bの箱のクッキーの数がAの箱のクッキーの数の2倍になりました。増やしたクッキーの枚数を求めましょう。

問題の中の数量の間の関係を，図や表，ことばの式に表すなどのくふうをして，方程式をつくればいいね。

(2) 兄は4200円，弟は600円持っていました。弟が兄からいくらかお金をもらったところ，兄の所持金は弟の所持金の3倍になりました。弟が兄からもらった金額を求めましょう。

左ページの例の答え ①$5x$ ②120 ③120円 ④$3x$ ⑤-2 ⑥420 ⑦420円

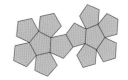

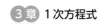

確認のワーク ステージ1　2　1次方程式の利用
■ 1次方程式の利用(2)

例1 過不足の問題

教 p.115 → 基本問題 ①

何人かの子どもにあめを配ります。1人に6個ずつ配ると7個不足し，5個ずつ配ると2個余ります。子どもの人数とあめの個数を求めましょう。

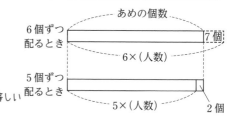

考え方　どちらの配り方をしても，あめの個数は同じであることを利用する。

解き方　子どもの人数を x 人とすると，あめの個数は

1人に6個ずつ配ると7個不足 → $(6x-7)$ 個

1人に5個ずつ配ると2個余る → (□) 個

よって，$6x-7=$ ①□

注 この x は，子どもの人数（自然数）なので，小数や分数であれば，明らかにまちがいである。

この方程式を解くと，$x=$ ②□

あめの個数は $6×$②□ $-7=$③□

5×9+2 と計算してもよい。

子どもが9人で，あめが47個とすると，問題に適している。

答　子ども ④□　　あめ ⑤□

例2 速さの問題

教 p.116〜118 → 基本問題 ②③

妹は800m離れた駅に向かって家を出ました。その4分後に，姉が同じ道を通って妹を追いかけました。妹は分速40m，姉は分速60mで進むとすると，姉は出発してから何分後に妹に追いつきますか。

考え方　姉が出発してから x 分後に妹に追いつくとして，問題の数量の関係を表に整理する。

	速さ (m/min)	時間 (分)	道のり (m)
妹	40	⑥□	40 (⑥□)
姉	60	x	⑦□

2人が進んだ道のりが等しくなれば，追いつくことになるので，その関係を等式で表せばいいね。

解き方　姉が出発してから x 分後に妹に追いつくとすると，

$40($⑥□$)=$⑦□　←(道のり)=(速さ)×(時間)

妹が進んだ道のり　姉が進んだ道のり

これを解くと，$x=$⑧□

⑧□ 分後に追いつくとすると，2人の進んだ道のりはともに480mで，家と駅との道のりより短いから，問題に適している。

答   ⑨□

基本問題 ━━━━━━━━━━━━━━━━━━━━━━━━ 解答 p.26

1 過不足の問題 次の問いに答えましょう。　　　　　　　　　　教 p.115問3

(1) 同じ鉛筆を6本買おうとしましたが，持っていたお金では30円足りませんでした。そこで，5本買ったところ10円余りました。鉛筆1本の値段と最初に持っていた金額を求めましょう。

> **ここがポイント**
>
> 鉛筆1本の値段を x 円として，最初に持っていた金額を考えて方程式をつくる。
> または，
> 最初に持っていた金額を x 円として，鉛筆1本の値段を考えて方程式をつくる。

(2) 何人かの子どもに色紙を配ります。1人に3枚ずつ配ると8枚余り，5枚ずつ配ると2枚不足します。子どもの人数と色紙の枚数を求めましょう。

2 速さの問題 弟は図書館に向かって8時50分に家を出ました。兄はその10分前に同じ道を通って図書館に向かっていて，弟はちょうど図書館の前で兄に追いつきました。弟は分速64 m，兄は分速44 m で進むものとします。　　　　教 p.117問4,問5

(1) 弟が兄に追いついた時刻を求めましょう。

> **思い出そう**
>
> (道のり)＝(速さ)×(時間)
> (速さ)＝(道のり)÷(時間)
> (時間)＝(道のり)÷(速さ)

(2) 家から図書館までの道のりは何 m ですか。

3 速さの問題 ふもとから山頂まで，同じ道を往復しました。登りは分速40 m，下りは分速60 m で歩いたところ，登りは下りよりも50分多く時間がかかりました。　教 p.117問4,問5

(1) ふもとから山頂までの道のりを x m とおいて，登りと下りにかかった時間に関して方程式をつくりましょう。

> (登りにかかった時間)
> ＝(下りにかかった時間)＋50分
> と考えればいいね。

(2) ふもとから山頂までの道のりを求めましょう。

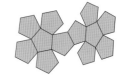

左ページの 例 の答え　①$5x+2$　②9　③47　④9人　⑤47個　⑥$4+x$　⑦$60x$　⑧8　⑨8分後

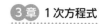

 **2　1次方程式の利用**

解答　p.27

1 次の問いに答えましょう。

(1)　みかんとりんごを買いに行き，みかんをりんごより2個多く買いました。みかんは1個80円，りんごは1個140円で，代金の合計は1040円でした。りんごの個数を求めましょう。

(2)　姉と弟の持っているお金の合計は1400円です。持っているお金から，姉は380円，弟は240円使ったので，姉の残金は弟の残金の2倍になりました。姉が最初に持っていた金額を求めましょう。

(3)　何人かの子どもに鉛筆を配るのに，1人に8本ずつ配ると14本足りず，1人に7本ずつ配っても2本足りません。子どもの人数を求めましょう。

(4)　x km離れたA地とB地の間を，行きは時速12 kmで走り，帰りは時速4 kmで歩いて往復したら，全体で2時間40分かかりました。A地，B地間の道のりを求めましょう。

2 十の位の数が4の2けたの自然数があります。この自然数の十の位の数と一の位の数を入れかえると，もとの自然数より18大きい数になります。もとの自然数の一の位の数をxとして，次の問いに答えましょう。

(1)　もとの自然数と，もとの自然数の十の位の数と一の位の数を入れかえた数を，それぞれxを使った式で表しましょう。

(2)　(1)の式を用いて方程式をつくり，その方程式を解いて，もとの自然数を求めましょう。

3 修学旅行の部屋割りを決めるのに，1室を6人ずつにすると最後の1室は3人になり，1室の人数を1人ずつ増やすとちょうど3室余ります。生徒の人数を求めましょう。

1 (4) (行きにかかった時間)＋(帰りにかかった時間)＝(全体の時間)

両辺の時間の単位をそろえることがポイント。2時間40分＝$2\frac{2}{3}$時間＝$\frac{8}{3}$時間

4 3600 円を A，B，C の 3 人に分けるのに，A は B の $\frac{1}{3}$ より 200 円多く，また，C は A の 2 倍より 300 円少なくなるようにしたいと思います。A，B，C それぞれいくらずつに分ければよいか求めましょう。

5 姉と妹がお金を出し合って 720 円のプレゼントを買うことにしました。姉の出す金額と妹の出す金額の比を 7:5 とすると，姉はいくら出すことになりますか。

6 ある中学校では，1 年生と 2 年生の人数の比が 4:5 で，3 年生の人数は生徒全体の人数 300 人の $\frac{2}{5}$ です。1 年生の人数を求めましょう。

入試問題を やってみよう！

① ある店で定価が同じ 2 枚のハンカチを 3 割引きで買いました。2000 円支払ったところ，おつりは 880 円でした。このハンカチ 1 枚の定価は何円か，求めなさい。〔愛知〕

② A の箱に赤玉が 45 個，B の箱に白玉が 27 個入っています。A の箱と B の箱から赤玉と白玉の個数の比が 2:1 となるように取り出したところ，A の箱と B の箱に残った赤玉と白玉の個数の比が 7:5 になりました。B の箱から取り出した白玉の個数を求めましょう。〔三重〕

③ 100 円の箱に，1 個 80 円のゼリーと 1 個 120 円のプリンを合わせて 24 個つめて買ったところ，代金の合計は 2420 円でした。このとき，買ったゼリーの個数を求めましょう。ただし，品物の値段には，消費税がふくまれているものとします。〔千葉〕

5 姉の出す金額と妹の出す金額の比が 7:5 だから，全体は 7+5=12 と考えることができる。

6 1 年生と 2 年生の人数の合計は $300 \times \left(1 - \frac{2}{5}\right) = 180$（人）である。

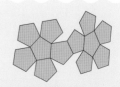

ステージ3　1次方程式

解答 ▶ p.28

/100

1 次の方程式のうち，−8 が解であるものを選び，記号で答えましょう。　　　　（5点）

ⓐ　$3x-2=-26$

ⓑ　$-4x=-32$

ⓒ　$9x-11=-4x+2$

ⓓ　$-11x-(3-x)=5-9x$

（　　　　　　　）

2 次の方程式を解きましょう。　　　　　　　　　　　　　　　　　　3点×6（18点）

(1)　$x+7=-2$

(2)　$4x-3=-19$

（　　　　　　　）　　　　　　　（　　　　　　　）

(3)　$18x=2$

(4)　$-\dfrac{3}{8}x=6$

（　　　　　　　）　　　　　　　（　　　　　　　）

(5)　$5x-6=3x+4$

(6)　$-6x-9=-4x+9$

（　　　　　　　）　　　　　　　（　　　　　　　）

3 次の方程式を解きましょう。　　　　　　　　　　　　　　　　　　4点×6（24点）

(1)　$3(x-1)=-x+9$

(2)　$x-4=5(2x+1)$

（　　　　　　　）　　　　　　　（　　　　　　　）

(3)　$1.3x+2=-0.3(x+20)$

(4)　$0.5-0.2x=0.05x$

（　　　　　　　）　　　　　　　（　　　　　　　）

(5)　$\dfrac{1}{3}x=\dfrac{1}{7}x+4$

(6)　$\dfrac{-x+8}{6}=\dfrac{x-4}{2}$

（　　　　　　　）　　　　　　　（　　　　　　　）

4 次の比例式について，x の値を求めましょう。　　　　　　　　　4点×2（8点）

(1)　$x:18=2:9$

(2)　$(x-2):32=7:8$

（　　　　　　　）　　　　　　　（　　　　　　　）

5 x についての方程式 $5x-9=-3x-a$ の解が -2 であるとき，a の値を求めましょう。

（6点）

（　　　　　　　　）

6 x についての方程式 $2x-\dfrac{-x+a}{4}=11$ と $\dfrac{6}{5}x=x+1$ の解が等しいとき，a の値を求めましょう。

（6点）

（　　　　　　　　）

7 縦の長さが横の長さより $5\,\text{cm}$ 短い長方形があります。この長方形の周の長さが $38\,\text{cm}$ のとき，長方形の縦の長さと横の長さを求めましょう。

4点×2（8点）

縦（　　　　　　　）　横（　　　　　　　）

8 ある班で画用紙を配るのに，1人に5枚ずつ配ると2枚不足し，1人に4枚ずつ配ると8枚余ります。班の人数と画用紙の枚数を求めましょう。

4点×2（8点）

人数（　　　　　　　）　画用紙（　　　　　　　）

9 $12\,\text{km}$ 離れたA地点とB地点があります。兄はA地点から時速 $6\,\text{km}$ でB地点に向かい，弟はB地点から時速 $4\,\text{km}$ でA地点に向かいました。兄と弟が同時に出発したとき，2人が出会うまでにかかった時間を求めましょう。

（6点）

（　　　　　　　　）

10 ある中学校の1年生は，男子が女子より20人多く，男子では 31%，女子では 40%，全体では 35% の生徒がめがねをかけています。女子の人数を求めましょう。

（6点）

（　　　　　　　　）

11 姉と妹が持っているリボンの長さの比は $9:7$ で，長さの和は $3.2\,\text{m}$ です。姉のリボンの長さは何mですか。

（5点）

（　　　　　　　　）

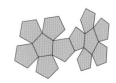

 アプリ【どこでもワーク計算編】をやって，さらに力をつけよう！

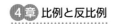

ステージ 1 1 比例
1 関数　2 比例(1)

例1 関数

教 p.124〜126 → 基本問題 1

1本90円の鉛筆 x 本の代金は y 円です。このとき，y は x の関数であるといえますか。

考え方 具体的な数で変数 x と y の関係を考える。
いろいろな値をとる文字のこと。

解き方 たとえば，$x=6$ とする。◁ x の値を1つ決める。

このとき，y の値は ① [　　　] とただ1つに決まるので，

y は x の関数で ② [　　　]。

> **関数**
>
> 2つの変数 x，y があって，x の値が1つ決まると，それに対応して y の値がただ1つに決まるとき，y は x の関数であるという。

例2 変域

教 p.127 → 基本問題 2

次のような変数 x の変域を不等式で表しましょう。

(1)　x が5以上9以下

(2)　x が -3 以上0未満

考え方 変域を不等式で表すときは，
変数のとりうる値の範囲のこと。

不等号を使って表す。
$a \geqq b (a$ は b 以上$)$，$a \leqq b (a$ は b 以下$)$，$a < b (a$ は b 未満$)$

解き方 (1)　5 ③ [　] x ④ [　] 9

(2)　-3 ⑤ [　] x ⑥ [　] 0

> **ここがポイント**
>
> 変域は，不等号や数直線を使って表す。数直線上に表すとき，その数をふくむ場合は ● ふくまない場合は ○ を使う。
>
> 例 $0 \leqq x < 4$ ●————○
>   0　　4

例3 比例

教 p.128〜130 → 基本問題 3 4

次の(1)，(2)について，y を x の式で表しましょう。また，その比例定数を答えましょう。

(1)　縦が x cm，横が8cmの長方形の面積は y cm² である。

(2)　ある自動車が時速50kmで走るとき，x 時間に進む道のりは y km である。

解き方 (1)　長方形の面積は (縦の長さ)×(横の長さ) で
　　　　　　　　　　　y　　　　　　x　　　　8

求められるから，$y = x \times 8$ より $y =$ ⑦ [　　　]

比例定数は ⑧ [　　　]

(2)　道のりは (速さ)×(時間) で求められるから，
　　　　　　y　　　50　　x

$y =$ ⑨ [　　　] $\times x$ より $y =$ ⑩ [　　　]

比例定数は ⑨ [　　　]

> **比例**
>
> y が x の関数で，x と y の関係が $y = ax$ という式で表されるとき，y は x に比例するという。
>
> a は0ではない定数で
> 一定の数やそれを表す文字のこと
> 比例定数という。

基本問題 ··· 解答 p.30

1 関数 90 L の水が入った水そうから，1分間に 6 L ずつ水をくみ出すとき，水をくみ出し始めてから x 分後の水そうの中の水の量を y L とします。 教 p.126 問1, 問2

(1) ①～③にあてはまる数を求め，対応する x と y の値の表を完成させましょう。

x	0	1	2	3	4	…
y	90	①	②	③	66	…

(2) y は x の関数といえますか。

2 変域 次のような変数 x の変域を不等号で表しましょう。 教 p.127 問3

(1) x が 4 より大きい

(2) x が -8 以上 -1 未満

3 比例 分速 80 m で x 分間歩いたときに進む道のりを y m とします。 教 p.129, 130

(1) 5分間歩いたときに進む道のりを求めましょう。

> **たいせつ**
> y が x に比例するとき，
> x の値が 2 倍，3 倍，…
>   ↓   ↓
> y の値も 2 倍，3 倍，…

(2) y を x の式で表しましょう。

(3) y は x に比例しているといえますか。

(4) x の値が 2 倍，3 倍，4 倍，… になると，y の値はそれぞれ何倍になりますか。

4 比例 $y = -2x$ について，次の問いに答えましょう。 教 p.130 問2, 問3

(1) ①～⑦にあてはまる数を求め，対応する x と y の値の表を完成させましょう。

x	…	-3	-2	-1	0	1	2	3	…
y	…	①	②	③	④	⑤	⑥	⑦	…

(2) $x \neq 0$ のとき，対応する x と y の値について，商 $\dfrac{y}{x}$ を求めなさい。

左ページの 例 の答え ① 540 ② ある ③ ≦ ④ ≦ ⑤ ≦ ⑥ < ⑦ $8x$ ⑧ 8 ⑨ 50 ⑩ $50x$

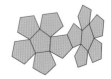

確認のワーク　ステージ1　1　比例
❷ 比例(2)　❸ 座標　❹ 比例のグラフ

例❶ 比例の式の求め方

教 p.131 → 基本問題❶

y は x に比例し，$x=4$ のとき $y=36$ です。

(1)　y を x の式で表しましょう。　　(2)　$x=-3$ のときの y の値を求めましょう。

解き方 (1)　y は x に比例するから，比例定数を a とすると，<u>$y=ax$</u> と表すことができる。
　　　　　　　　　　　　　　　　　　　　　　比例を表す式

$\underline{x=4 \text{ のとき } y=36}$ だから，$36=a×4$　←$y=ax$ の x に 4，y に 36 を代入する。
わかっている1組の値

これを解くと，$a=$ ①□　　よって，$y=$ ②□　　別解 $\dfrac{y}{x}=a$ を利用して，

(2)　(1)で求めた式に $x=-3$ を代入して，　　　　　　$a=\dfrac{36}{4}=9$ と求めてもよい。

$y=$ ③□ $×(-3)=$ ④□

例❷ 点の座標

教 p.132, 133 → 基本問題❷

右の図の点 A，B，C の座標をそれぞれ答えましょう。

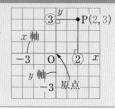

解き方　点Aの x 座標は ⑤□，

y 座標は ⑥□ だから，A(-3，1)

点Bも同様に考えて，B ⑦□

点Cの x 座標は 2，y 座標は x軸上だ
　　　　　　　　　　　　　　　　　じく
から 0 より，C ⑧□
└→$y=0$

座標の表し方

右の図で，x 軸と y 軸を合わせて座標軸，座標を定めた平面を座標平面という。
点の座標は（x 座標，y 座標）と表す。

例❸ 比例のグラフ

教 p.134〜137 → 基本問題❸

$y=\dfrac{1}{4}x$ のグラフをかきましょう。

考え方　比例のグラフは原点を通る直線だから，原点とグラフが通る原点以外のもう1点を結ぶ直線をかく。

解き方　たとえば，$x=4$ のとき $y=$ ⑨□ であるから，
　　　　　　　　　　　x 座標，y 座標がともに整数となる点を選ぶとよい。

原点と点 $\left(4,\ ⑩□\right)$ を結ぶ直線をかく。

基本問題 解答 p.30

1 比例の式の求め方　y は x に比例し，$x=3$ のとき $y=-18$ です。 教 p.131問4

(1)　y を x の式で表しましょう。

(2)　$x=-2$ のときの y の値を求めましょう。

(3)　$y=-24$ となる x の値を求めましょう。

2 点の座標　次の問いに答えましょう。 教 p.133問1, 問2

(1)　右の図の点 A，B，C，D，E の座標をそれぞれ答えましょう。

(2)　次の点を，右の図にかき入れましょう。

F $(1,\ -2)$　　　G $(-4,\ 2)$　　　H $(0,\ -3)$

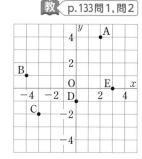

3 比例のグラフ　$y=-\dfrac{3}{2}x$ のグラフを，次の手順でかきましょう。 教 p.135問2

(1)　①～⑤にあてはまる数を求め，対応する x と y の表を完成させましょう。

x	$\cdots$	-2	-1	0	1	2	$\cdots$
y	$\cdots$	①	②	③	④	⑤	$\cdots$

(2)　(1)の表の x と y の値の組をそれぞれ座標とする点を，右の図にかき入れ，$y=-\dfrac{3}{2}x$ のグラフをかきましょう。

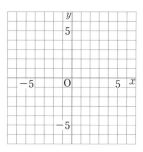

> **たいせつ**
>
> 比例 $y=ax$ のグラフは，原点を通る直線である。
>
> $a>0$ のとき
>
> グラフは右上がり／増加
>
> $a<0$ のとき
>
> グラフは右下がり／減少

4 グラフから比例の式を求める　右のグラフについて，次の問いに答えましょう。 教 p.137問5

(1)　比例定数が負の数であるグラフはどれですか。

(2)　グラフが右の図の③の直線になる比例の式を求めましょう。

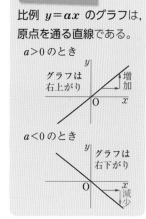

> グラフから点 $(4,\ 5)$ を通る直線とわかるから，$y=ax$ に $x=4$，$y=5$ を代入すればいいね。

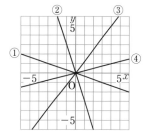

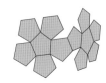

解答 ▶ p.31

1 比例

1 次のような x と y の関係について，y が x の関数であるものをすべて選び，記号で答えましょう。

⑦ 1辺が x cm の正五角形の周の長さを y cm とする。

④ 縦が x cm の長方形の面積を y cm² とする。

⑨ 周の長さが x cm の正方形の面積を y cm² とする。

④ 身長が x cm の人の胸囲は y cm である。

2 12 km 離れた目的地へ行くのに，x km 進んだときの残りの道のりを y km とします。

(1) $x=3.5$ のときの y の値を求めましょう。

(2) y は x の関数であるといえますか。

(3) x の変域が $0 \le x \le 8$ のときの y の変域を答えましょう。

3 右の図ような正方形 ABCD の辺 CD 上に点 P があり，CP の長さを x cm，三角形 BCP の面積を y cm² とします。ただし，点 P が点 C に一致するときは，$y=0$ とします。

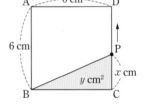

(1) y を x の式で表しましょう。

(2) y は x に比例するといえますか。

4 右の図の点 A の座標を答えましょう。

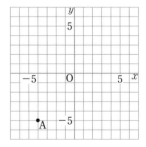

5 次の点を，右の図にかき入れましょう。

(1) B$(-6,\ 3)$　　　　　(2) C$(5,\ -2)$

2 (3) $x=0$ のとき $y=12$ になるので，変域の答え方に注意しよう。

3 三角形 BCP の面積は，$\frac{1}{2} \times$ BC $\times$ CP で求められる。

6 右の表は，y が x に比例する関係を表したものです。

x	$\cdots$	-2	-1	0	1	2	$\cdots$
y	$\cdots$	①	②	③	④	-5	$\cdots$

(1) 表の①〜④にあてはまる数を求めましょう。

(2) $x=-3$ のときの y の値を求めましょう。

(3) $y=20$ のときの x の値を求めましょう。

7 グラフが右の図の(1)〜(4)の直線になる比例の式をそれぞれ求めましょう。

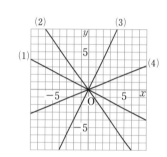

入試問題をやってみよう！

1 次の⑦〜㋤のうち，y が x に比例するものはどれですか。1つ選び，記号で答えましょう。

⑦ 30 g の箱に1個 6 g のビスケットを x 個入れたときの全体の重さ y g 〔大阪〕

④ 500 m の道のりを毎分 x m の速さで歩くときにかかる時間 y 分

⑦ 長さ 140 mm の線香が x mm 燃えたときの残りの線香の長さ y mm

㋤ 空の水槽に水を毎秒 25 mL の割合で x 秒間ためたときの水槽にたまった水の量 y mL

2 次の場合について，y を x の式で表しましょう。

(1) y は x に比例し，$x=6$ のとき $y=-9$ です。 〔山口〕

(2) y は x に比例し，$x=3$ のとき $y=-15$ です。 〔福島〕

6 表から $x=2$ のとき $y=-5$ であることがわかる。
7 グラフが通る原点以外の1点の座標から比例定数を求める。
(1) 点 $(2, -1)$ を通るから，$x=2$ のとき $y=-1$ である。

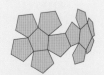

確認のワーク　ステージ1　**2 反比例**
■ 反比例　2 反比例のグラフ

例1 反比例　　教 p.139〜141 →基本問題1 2

時速 x km で y 時間歩いたときに進む道のりを 7 km とするとき，y を x の式で表しましょう。また，比例定数と比例定数が表している量は何を示しているかを答えましょう。

解き方　$\underset{y}{(時間)}=\underset{7}{(道のり)}÷\underset{x}{(速さ)}$ より，

$y=\dfrac{\boxed{①}}{x}$ と表されるので，

y は x に反比例する。

このとき，比例定数は $\boxed{②}$ であり，

この比例定数は，歩いた $\boxed{③}$ を示している。

反比例

y が x の関数で，x と y の関係が

$y=\dfrac{a}{x}$ または $xy=a$

という式で表されるとき，
y は x に**反比例する**という。
積 xy は一定で，
この値 a を**比例定数**という。

例2 反比例の式の求め方　　教 p.142 →基本問題3

y は x に反比例し，$x=3$ のとき $y=6$ です。y を x の式で表しましょう。

解き方　y は x に反比例するから，比例定数を a とすると，$\underset{反比例を表す式}{y=\dfrac{a}{x}}$ と表すことができる。

$\underset{わかっている1組の値}{x=3\ のとき\ y=6}$ だから，$6=\dfrac{a}{3}$ ← $y=\dfrac{a}{x}$ の x に3，y に 6 を代入する。

別解　$xy=a$ を利用して，
$a=3×6=18$ と求めてもよい。

これを解くと，$a=\boxed{④}$　　よって，$y=\boxed{⑤}$

例3 反比例のグラフ　　教 p.143〜146 →基本問題4

関数 $y=\dfrac{4}{x}$ のグラフをかきましょう。

考え方　対応する x と y の値の組をそれぞれ座標とする点を多くとってグラフをかく。

解き方　$y=\dfrac{4}{x}$ について，対応する x と y の値を表にすると，

x	⋯	-4	-2	-1	0	1	2	4	⋯
y	⋯	$\boxed{⑥}$	-2	-4	×	$\boxed{⑦}$	2	1	⋯

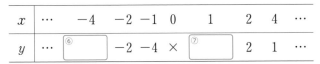

上の表の x と y の値の組を x 座標，y 座標とする点を座標平面に
かき入れて，これらの点を結び，2 つのなめらかな曲線をかく。
「双曲線」という。

注 反比例のグラフは，座標軸にどんどん近づいていくが，どこまでいっても軸とは交わらない。

基本問題

解答 p.32

1 反比例 面積が $24\,\text{cm}^2$ の長方形の横の長さを $x\,\text{cm}$，縦の長さを $y\,\text{cm}$ とするとき，次の問いに答えましょう。

教 p.139 問1

(1) ①～⑥にあてはまる数を求めて，下の表を完成させましょう。

x	…	1	2	3	4	5	6	…
y	…	①	②	③	④	⑤	⑥	…

(2) 横の長さが2倍，3倍，4倍，…になると，縦の長さはそれぞれどのように変化しますか。

(3) y を x の式で表しなさい。

> **たいせつ**
>
> y が x に反比例するとき，
> x の値が 2倍，3倍，4倍，…
>   ↓
> y の値は $\frac{1}{2}$ 倍，$\frac{1}{3}$ 倍，$\frac{1}{4}$ 倍，…

2 反比例を表す式 次の(1)～(3)について，y を x の式で表しましょう。また，y が x に反比例する場合は，その比例定数を答えましょう。

教 p.140 問2

(1) 1本 x 円の鉛筆を5本と100円の消しゴムを1個買ったときの代金の合計は y 円である。

(2) 200 L 入る容器に1分間に x L の割合で水を入れるとき，いっぱいになるまでに y 分間かかる。

(3) 底辺が $16\,\text{cm}$，高さが $x\,\text{cm}$ の三角形の面積は $y\,\text{cm}^2$ である。

3 反比例の式の求め方 y は x に反比例し，$x=2$ のとき $y=8$ です。

教 p.142 問4，問5

(1) y を x の式で表しましょう。

(2) $x=4$ のときの y の値を求めましょう。

(3) $x=-1$ のときの y の値を求めましょう。

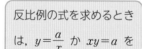

> 反比例の式を求めるときは，$y=\dfrac{a}{x}$ か $xy=a$ を利用すればいいね。

4 反比例のグラフ 次の反比例のグラフをかきましょう。

(1) $y=\dfrac{8}{x}$ (2) $y=-\dfrac{9}{x}$

教 p.145 問1

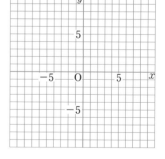

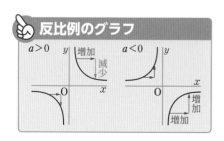

反比例のグラフ

$a>0$ $a<0$

確認のワーク　**ステージ 1**　**3　比例と反比例の利用**
1　比例と反比例の利用

例1　比例の関係の利用
教 p.148, 149 →基本問題 1

ばねののびは，つるしたおもりの
重さに比例します。あるばねに x g

x (g)	0	10	20	30	40	50	…	100
y (cm)	0	1.5	3	4.5	6	7.5	…	15

のおもりをつるしたときのばねののびを y cm とします。100 g までの範囲では，x と y
の関係が上の表のようになります。

(1)　おもりの重さが 90 g のとき，ばねののびは何 cm ですか。

(2)　ばねののびが 12 cm になるのは，おもりの重さが何 g のときですか。

解き方　(1)　y は x に比例するから，比例定数を a とすると，$y=ax$ と表すことができる。

$x=10$, $y=1.5$ を代入すると，$1.5=a\times$ ①[　　] より，$a=$ ②[　　]　＜まず，比例定数 a を求める。
おもりの重さが 10 g のときのばねののびは 1.5 cm

よって，$y=$ ②[　　]x

$x=90$ を代入すると，$y=$ ②[　　]$\times 90$ より $y=$ ③[　　] だから，③[　　]cm
おもりの重さが 90 g

(2)　(1)で求めた式に $y=12$ を代入すると，
ばねののびが 12 cm

$12=$ ②[　　]$\times x$ より $x=$ ④[　　] だから，④[　　]g

例2　グラフの読みとり
教 p.152 →基本問題 3

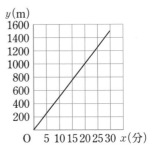

Aさんが家から 1500 m 離れた駅に歩いて向かいました。
出発してから x 分後に，家から y m 離れるとして，A さん
が駅に着くまでの x と y の関係をグラフに表すと右の図のよ
うになります。

(1)　Aさんの歩く速さは，分速何mですか。

(2)　x と y の関係を表す式を求めましょう。

考え方　グラフは原点を通る直線だから，y は x に比例している。

解き方　(1)　グラフは $(20, 1000)$ を通っているので，20 分後に家から ⑤[　　]m 離れたこと
がわかる。よって，⑤[　　]$\div 20=$ ⑥[　　] より，求める速さは分速 ⑥[　　]m
（道のり）÷（時間）＝（速さ）

(2)　比例の式 $y=ax$ に $x=20$, $y=1000$ を代入すると，

⑦[　　]$=a\times 20$ より $a=$ ⑧[　　]　　よって，求める式は ⑨[　　]

基本問題 ・・ 解答 p.33

1 比例の関係の利用　A4 のコピー用紙がたくさんあります。このコピー用紙 1 枚の重さはすべて等しく，12 枚の重さをはかったら 42 g でした。　教 p.149 問 1

(1)　コピー用紙の枚数と重さは比例するといえますか。

(2)　このコピー用紙が 1000 枚あるとき，その重さを求めましょう。

(3)　重さが 700 g のとき，コピー用紙の枚数を求めましょう。

2 反比例の関係の利用　1 分間に 6 L ずつ水を入れると 12 分間で満水になる水そうがあります。

(1)　この水そうに入る水の量は何 L か求めましょう。　教 p.151 問 2

(2)　1 分間に x L ずつ水を入れると y 分間で満水になるとして，y を x の式で表しましょう。

(3)　1 分間に 4 L ずつ水を入れると，何分で満水になりますか。

3 グラフの読みとり　兄と弟が同時に家を出発して，家から 1200 m 離れた図書館にそれぞれ向かいます。家を出発してから x 分後に，家から y m 離れるとして，兄が図書館に着くまでの x と y の関係をグラフに表すと右の図のようになります。　教 p.152 問 3, 問 4

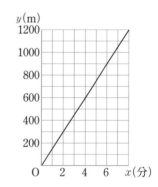

(1)　兄について，y を x の式で表しましょう。

(2)　弟が自転車に乗って分速 200 m で走るとするとき，弟が図書館に着くまでの x と y の関係を表すグラフを，右の図にかきましょう。

表や式だけでなく，グラフに表すことによって，いろいろなことを読みとることができるね。

(3)　弟は，家を出てから何分後に図書館に着きますか。

(4)　弟が図書館に着いたとき，兄は図書館の何 m 手前の地点にいますか。

解答　p.33

ステージ 2　　2　反比例　　3　比例と反比例の利用

1 y は x に反比例し，$x=-6$ のとき $y=\dfrac{2}{3}$ です。

(1) $x=\dfrac{1}{2}$ のときの y の値を求めましょう。

(2) $y=-\dfrac{1}{4}$ のときの x の値を求めましょう。

(3) x の変域が $1\leqq x\leqq 4$ のとき，y の変域を求めましょう。

2 右の図のような長方形 ABCD の辺 BC 上に点Pがあり，BP の長さを $x\,\mathrm{cm}$，三角形 ABP の面積を $y\,\mathrm{cm}^2$ とします。ただし，P が B に一致するとき，$y=0$ とします。

(1) y を x の式で表しましょう。

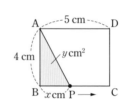
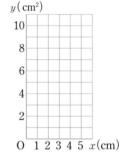

(2) x と y の変域を，それぞれ不等式で表しましょう。

(3) (1)の式のグラフを，右の図にかきましょう。

3 右の図のように，$x\geqq 0$ のときの $y=\dfrac{6}{x}$ のグラフと $y=ax$ のグラフが点Aで交わっています。

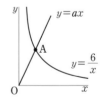

(1) 点Aの x 座標が 2 のとき，a の値を求めましょう。

(2) 点Aの x 座標，y 座標がともに整数で a の値も整数となるとき，点Aの座標を求めましょう。

4 歯数 x の歯車Aが 1 分間に y 回転し，これに歯数 20 の歯車Bがかみ合って 1 分間に 4 回転します。このとき，y を x の式で表しましょう。

2 (1) 三角形 ABP の面積は $\dfrac{1}{2}\times \mathrm{BP}\times \mathrm{AB}$ で求める。

(2) x は 5 cm より大きくならない。

5 次の x と y について，y を x の式で表し，y が x に比例するものには〇，反比例するものには△，どちらでもないものには × をつけましょう。

(1) 底辺が x cm，高さが y cm の平行四辺形の面積を 20 cm² とする。

(2) 縦が x cm，横が x cm，高さが 2 cm の直方体の体積を y cm³ とする。

(3) 長さ 10 cm のろうそくが 1 分間に 0.3 cm の割合で燃えて短くなるとき，x 分後に残っているろうそくの長さは y cm である。

(4) ある針金の 3 m の重さが 120 g で，100 g あたりの値段が 80 円のとき，この針金の x m の代金は y 円である。

6 30 L ずつ入る A，B 2 つの空の水そうがあります。A の水そうには 3 本の管が，B の水そうには 5 本の管がついており，どの管からも 1 分間あたり同じ量の水を入れることができます。水そうをいっぱいにするのに，1 本の管では A，B ともに 1 時間かかります。ついている管を全部使って同時に水を入れるとき，次の問いに答えましょう。

(1) B の水そうがいっぱいになるまでに何分かかりますか。

(2) A の水そうがいっぱいになるのは，B の水そうがいっぱいになってから何分後ですか。

入試問題を やってみよう！ ┄┄┄┄┄┄┄┄┄┄┄┄┄┄┄┄

1 次の表が，y が x に反比例する関係を表しているとき，表の ア にあてはまる数を求めましょう。ただし，表の × 印は，$x=0$ を除いて考えることを示しています。　〔兵庫〕

x	…	-2	-1	0	1	2	…	4	…
y	…	8	16	×	-16	-8	…	ア	…

2 y は x に反比例し，比例定数は -6 です。x と y の関係を式に表し，そのグラフをかきましょう。　〔愛媛〕

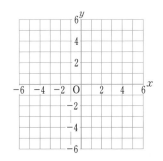

6 30 L の水そうに水を入れるのに，1 本の管では 1 時間かかるから，
$30 \div 60 = 0.5$ より，1 本の管では毎分 0.5 L の水を入れることができる。
B には 5 本の管があるので，毎分 2.5 L の水が入る。

解答 ▶ p.34

比例と反比例

40分　　/100

1 次の x と y の関係について，y は x の関数であるといえるものを選び，記号で答えましょう。
(6点)

㋐　1辺が x cm のひし形の周の長さを y cm とする。

㋑　底辺が x cm，高さが 8 cm の三角形の面積を y cm² とする。

㋒　自然数 x の倍数を y とする。

㋓　18 L の灯油を1日に x L ずつ使うと y 日間使える。

（　　　　　　）

2 次の(1)，(2)について，y を x の式で表しましょう。また，y は x に比例するか，または反比例するかを答え，その比例定数を答えましょう。
3点×6(18点)

(1)　6 m のひもを x 等分したときの1本分のひもの長さは y m である。

（式　　　　　　，　　　　　　，比例定数　　　　　　）

(2)　3 m の重さが 45 g の針金がある。この針金 x m の重さは y g である。

（式　　　　　　，　　　　　　，比例定数　　　　　　）

3 次の場合について，y を x の式で表しましょう。
4点×2(8点)

(1)　y が x に比例し，$x=5$ のとき $y=-15$ である。

（　　　　　　）

(2)　y が x に反比例し，$x=-2$ のとき $y=12$ である。

（　　　　　　）

4 次のような変数 x の変域を不等式で表しましょう。
4点×2(8点)

(1)　x が3以下　　　　　　　　　(2)　x が2以上9未満

（　　　　　　）　　　　　　　　（　　　　　　）

5 次の比例，または反比例のグラフを下の図にかきましょう。
4点×4(16点)

(1)　$y=-\dfrac{2}{5}x$　　　(2)　$y=\dfrac{3}{4}x$　　　(3)　$y=\dfrac{10}{x}$　　　(4)　$y=-\dfrac{2}{x}$

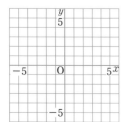 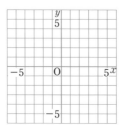 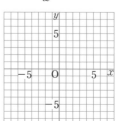 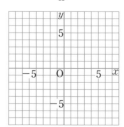

目標	比例と反比例の式を求めたり，グラフをかいたりすることができるか確認しよう。また，比例や反比例の意味も確認しておこう。

自分の得点まで色をぬろう！

😣がんばろう！　　😐もう一歩｜😊合格！

0　　　　　　　　　　60　　80　　100点

6 (1)は比例，(2)は反比例のグラフです。yをxの式で表し，□にあてはまる数を求めましょう。

4点×4（16点）

(1)

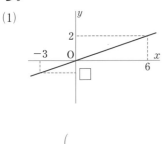

(2)

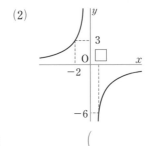

$($　　　　，　　　$)$　　　　$($　　　　，　　　$)$

7 2つの変数xとyが，右の表のような値をとっています。　4点×2（8点）

x	…	2	3	4	…
y	…	①	4	②	…

(1)　yがxに比例するとき，右の表の①にあてはまる数を求めましょう。

$($　　　　　　　$)$

(2)　yがxに反比例するとき，右の表の②にあてはまる数を求めましょう。

$($　　　　　　　$)$

8 (道のり)＝(速さ)×(時間) について，次の問いに答えましょう。　4点×2（8点）

(1)　速さを決めると，道のりと時間の関係はどんな関係になりますか。

$($　　　　　　　$)$

(2)　どの量を決めると，他の2つの量が反比例の関係になりますか。

$($　　　　　　　$)$

9 1分間に5Lずつ水を入れると，2時間でいっぱいになる水そうがあります。4点×3（12点）

(1)　この水そうに入る水の量は何Lか求めましょう。

$($　　　　　　　$)$

(2)　1分間にxLずつ水を入れるとき，いっぱいになるまでにy分かかるとして，yをxの式で表しましょう。

$($　　　　　　　$)$

(3)　30分でいっぱいにするには，1分間に何Lずつ水を入れればよいですか。

$($　　　　　　　$)$

アプリ【どこでもワーク計算編・図形編】をやって，さらに力をつけよう！

確認のワーク ステージ **1** 平面図形
1 平面上の直線

例1 直線と線分 教 p.158, 159 → 基本問題1

次の直線や線分をかきましょう。

(1) 直線 AB ・ ・B
・A

(2) 線分 AB ・ ・B
・A

(3) 半直線 AB ・ ・B
・A

解き方 2点 A, B を通り ① □ に限りなくのびたまっすぐな線を**直線 AB** と表す。

直線

直線 AB のうち, 点Aから点Bまでの部分を**線分 AB**,

↖ 2点 A, B を結ぶいろいろな線のうち, もっとも短い。

点Aから点 ② □ の方向に限りなくのびた部分を**半直線 AB** という。

答

↖ 半直線 AB と半直線 BA はちがう。

(1) 直線 AB (2) 線分 AB  (3) 半直線 AB

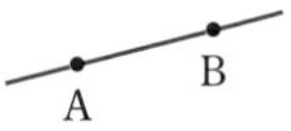

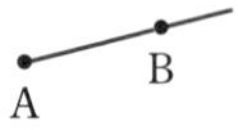

線分 AB の長さを,
2点 A, B間の距離
といい, AB と表すよ。

たいせつ

AB＝CD… 2つの線分 AB と CD
の長さが等しい。

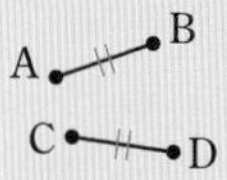

A ＋ B
C ＋ D

長さが等しい
ことを表す記号

∠ABC…半直線 BA, BC に
よってできる角 ABC 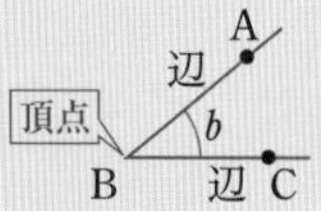
※∠B や
∠b と
も表す。

頂点 A
辺 b
B 辺 C

∠ABC＝∠DEF
…∠ABC と ∠DEF の
大きさが等しい。

A D
B C F E

例2 2直線の関係 教 p.160, 161 → 基本問題23

右の図を使って, 点Pと直線 ℓ との距離を表す線分 PH を
かきましょう。

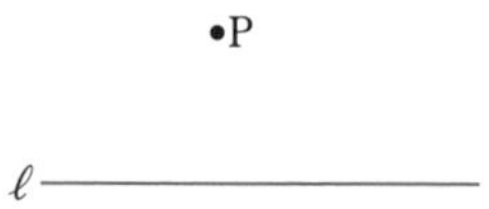

・P

ℓ ————————

解き方 点Pから直線 ℓ に ③ □ をひき, ℓ との**交点**をHとするとき,

線分 PH の長さを, 点Pと直線 ℓ との距離という。

↖ 2つの直線
が交わる点

点Pと直線 ℓ 上の点を結ぶ線分のうち, もっとも短いものが線分 PH

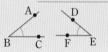

P
点Pと直線 ℓ
との距離
ℓ
H

たいせつ

AB⊥CD… 2直線 AB, CD が垂直に交わる。

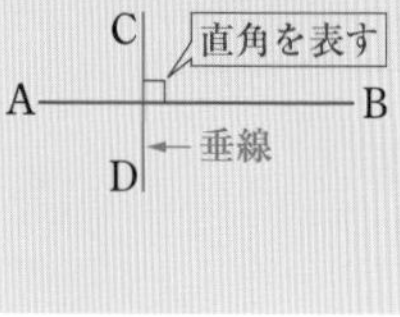

C 直角を表す
A ── B
D 垂線

2直線が垂直に交
わるとき, 一方の
直線を他方の直
線の**垂線**という。

AB∥CD… 2直線 AB, CD が平行である。

A → B
平行を表す
C → D

↖ 2直線は交わらない。

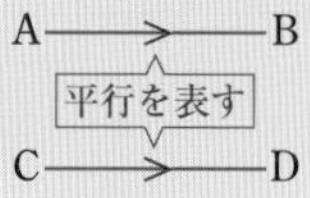

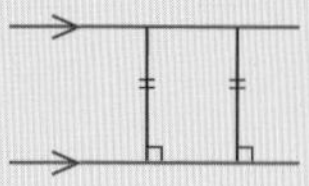

平行な2直線の
距離は一定であ
る。

基本問題

解答 p.36

1 直線と線分 右の図について，次の問いに答えましょう。

教 p.158, 159

(1) 直線 AF をひきましょう。

(2) 線分 BC をひきましょう。

(3) 半直線 BE をひきましょう。

(4) 線分 BC と半直線 FE の交点 G を求めましょう。

(5) 半直線 BD 上にある点で，B，D 以外の点を
答えましょう。

(6) 半直線 DE 上にある点で，D，E 以外の点を
答えましょう。

A・   ・F
    ・D
        ・E
・B
        ・C

> (3)の半直線 BE をひく
> ときは，点Bから点E
> の方向に限りなくのび
> る線をひけばいいね。

2 2直線の関係 右の図で，点Aと直線 ℓ 上の点 P，Q，R，S
を結ぶ線分のうち，もっとも短い線分を答えましょう。

教 p.160

3 2直線の関係 右の図の平行四辺形 ABCD について，次の
問いに答えましょう。

教 p.159, 161

(1) 平行である2組の辺を，A，B，C，D と記号 ∥ を使って
表しましょう。

(2) 長さの等しい2組の辺を，A，B，C，D と等号 ＝ を使って表しましょう。

(3) 大きさの等しい2組の角を，A，B，C，D と記号 ∠ を使って表しましょう。

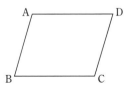

左ページの
例 の答え ① 両方向 ② B ③ 垂線

例 1 平行移動

教 p.163, 164 → 基本問題 ①

△ABC を，矢印 AA′ の方向に，線分 AA′ の長さだけ平行移動させた △A′B′C′ をかきましょう。

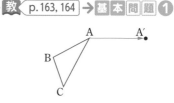

考え方 図形を，その形と大きさを変えずにほかの位置に動かすことを**移動**という。移動のうち，平行移動では，対応する2点を結ぶ線分は，どれも平行で長さが等しい。

_{移動によって，ぴったりと重なる点}

解き方 BB′ ∥ AA′，BB′①□ AA′ となる

点 B′ と，CC′ ∥②□，CC′＝AA′ となる点 C′ をとり，△A′B′C′ をかく。

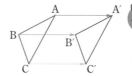

☞ 平行移動
図形を，一定の方向に一定の距離だけずらすこと。

例 2 回転移動

教 p.163〜165 → 基本問題 ②

△ABC を，点Oを回転の中心にして，180°回転させた △A′B′C′ をかきましょう。

考え方 180°回転移動させるとき，回転の中心は対応する2点から等しい距離にある。
_{「点対称移動」という。}　　_{中心にした点のこと}

解き方 点AとOを結ぶ直線をひき，

その直線上の OA＝③□ となる点を A′ とする。同様に，

点 B′，C′ をとり，△A′B′C′ をかく。

☞ 回転移動
図形を，ある点Oを中心にして一定の角度だけ回すこと。

例 3 対称移動

教 p.163, 165 → 基本問題 ③

△ABC を，直線 ℓ を対称の軸として対称移動させた △A′B′C′ をかきましょう。

考え方 対応する2点を結ぶ線分は，対称の軸によって，垂直に2等分される。

解き方 点Aから直線 ℓ に垂線をひき，

ℓ との交点をMとし，直線 AM 上に

AM＝④□ となる点 A′ をとる。

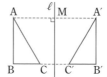

☞ 対称移動
図形を，ある直線 ℓ を折り目として折り返すこと。

同様に点 B′，C′ をとり，△A′B′C′ をかく。このとき，AA′⑤□ ℓ となる。

基本問題 .... 解答 ▶ p.36

1 平行移動 右の図は，△ABC を矢印 AD の方向に，線分 AD の長さだけ平行移動させる途中の図で，頂点 B に対応する頂点は E です。 教 p.164問2, 問3

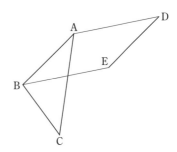

(1) △ABC を平行移動させた △DEF を，右の図にかきましょう。

(2) 次の □ にあてはまる記号や文字を答えましょう。

① AD □ BE，AD = □　　② AB ∥ □ ，AB = □

2 回転移動 次の図の △ABC を，点 O を回転の中心にして，時計の針の回転と反対方向に 150° 回転移動させたものを △A′B′C′ とします。 教 p.164問4, 問5

(1) 右の図に △A′B′C′ をかきましょう。

(2) 線分 OA と長さの等しい線分を答えましょう。

(3) ∠AOA′ と大きさの等しい角を2つ答えましょう。

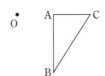

> **たいせつ**
> 回転移動において，回転の中心と対応する2点をそれぞれ結んでできる角はすべて等しい。

3 対称移動 次の図の △ABC を，直線 ℓ を対称の軸として対称移動させた △A′B′C′ をかきましょう。 教 p.165問7

(1)
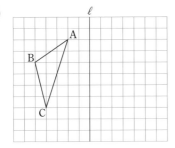

(2)
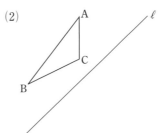

4 図形の移動 右の図の △ABC を，次の①→②→③の順で移動させた △A′B′C′ をかきましょう。 教 p.166問9

① 矢印 PQ の方向に，線分 PQ の長さだけ平行移動させる。

② 点 O を回転の中心にして，時計の針の回転と反対方向に 90° 回転移動させる。

③ 直線 ℓ を対称の軸として対称移動させる。

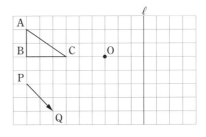

左ページの 例 の答え ① ＝　② AA′　③ OA′　④ A′M　⑤ ⊥

5章

確認のワーク　ステージ1　2 作図
1 作図の基本

例1 垂直二等分線　　　教 p.170, 171 → 基本問題 1

　右の図において，線分 AB の垂直二等分線を作図しましょう。

A •————• B

解き方 1　点Aを中心とする適当な半径の円をかく。

2　点Bを中心として，1と同じ半径の円をかき，2つの円の交点をP，Qとする。

3　直線 PQ をひく。

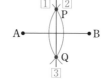

直線 ① [　　　] が線分 AB の垂直二等分線である。

> **垂直二等分線**
> 線分の中点を通り，その線分に垂直な直線のこと。2点 A，Bからの距離が等しい点は，線分 AB の垂直二等分線上にある。

例2 角の二等分線　　　教 p.172, 173 → 基本問題 2

　右の図において，∠AOB の二等分線を作図しましょう。

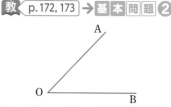

解き方 1　点Oを中心とする適当な半径の円をかき，半直線 OA，OBとの交点をそれぞれ C，Dとする。

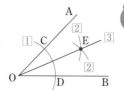

2　2点C，Dをそれぞれ中心として，同じ半径の円をかき，2つの円の交点の1つをEとする。

3　半直線 OE をひく。

> **角の二等分線**
> 1つの角を2等分する半直線のこと。∠AOBの半直線 OA，OBとの距離が等しい点は，∠AOB の二等分線上にある。

半直線 ② [　　　] が ∠AOB の二等分線である。∠AOE＝∠③ [　　　] ＝ ④ [　　　] ∠AOB

例3 垂線　　　教 p.174, 175 → 基本問題 3 4

　右の図の △ABC について，頂点Aから辺 BC へひいた垂線を作図しましょう。

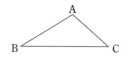

解き方 頂点Aを中心とする適当な半径の円をかき，辺 BC との交点をP，Qとする。2点 P，Q をそれぞれ ⑤ [　　　] として，同じ半径の円をかき，2つの円の交点の1つをRとする。半直線 AR をひくと，AR⊥⑥ [　　　] になる。

注 半直線 AR と辺 BC の交点をHとすると，AH の長さは △ABC の底辺 BC に対する「高さ」になる。

基本問題

解答 p.37

1 垂直二等分線 右の図で，線分 AB の垂直二等分線を直線 ℓ とし，線分 AB と直線 ℓ との交点を M とします。 教 p.170, 171

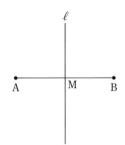

(1) 交点 M が線分 AB の中点であることを，記号を使って表しましょう。

(2) 直線 ℓ 上に，点 P，Q を AP＝AQ となるようにとりましょう。ただし，点 P は線分 AB の上側，点 Q は線分 AB の下側とします。

(3) (2)でとった点 P，Q と点 A，B を結んでできる四角形 PAQB の名前を答えましょう。

2 角の二等分線 次の図において，角の二等分線の作図をしましょう。 教 p.173問2

(1)

(2)

3 垂線 次の図において，点 P を通る直線 ℓ の垂線を作図しましょう。 教 p.175問3

(1)

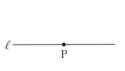

(2)

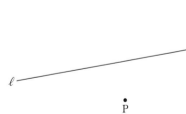

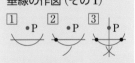

覚えておこう

垂線の作図 (その1)

垂線の作図 (その2)

4 垂線 右の図の △ABC について，辺 BC を底辺とするときの高さを作図しましょう。 教 p.177

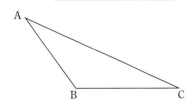

5章

確認のワーク　ステージ1　3 円　1 円
発展 三角形の外心，内心

例1 円の弦の性質

教 p.178, 179 →基本問題1

右の図において，円の中心Oを作図しましょう。

考え方 円の弦（げん）の垂直二等分線は，円の対称の軸となり，円の中心を通ることを利用する。

解き方 円は直径を対称の軸とする線対称な図形で，2本の直径の交点が中心である。

1　弦を1つひく。

2　弦の両端の点を ① [　　　] として，② [　　　] 半径の円をかく。

3　2の2つの円の交点を通る直線をひく。
　　　　　　　弦の垂直二等分線

4〜6　弦をもう1つひき，同様にして，弦の垂直二等分線をひく。

3と6でひいた2本の直線の交点が，円の ③ [　　　] Oである。

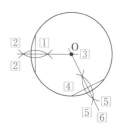

例2 円の接線

教 p.180, 181 →基本問題3

右の図において，点Aが接点となるような円Oの接線を作図しましょう。

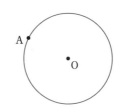

考え方 円の接線は，接点を通る半径に垂直であることを利用する。

解き方 半直線 OA 上の点である点Aを通る垂線をひく作図である。

1　半直線 OA をひく。

2　点Aを中心とする円をかき，半直線 OA との交点をP，Qとする。

3　2点P，Qをそれぞれ中心として，同じ半径の円をかき，その交点をRとする。

4　直線 AR をひくと，
　　円の接線

　　OA ④ [　　] AR となる。

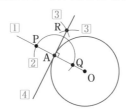

たいせつ

円と直線が1点だけを共有するとき，円と直線は**接する**という。

半直線 OA を ∠PAQ とみて，180° の角の二等分線の作図をしたと考えてもいいね。

基本問題　　　　　　　　　　　　　　　　解答 p.38

1 円の弦の性質　右の図の線分 AB を
直径とする半円の対称の軸を作図し
ましょう。　　　　　　教 p.179

対称の軸は，直径 AB
の垂直二等分線を作図
すればいいね。

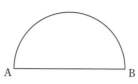

弧と弦

弧 AB （⌒AB）

弦 AB

弧 AB

※円の中心は弦の垂直
二等分線上にある。

2 円の周の長さと面積　半径 6 cm の円の，周の長さと面積を求めましょう。　　教 p.179問2

3 円の接線　右の図において，直線 ℓ
が点Aを中心とする円の接線になるよ
うに，円を作図しましょう。
　　　　　　教 p.181問3

・A

ℓ

発展 4 外接円と外心　右の △ABC におい
て，辺 BC と辺 AB の垂直二等分線
をそれぞれひいて，△ABC の外接
円を作図しましょう。　　教 p.184

辺 BC と辺 AB の垂直二等分線の交点をOとする
と，OB=OC，OA=OB より，OA=OB=OC が
成り立つから，点Oを中心として，△ABC の3つ
の頂点を通る円がかける。

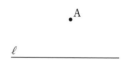

覚えておこう

外接円と外心…三角形の
3つの頂点を通る円を，
その三角形の外接円と
いい，外接円の中心を
外心（2つの辺の垂直二
等分線の交点）という。

発展 5 内接円と内心　右の △ABC におい
て，∠B と ∠C の二等分線をそれぞ
れひいて，△ABC の内接円を作図
しましょう。　　　　　教 p.185

角の二等分線上の点は，角をつくる半直線から等
しい距離にあるから，∠B と ∠C の二等分線の交
点をIとすると，点Iを中心として，△ABC の
3つの辺に接する円がかける。

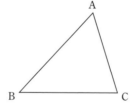

覚えておこう

内接円と内心…三角形の
3つの辺に接する円を，
その三角形の内接円と
いい，内接円の中心を
内心（2つの角の二等
分線の交点）という。

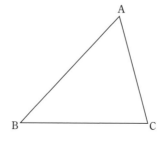

左ページの
例 の答え　①中心　②同じ（等しい）　③中心　④⊥

 **ステージ2**　**1　平面図形　2　作図　3　円**

❶ 右の図は，長方形 ABCD に対角線をかき入れ，その交点を O としたものです。次のことを，記号を使って表しましょう。

(1)　2 組の向かい合う辺の長さが等しい。

(2)　2 組の向かい合う辺が平行である。

(3)　対角線がそれぞれの中点で交わる。

❷ 右の図の合同な三角形⑦〜⑦について，次の問いに答えましょう。

(1)　平行移動だけで⑦に重なる三角形はどれですか。

(2)　平行移動と回転移動を組み合わせると，⑦に重なる三角形はどれですか。

(3)　対称移動だけで重ねられる三角形はどれとどれですか。

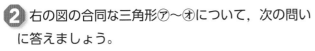

❸ 次の図形をかきましょう。

(1)　右の図形を，直線 ℓ を対称の軸として対称移動した図形

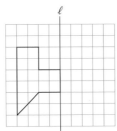

(2)　右の △ABC を，点 O を回転の中心にして，180° 回転移動した △A′B′C′

❹ 次の円の，周の長さと面積を求めましょう。

(1)　半径 2 cm の円

(2)　半径 7 cm の円

(3)　直径 6 cm の円

(4)　直径 10 cm の円

 ❷ (1)　平行移動は，図形を一定の方向に一定の距離だけずらすので，図形の向きは変わらないことに着目するとよい。
❹ (3)(4)　半径を求めてから，周の長さや面積を求める。

5 右の図において，3点 A，B，C からの距離が等しい点Pを作図しましょう。

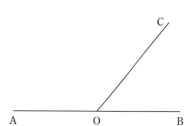

6 ∠PBA＝60°，∠APB＝90° の直角三角形 PAB を右の直線を利用して作図しましょう。

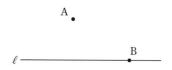

7 右の図において，∠AOC の二等分線 OD と ∠BOC の二等分線 OE を作図してできる ∠DOE の大きさを求めましょう。

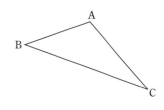

5章

8 右の図において，点Bで直線ℓに接し，点Aを通る円を作図しましょう。

✎ 入試問題を や っ て み よ う ！ •••••••••••••••••••••••••

1 右の図において，△ABC を，辺 BC を対称の軸として対称移動させた図形を △PBC とします。△PBC の辺 PB，PC を，定規とコンパスを用いて作図しましょう。また，点Pの位置を示す文字Pも書きましょう。ただし，作図に用いた線は消さないでおきましょう。　〔福島〕

6 60° の角をつくるために，どういう作図をすればよいかを考える。
8 円の中心は弦の垂直二等分線上にあることを利用する。
1 辺 BC が対称の軸だから，AB＝PB，AC＝PC になる。

解答 ▶ p.41

実力判定テスト ステージ3　平面図形

⏱ **40**分　　　　/100

1 右の図形は，直線 AH を対称の軸とする線対称な図形です。
次の☐にあてはまる記号や文字をかき入れましょう。

4点×4（16点）

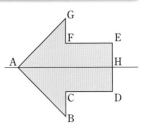

(1)　AH☐ED

(2)　EH☐DH

(3)　∠GAH＝☐

(4)　AG＝☐

2 右の図は，∠AOB＝45° である二等辺三角形 AOB と，それと合同
な7つの二等辺三角形を組み合わせてできたものです。　6点×5（30点）

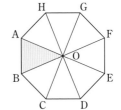

(1)　△AOB を平行移動して，ちょうど重なる三角形を答えましょう。
ない場合は「なし」と答えましょう。　　　　　　　（　　　　　　　）

(2)　△AOB を，点O を回転の中心にして，時計の針の回転と反対方
向に回転移動して，△COD にちょうど重ねるには，何度回転させ
ればよいですか。　　　　　　　　　　　　　　　（　　　　　　　）

(3)　△AOB を，点O を回転の中心にして，時計の針の回転と反対方向に回転移動して，
△EOF にちょうど重ねるには，何度回転させればよいですか。　　　（　　　　　　　）

(4)　△AOB を1回だけ対称移動して，△COB にちょうど重ねます。このときの対称の軸を
答えましょう。　　　　　　　　　　　　　　　　　　　　　　　（　　　　　　　）

(5)　△AOB を1回だけ対称移動して，△EOD にちょうど重ねます。このときの対称の軸を
答えましょう。　　　　　　　　　　　　　　　　　　　　　　　（　　　　　　　）

3 下の図において，△A′B′C′ は，直線 ℓ を対称の軸として △ABC を対称移動したものです。
また，△A″B″C″ は，直線 m を対称の軸として △A′B′C′ を対称移動したものです。△ABC
は，1回の移動で △A″B″C″ に重ねることができます。それはどのような移動であるか答え
ましょう。

（6点）

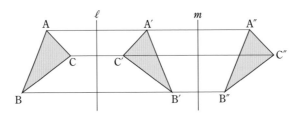

（　　　　　　　　　　　　　　　　　　　　　）

4 右の △ABC について，次の作図をしましょう。　7点×2(14点)

(1) 点Aを通る辺 BC の垂線と，辺 BC との交点P

(2) (1)の点Pと点Aを通り，辺 BC が接線になる円O

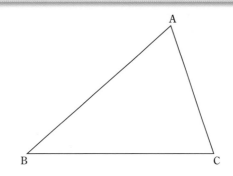

5 右の図のように，円Oの周上に2点A，Bがあります。点Aを通る接線と点Bを通る接線の交点Pを作図によって求めましょう。　(7点)

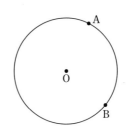

6 右の図において，2つの円の中心を通る直線 ℓ を作図しましょう。　(7点)

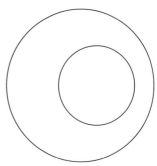

7 右の図において，AP+PQ+QB の長さがもっとも短くなる点P，Qを作図によって求めましょう。ただし，点Pは直線 ℓ 上にあり，点Qは直線 m 上にあるものとします。　(8点)

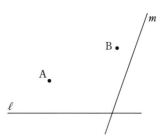

8 直径 20 cm の半円があります。この半円の，周の長さと面積を求めましょう。　6点×2(12点)

周の長さ（　　　　　　　　）　面積（　　　　　　　　）

 アプリ【どこでもワーク図形編】をやって，さらに力をつけよう！

5章

確認のワーク **ステージ1** **1　空間図形**
1 いろいろな立体　**2 空間における平面と直線(1)**

例1 いろいろな立体

教 p.188〜191 → 基本問題 1

右の立体の名前を答えましょう。また，(1)，(2)は，側面の形も答えましょう。

(1) 　(2) 　(3)

解き方 (1)　底面が三角形の角柱だから，

⬜①　　　　で，側面の形は ⬜②　　　　である。

(2)　1つの四角形を底面とする角錐（かくすい）だから，

⬜③　　　　で，側面の形は ⬜④　　　　である。

(3)　1つの円と曲面で囲まれた立体で，⬜⑤　　　　という。

多面体

多面体…角柱や角錐のように，平面だけで囲まれた立体

正多面体…すべての面が合同な正多角形であり，どの頂点にも同じ数の面が集まる，へこみのない多面体

たいせつ

角柱　　　　角錐　　　　三角柱　底面 頂点　四角錐 頂点
　　　　　　　　　　　　　　　　　側面　　　　　側面
　　　　　　　　　　　　　　辺　　　　　辺
　　　　　　　　　　側面　　底面　　　　　　底面

例2 直線や平面の位置関係

教 p.194, 195 → 基本問題 4

右の図の立方体の各辺を延長した直線について，次の位置関係にある直線をすべて答えましょう。

(1)　直線 AB と平行な直線，ねじれの位置にある直線

(2)　平面 AEFB と垂直な直線

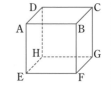

解き方 (1)　直線 AB と平行な直線は，直線 DC，EF，⬜⑥　　　　である。
直線 AB と交わらない。同じ平面上にある。

直線 AB とねじれの位置にある直線は，直線 DH，CG，EH，⬜⑦　　　　である。
直線 AB と平行でなく，しかも交わらない。同じ平面上にない。

(2)　立方体の各面は正方形だから，AD⊥AB，AD⊥AE より AD⊥平面 AEFB

他も同様に考えて，平面 AEFB と垂直な直線は，EH，⬜⑧　　　　，⬜⑨　　　　である。

2直線の位置関係

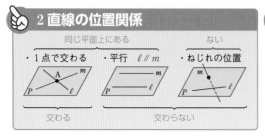

同じ平面上にある　　　　　　　　ない
・1点で交わる　・平行 ℓ∥m　・ねじれの位置
交わる　　　　　交わらない

直線と平面の位置関係

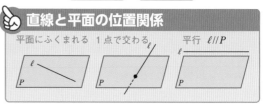

平面にふくまれる　1点で交わる　　平行 ℓ∥P

基本問題
解答 p.43

1 いろいろな立体　立体㋐〜㋚について，次の(1)〜(5)にあてはまるものをすべて選び，記号で答えましょう。

教 p.188〜190

㋐　正三角柱　　㋑　正四角柱　　㋒　正六角柱　　㋓　円柱　　　㋔　正三角錐
㋕　正四角錐　　㋖　正五角錐　　㋗　円錐　　　　㋘　立方体　　㋙　直方体　　㋚　球

(1)　正三角形の面を必ずもつ立体　　　　(2)　正方形の面だけで囲まれた立体

(3)　三角形の面と四角形の面をもつ立体　(4)　円の面をもつ立体

(5)　どこから見ても円である立体

2 正多面体　正多面体について，空らんをうめて，表を完成させましょう。　教 p.191問5

	正四面体	正六面体	正八面体	正十二面体	正二十面体
面の形	正三角形				
面の数		6			
辺の数			12		30
頂点の数				20	
1つの頂点に集まる面の数					5

覚えておこう

正多面体…次の5種類のみ。

正四面体　正六面体　正八面体
　　　　　（立方体）

正十二面体　　正二十面体

3 平面の決定　次の㋐〜㋓の中から，平面がただ1つに決まるものをすべて選び，記号で答えましょう。

教 p.193

㋐　同じ直線上にない3点をふくむ平面
㋑　1点で交わる3直線をふくむ平面
㋒　垂直に交わる2直線をふくむ平面
㋓　平行な3直線をふくむ平面

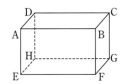
平面が1つに決まる条件

・同じ直線上にない3点
・交わる2直線
・平行な2直線
・1つの直線とその直線上にない1点

4 直線や平面の位置関係　右の図の直方体について，次の平面や直線を答えましょう。

(1)　3点 A, B, G をふくむ平面　教 p.194, 195

(2)　直線 BF とねじれの位置にある直線

(3)　直線 DC と平行な平面

6章

ステージ 1

1 空間図形
2 空間における平面と直線(2)
3 立体のいろいろな見方(1)

例 **1** 2平面の位置関係

教 p.196, 197 → 基本問題 **1**

右の図の正三角柱において，面を平面とみるとき，次のような平面をすべて答えましょう。

(1) 平面 ABC と平行な平面

(2) 平面 ADEB と垂直な平面

解き方 (1) 角柱の2つの底面は平行だから，平面 ABC と平行な平面は平面 $\boxed{①}$ である。

(2) 辺 AD は辺 AB，AC に $\boxed{②}$ だから，

辺 AD をふくむ平面 ADEB は，辺 AB，AC をふくむ平面 $\boxed{③}$ と垂直である。

同様に，平面 ADEB は，辺 DE，DF をふくむ平面 $\boxed{④}$ と垂直である。

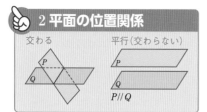

2平面の位置関係

交わる / 平行（交わらない）

たいせつ

2平面の垂直
$P \perp Q$
（PとQのなす角が90°）
PとQのなす角

2つの交線
$P /\!/ Q$
のとき
$\ell /\!/ m$

例 **2** 面が動いてできる立体

教 p.198〜201 → 基本問題 **2 4 5**

右の図は，長方形 **ABCD** です。

(1) 長方形 ABCD がそれと垂直な方向に動くと，どんな立体ができますか。

(2) 長方形 ABCD を，辺 DC を軸として1回転させてできる回転体の見取図をかきましょう。また，辺 AB を，このできた回転体の何といいますか。

解き方 (1) 長方形を底面とする $\boxed{⑤}$ ができる。

(2) 右のような $\boxed{⑥}$ ができる。また，辺 AB は，円柱の側面をえがく線分

で，$\boxed{⑦}$ という。

たいせつ

点Aと平面Pとの距離
右の図の線分 AH
の長さ。
AH⊥平面 P
立体の高さ

高さ

角柱や円柱…底面の多角形や円がそれと垂直な方向に動いてできた立体と見ることができる。

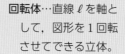

回転体…直線 ℓ を軸として，図形を1回転させてできる立体。

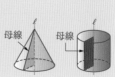
母線

基本問題 .... 解答 p.43

1 2平面の位置関係 右の図は，立方体を半分にした立体です。

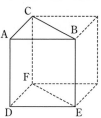

教 p.196問5, 問6

(1) 平面 DEF と平行な平面を答えましょう。

(2) 平面 DEF と垂直な平面をすべて答えましょう。

(3) 平面 BEFC と平面 ADEB のなす角を求めましょう。

(4) 平面 ADFC と平面 ABC のなす角を求めましょう。

2 面が動いてできる立体 次の立体は，どんな平面図形がそれと垂直な方向に動いてできた立体と見ることができますか。 教 p.199

(1) 五角柱   (2) 正三角柱   (3) 立方体

> **たいせつ**
>
> 「点」が動くことによって「線」ができる。
> 「線」が動くことによって「面」ができる。
> 「面」が動くことによって「立体」ができる。
>
>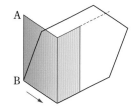

3 線が動いてできる立体 六角形をふくむ平面に垂直な線分 AB が，六角形の辺にそってひとまわりしたときにできる図形を答えましょう。 教 p.199問2

4 回転体 下の図の図形を，直線 ℓ を軸として1回転させてできる回転体の名前を答えましょう。 教 p.201

(1) 長方形   (2) 直角三角形   (3) 半円

> **覚えておこう**
>
> 平面図形 ——→ 回転体
> ・長方形 ——→ 円柱
> ・直角三角形 ——→ 円錐
> ・半円 ——→ 球

5 面が動いてできる立体 次の回転体は，それぞれどんな平面図形を1回転させてできたものですか。 教 p.201

(1)    (2) 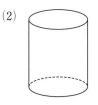   (3)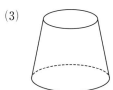

左ページの例の答え ① DEF ② 垂直 ③ ABC ④ DEF ⑤ 四角柱（または直方体） ⑥ 円柱 ⑦ 母線

確認のワーク　ステージ**1**　　**1** 空間図形　**3** 立体のいろいろな見方(2)
　　　　　　　　　　　　発展 立体の切断

例**1** 投影図　　　教 p.202, 203 →基本問題**1**

右の投影図はどんな立体を表しているか答えましょう。

(1)　(2)　(3)

考え方 <u>立面図</u>で，角柱・円柱であるか，角錐・円錐であるかを区別することができる。

正面から見た図

また，<u>平面図</u>では，立体の底面の形がわかる。
真上から見た図

解き方 (1)　立面図が ① □ だから，

角錐か円錐で，

平面図が ② □ だから， ③ □ である。

(2)　立面図が ④ □ だから，角柱か円柱で，

平面図が ⑤ □ だから， ⑥ □ である。

(3)　立面図，平面図がともに ⑦ □ だから，

⑧ □ である。

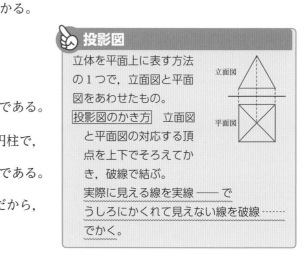

投影図

立体を平面上に表す方法の1つで，立面図と平面図をあわせたもの。

立面図

投影図のかき方　立面図と平面図の対応する頂点を上下でそろえてかき，破線で結ぶ。

平面図

実際に見える線を実線 —— で
うしろにかくれて見えない線を破線 ------ でかく。

例**2** 立体の投影図　　　教 p.203 →基本問題**2**

右のように，円柱を横に置いたときの投影図をかきましょう。

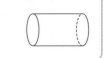

考え方 立面図と平面図だけでは，その立体の形がよくわからないときには，真横から見た図（側面図）を加えて表すこともできる。

解き方 立面図は長方形，平面図も立面図と合同な ⑨ □

になるから，投影図は右のようになる。

しかし，たとえば，

<u>正四角柱を横に置いたとき</u>にも同じ投影図になるので，
↖正四角柱を横に置いたときの側面図は「正方形」になる。

区別するために，円柱を真横から見た図形である ⑩ □ を

側面図としてかき加えて表すとよい。

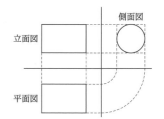

側面図
立面図
平面図

基本問題

解答 p.44

1 投影図 次の投影図はどんな立体を表しているか答えましょう。

教 p.203問7

(1)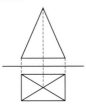

(2)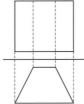

(3)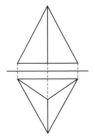

(4)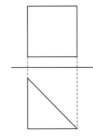

> **ミス注意**
>
> (3)は，置き方によっては，下のようにかくこともできる。
>
>
>
> 平面図では見える線が，立面図では見えないことに注意する。

2 投影図 次の投影図は，立方体をある平面で切ってできた立体の投影図で，右の図は，その立体の見取図の一部を示したものです。見取図の不足しているところをかき加えて，見取図を完成させましょう。

教 p.203

投影図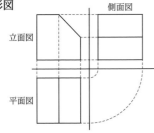

見取図

発展 3 立体の切断 下の図の立方体を，次の3点を通る平面で切ったときの切り口は，どんな図形になるか答えましょう。

教 p.223問1

(1) 3点 A，D，F

(2) 辺 AD の中点P，辺 CD の中点Q，辺 AE の中点R

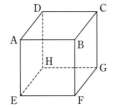

> **ここがポイント**
>
> 面と面が交わると直線(辺)が1本できる。立方体の面は6つだから，切り口の図形の辺の数は，最大でも6である。

6章

左ページの 例 の答え　①三角形　②円　③円錐　④長方形　⑤四角形　⑥四角柱　⑦円　⑧球　⑨長方形　⑩円

定着のワーク　ステージ2　**1　空間図形**　発展　**立体の切断**

1 正多面体について，次の問いに答えましょう。

(1) 正二十面体の面の形を答えましょう。

(2) 正四面体の各面の真ん中の点を結ぶと，どんな立体ができますか。

(3) 面の形が正五角形である正多面体を答えましょう。

2 次の⑦〜⑪のうちで，平面が1つに決まるものをすべて選び，記号で答えましょう。

⑦　2点をふくむ平面　　　　　　⑦　同じ直線上にある3点をふくむ平面

⑦　平行な2直線をふくむ平面　　⑦　同じ直線上にない3点をふくむ平面

⑦　交わる2直線をふくむ平面　　⑦　ねじれの位置にある2直線をふくむ平面

3 右の図は，底面が直角三角形の三角柱を平面P上に置いたものです。このとき，次の⑦〜⑦のうちで，正しいものをすべて選び，記号で答えましょう。

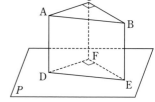

⑦　直線CF⊥平面P　　　　　⑦　直線BE⊥平面P

⑦　直線DF⊥平面P　　　　　⑦　直線DE⊥平面P

⑦　直線AC⊥平面ADFC　　　⑦　直線AB⊥平面BCFE

⑦　直線DF⊥平面BCFE　　　⑦　直線EF⊥平面ADEB

4 次の(1)〜(5)の立体の投影図を，下の⑦〜⑦から選び，記号で答えましょう。

(1) 　(2) 　(3) 　(4) 　(5)

⑦ 　⑦ 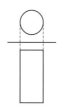　⑦ 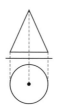　⑦ 　⑦

3 平面Pと交わる直線は，その交点を通るP上の2つの直線に垂直のとき，平面Pに垂直である。CF⊥FD，CF⊥FE だから，CF⊥平面P である。

4 まず，立面図または平面図が円になるものに注目してみるとよい。

5 次の㋐～㋔の立体について，下の問いに答えましょう。

㋐ 円柱　　㋑ 直方体　　㋒ 円錐　　㋓ 正三角柱　　㋔ 球

(1) 回転体はどれですか。

(2) 多角形や円がそれと垂直な方向に動いてできた立体と見ることができるのはどれですか。

6 右の図は，正四角錐と正四角柱を合わせた立体の投影図です。

(1) この立体の見取図をかきましょう。

(2) この立体の面の数を答えましょう。

(3) 平面図の線分 OQ は，立面図ではどの線分になりますか。

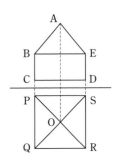

発展 **7** 立方体を頂点 A を通る平面で切ったとき，切り口が次の(1)～(3)の図形になる場合があります。どのように切ればよいか，下の図の続きをかいて，その切り口を完成させましょう。

(1) 正三角形

(2) ひし形

(3) 五角形

入試問題を やってみよう！

1 右の図のような正三角錐 OABC があります。辺 AB とねじれの位置にある辺はどれですか。　　〔北海道〕

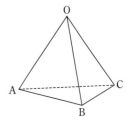

2 右の図の立体は，立方体です。辺 AE とねじれの位置にあり，面 ABCD と平行である辺はどれですか。すべて答えましょう。　　〔静岡〕

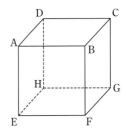

6 (2) 正四角錐の面の数は 5，正四角柱の面の数は 6 である。重なっている部分の面の数をひくことを忘れないようにする。

1 2 平行でなく，しかも交わらない 2 直線は「ねじれの位置」にあるという。

確認のワーク　ステージ1　**2　立体の体積と表面積**
1 立体の体積　2 立体の展開図

例1 立体の体積

教 p.206, 207 → 基本問題 1 2

次の立体の体積を求めましょう。

(1)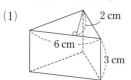

(2)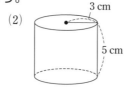

(3)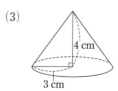

解き方　(1) $\dfrac{1}{2} \times 6 \times 2 \times 3 =$ ①⬜ (cm^3)
　　　　　　底面積　高さ

(2) $\pi \times 3^2 \times 5 =$ ②⬜ (cm^3)
　　底面積　高さ

(3) ③⬜ $\times \pi \times 3^2 \times 4 =$ ④⬜ (cm^3)
　　　　　底面積　高さ

☝ **角柱や円柱，角錐や円錐の体積 V**

角柱や円柱…$V = Sh$　　角錐や円錐…$V = \dfrac{1}{3}Sh$

例2 角柱の展開図

教 p.208, 209 → 基本問題 3 4

右の図は，三角柱の展開図です。

(1) この展開図を組み立ててできる三角柱について，辺 AF と重なる辺はどれですか。

(2) 底面の △GHI の周の長さを求めましょう。

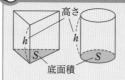

解き方　(1) 辺 AF は辺 ⑤⬜ と重なって，三角柱の側面ができる。

(2) 重なる辺の長さは等しいから，△GHI の周の長さは $2+4+$ ⑥⬜ $=$ ⑦⬜ (cm)

例3 円錐の展開図

教 p.210, 211 → 基本問題 3 4

右の図は，円錐の展開図です。この展開図を組み立ててできる円錐の母線の長さは何 cm ですか。また，側面のおうぎ形の弧の長さは何 cm ですか。

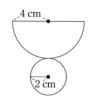

解き方　展開図において，側面のおうぎ形の ⑧⬜ は，組み立ててできる円錐の母線の長さに等しいから，⑨⬜ cm である。また，側面のおうぎ形の弧の長さは，底面の円周の長さに等しいから，$2\pi \times$ ⑩⬜ $=$ ⑪⬜ (cm) である。

基本問題 ········· 解答 p.46

1 角柱，円柱の体積 次の立体の体積を求めましょう。 教 p.206 問1

(1) 四角柱

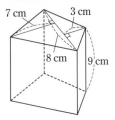

(2) 円柱

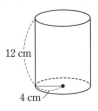

(3) 右の図のような長方形を，直線 ℓ を軸として1回転させてできる回転体

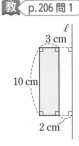

2 角錐，円錐の体積 次の立体の体積を求めましょう。 教 p.207 問2

(1) 四角錐

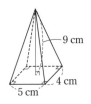

(2) 円錐

(3) 右の図の直角三角形 ABC を，辺 AC を軸として1回転させてできる回転体

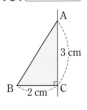

3 円柱の展開図 右の円柱の展開図において，側面の長方形の横の長さを求めましょう。 教 p.208 問2

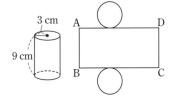

（側面の長方形の横の長さ）
＝（底面の円周の長さ）だね。

4 角錐の展開図 右の図はある立体の展開図です。
四角形 CDEF は正方形，4つの三角形は合同な二等辺三角形です。この展開図を組み立ててできる立体について，次の問いに答えましょう。 教 p.209 問3

(1) この立体の名前を答えましょう。

(2) 次の辺と重なる辺を答えましょう。

① 辺 HA ② 辺 BC ③ 辺 DE

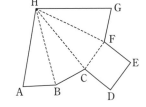

5 立方体の展開図 右の図は立方体の展開図です。この展開図を組み立てたとき，平行になる面の組を，記号で答えましょう。 教 p.209

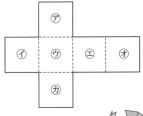

左ページの
例 の答え ① 18 ② 45π ③ $\dfrac{1}{3}$ ④ 12π ⑤ EJ ⑥ 3 ⑦ 9 ⑧ 半径 ⑨ 4 ⑩ 2 ⑪ 4π

確認のワーク　ステージ1

2　立体の体積と表面積
❸ おうぎ形の計量

例1 おうぎ形の弧の長さと面積 ─── 教 p.212, 213 → 基本問題1

半径 9 cm，中心角 160° のおうぎ形の弧の長さと面積を求めましょう。

考え方 1つの円からできるおうぎ形の弧の長さと面積は，それぞれ中心角の大きさに比例する。

解き方 中心角が 160° のおうぎ形の弧の長さは

半径が等しい円の周の長さの $\frac{160}{360}$ 倍だから，

<u>比例の性質</u>

$2\pi \times 9 \times \frac{160}{360} = $ ①□ (cm)
　半径が r の円の周の長さは，2πr で求める。

同様に，中心角が 160° のおうぎ形の面積は

半径が等しい円の面積の $\frac{160}{360}$ 倍だから，

<u>比例の性質</u>

$\pi \times 9^2 \times \frac{160}{360} = $ ②□ (cm²)
　半径が r の円の面積は，πr² で求める。

> **たいせつ**
> おうぎ形…円の2つの半径と弧で囲まれた図形。
> 中心角…2つの半径のつくる角のこと。
>

> 🔍 **おうぎ形の弧の長さ ℓ と面積 S**
> ※半径 r，中心角 a°
> $\ell = 2\pi r \times \dfrac{a}{360}$
> $S = \pi r^2 \times \dfrac{a}{360}$
>

例2 おうぎ形の面積 ─── 教 p.214 → 基本問題2

半径 6 cm，弧の長さ 2π cm のおうぎ形の面積を求めましょう。

考え方 半径 r，弧の長さ ℓ のおうぎ形の面積は，右の図のように切り分けて並べかえることによって，

$S = \dfrac{1}{2}\ell r$ で求められることがわかる。

解き方 面積は $\dfrac{1}{2} \times 2\pi \times 6 = $ ③□ (cm²)
　　弧の長さ　半径

例3 中心角の大きさの求め方 ─── 教 p.215 → 基本問題3 4

半径 8 cm，弧の長さ 4π cm のおうぎ形の中心角の大きさを求めましょう。

解き方 半径 8 cm の円周の長さは $2\pi \times$ ④□ = ⑤□ (cm)

弧の長さは，円周の $\dfrac{4\pi}{⑤□} = $ ⑥□ (倍) だから，

　弧の長さが円周の $\frac{1}{4}$ 倍ならば，中心角の大きさも $\frac{1}{4}$ 倍になる。

中心角の大きさは $360° \times$ ⑥□ = ⑦□
　円の中心角は 360°

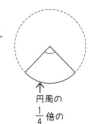
円周の $\frac{1}{4}$ 倍の長さ

別解 中心角の大きさを x° とすると，

$2\pi \times$ ⑧□ $\times \dfrac{x}{360} = 4\pi$　　これを解くと，x = ⑨□

基本問題 ⋯⋯⋯⋯⋯⋯⋯⋯⋯⋯⋯⋯⋯⋯⋯ 解答 p.46

1 おうぎ形の弧の長さと面積　次のようなおうぎ形の弧の長さと面積を求めましょう。

教 p.213 問1

(1)　半径 20 cm，中心角 135°　　　(2)　半径 12 cm，中心角 150°

(3)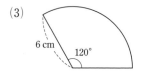

(4)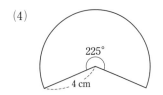

2 おうぎ形の面積　次のようなおうぎ形の面積を求めましょう。

教 p.214 問2

(1)　半径 5 cm，弧の長さ 6π cm

(2)　半径 8 cm，弧の長さ 15π cm

> おうぎ形の半径 r と弧の長さ ℓ がわかるときは，$S=\dfrac{1}{2}\ell r$ を使って，面積を求めればいいね。

3 中心角の大きさの求め方　次のおうぎ形の中心角の大きさを求めましょう。教 p.215 問3

(1)　半径 9 cm，弧の長さ 10π cm　　　(2)　半径 10 cm，弧の長さ 18π cm

4 円錐の展開図　右の図の円錐の展開図において，側面のおうぎ形の弧の長さと中心角の大きさを求めましょう。教 p.215

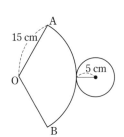

覚えておこう

おうぎ形の弧の長さ ℓ と面積 S

〔半径を r，中心角を $a°$ とする。〕

$$\ell=2\pi r\times\frac{a}{360} \qquad S=\pi r^2\times\frac{a}{360}$$

6章

5 周の長さと面積　右の図は，半径 10 cm，中心角 90° のおうぎ形に，直径 10 cm の半円を 2 つ組み合わせたものです。色をぬった図形の周の長さと面積を求めましょう。教 p.215

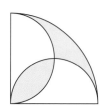

ステージ 1　2　立体の体積と表面積
④ 立体の表面積　⑤ 球の体積と表面積

例 1 円柱の表面積

教 p.216 →基本問題②

底面の半径が 3 cm，高さが 8 cm の円柱の表面積を求めましょう。

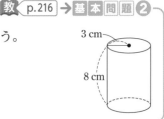

考え方　円柱の展開図は，底面の 2 つの円と側面になる長方形からできていて，側面の長方形の縦の長さは円柱の高さに等しく，横の長さは底面の円周に等しい。

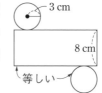

解き方　底面積は $\pi \times 3^2 =$ ①□　◁底面は円

側面積は $8 \times (2\pi \times$ ②□$) =$ ③□　◁側面は長方形
　　　　　　　　側面の長方形の横の長さ

よって，表面積は ①□$\times 2 +$ ③□$=$ ④□ (cm^2)
　　　　　　　　　　↑
　　　　　　円柱には底面が 2 つある。

たいせつ

表面積…立体のすべての面の面積の和

側面積…すべての側面の面積の和

底面積…1 つの底面の面積

角柱や円柱の表面積
（底面積）×2＋（側面積）

例　角柱　　円柱

例 2 円錐の表面積

教 p.217 →基本問題③④

底面の半径が 2 cm，母線の長さが 6 cm の円錐の表面積を求めましょう。

解き方　底面積は $\pi \times 2^2 =$ ⑤□

側面のおうぎ形の弧の長さは

$2\pi \times$ ⑥□ $=$ ⑦□ だから，

側面積は $\dfrac{1}{2} \times$ ⑦□ $\times 6 =$ ⑧□

よって，表面積は ⑤□ $+$ ⑧□ $=$ ⑨□ (cm^2)

※側面のおうぎ形の中心角の大きさを求めてから，計算する方法もある。

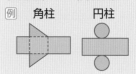

角錐や円錐の表面積

（表面積）
＝（底面積）＋（側面積）

例　角錐　　円錐

例 3 球の体積と表面積

教 p.218, 219 →基本問題⑤

半径 7 cm の球の体積と表面積を求めましょう。

解き方　体積は ⑩□ $\pi \times 7^3 =$ ⑪□ (cm^3)

　　　表面積は ⑫□ $\pi \times 7^2 =$ ⑬□ (cm^2)

半径が r の球の体積 V と表面積 S

$$V = \frac{4}{3}\pi r^3 \qquad S = 4\pi r^2$$

基本問題 解答 p.47

1 角柱の表面積 次の角柱の表面積を求めましょう。 教 p.216問1

(1) 四角柱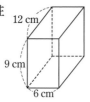

(2) 三角柱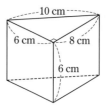

2 円柱の表面積 次の円柱の表面積を求めましょう。 教 p.216問2

(1) 底面の半径が 2 cm，高さが 4 cm の円柱

(2) 右の図のような長方形 ABCD を，辺 DC を軸として 1 回転
させてできる円柱

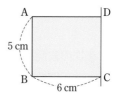

3 角錐，円錐の表面積 次の立体の表面積を求めましょう。 教 p.217問3〜問5

(1) 正四角錐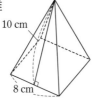

(2) 円錐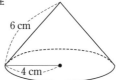

4 円錐の表面積 底面の半径が 6 cm の円錐を，頂点を中心にし
て平面上を転がしたところ，1 回転半してもとの位置にもどり
ました。 教 p.217

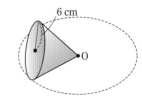

(1) 円錐の母線の長さを求めましょう。

(2) 円錐の表面積を求めましょう。

5 球の体積と表面積 底面の半径が 3 cm，高さが 6 cm の円柱と，
その円柱にちょうど入る大きさの球があります。 教 p.220

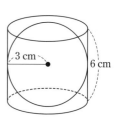

(1) 球の体積は円柱の体積の何倍か求めましょう。

(2) 球の表面積と円柱の側面積をくらべましょう。

解答 ▶ p.48

2　立体の体積と表面積

❶ 右の図の直角三角形をそれと垂直な方向に 6 cm 動かしてできる立体について，次の問いに答えましょう。

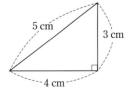

(1)　どんな立体ができますか。

(2)　立体の体積を求めましょう。

(3)　立体の表面積を求めましょう。

❷ 次の表面積や体積を求めましょう。

(1)　正四角錐の表面積

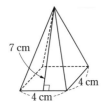

(2)　円錐の体積と表面積

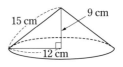

❸ 右の図の △ABC は，AB＝AC の二等辺三角形です。
この二等辺三角形を，辺 BC を軸として 1 回転させてできる回転体の体積を求めましょう。

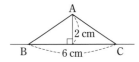

❹ 右のおうぎ形を，OA を軸として 1 回転させてできる回転体の体積を求めましょう。

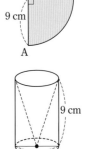

❺ 右の図のような円柱から円錐をくりぬいた立体の体積を求めましょう。

❶ 角柱や円柱は，底面がそれと垂直な方向に動いてできた立体と見ることができる。
底面が動いた距離がその立体の高さである。

❹ できる回転体は，半球である。

6 右の図は，底面の半径が **3 cm** の円錐の展開図です。

(1) 側面のおうぎ形の弧の長さを求めましょう。

(2) 側面のおうぎ形の中心角の大きさを 120° とするとき，おうぎ形の半径を求めましょう。

(3) (2)のとき，側面のおうぎ形の面積を求めましょう。

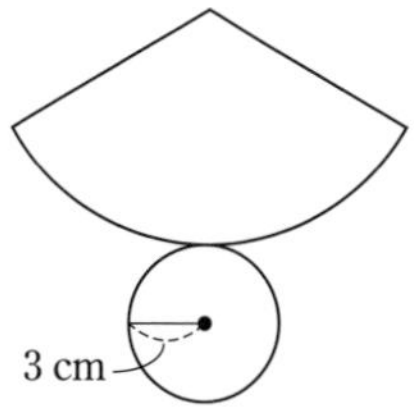

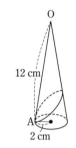

3 cm

7 右の図は，底面の半径が **2 cm**，母線の長さが **12 cm** の円錐です。この円錐において，図のように，点Aから側面を1周して点Aにもどるまでひもをかけます。ひもがもっとも短くなるときのひもの通る線を，展開図をかき，そこにかき入れましょう。また，その長さを求めましょう。

O

12 cm

A

2 cm

8 右の図は，1辺が **6 cm** の立方体です。

(1) 三角錐 AEFH の体積を求めましょう。

(2) 三角錐 AFGH において，△FGH を底面とするときの高さを求めましょう。

(3) 三角錐 AFGH の体積を求めましょう。

D   C
A   B
H   G
E   F

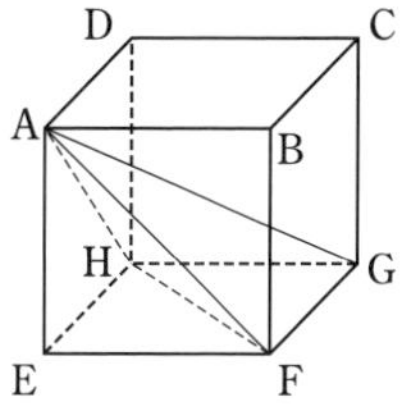

入試問題を **や** **っ** **て** **み** **よ** **う** **！** ┄┄┄┄┄┄┄┄┄┄┄┄┄┄┄┄┄┄┄┄┄

① 右の図のような，底面の半径が **2 cm**，母線の長さが **8 cm** の円錐の側面積を求めましょう。　　　　　　　〔福島〕

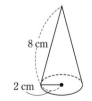

8 cm

2 cm

② 右の図のように，1辺の長さが **4 cm** の立方体にちょうど入る大きさの球があります。この球の体積を求めましょう。　〔佐賀〕

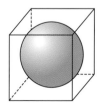

---

7 ひもがもっとも短くなるとき，展開図では直線になる。

8 (1) 底面を △HEF にすると，辺 AE が高さになる。

② 球の直径は立方体の1辺の長さに等しい。

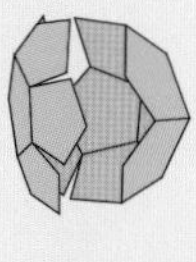

 ステージ 3 空間図形 40分 /100

1 次の立体㋐〜㋕について，下の(1)〜(4)にあてはまるものをすべて選び，記号で答えましょう。

4点×4（16点）

 ㋐ 円柱　　㋑ 三角錐　　㋒ 三角柱　　㋓ 円錐　　㋔ 立方体　　㋕ 球

(1) 底面がそれと垂直な方向に動いてできた立体　　（　　　　　　）

(2) 回転体　　（　　　　　　）

(3) 多面体　　（　　　　　　）

(4) 円の面をもつ立体　　（　　　　　　）

2 右の直方体について，次の(1)〜(6)にあてはまるものをすべて答えましょう。　3点×6（18点）

(1) 平面 ABCD と平行な平面　（　　　　　　　）

(2) 直線 AD と平行な平面　（　　　　　　　）

(3) 平面 AEHD と平行な直線　（　　　　　　　）

(4) 直線 AB とねじれの位置にある直線　（　　　　　　）

(5) 直線 BC と垂直に交わる直線　（　　　　　　）

(6) 直線 AE と垂直な平面　（　　　　　　）

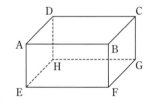

3 次の立体の体積と表面積をそれぞれ求めましょう。　5点×4（20点）

(1) 四角柱

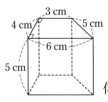

体積 （　　　　　　）

表面積 （　　　　　　）

(2) 円柱

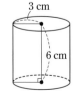

体積 （　　　　　　）

表面積 （　　　　　　）

目標	角柱，角錐，円柱，円錐の区別をし，底面や高さなどを正しくとらえて，体積や表面積を求められるようにしよう。

自分の得点まで色をぬろう!

😣がんばろう!　　😐もう一歩　　😊合格!

0　　　　　　　　　　　60　　80　　100点

4 次の立体の体積と表面積を求めましょう。　　　　　　　　5点×4（20点）

(1) 正四角錐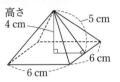

(2) 円錐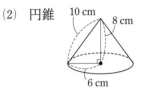

体積　（　　　　　　）　　　　　　　体積　（　　　　　　）

表面積（　　　　　　）　　　　　　　表面積（　　　　　　）

5 右の図は，ある直方体の投影図です。この直方体の体積を求めましょう。　　　　　　　　　　　　　　　　（5点）

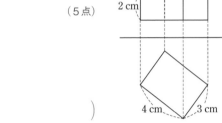

（　　　　　　　　　）

6 右の図の △ABC は，辺 AB の長さが 8 cm で，∠C＝90° の直角三角形です。この直角三角形を，辺 AC を軸として 1 回転させてできる回転体の展開図をかいたところ，側面が中心角 135° のおうぎ形になりました。この立体の表面積を求めましょう。　　　　　　　　（6点）

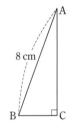

（　　　　　　　　　）

7 右の図は，すべての辺の長さが 6 cm の三角柱 ABCDEF です。この三角柱を 3 点 A，E，F を通る平面で切って 2 つの立体に分けるとき，その 2 つの立体の表面積の差は何 cm² になりますか。　　　　（5点）

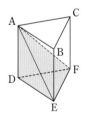

（　　　　　　　　　）

8 右の図の半円を，直線 ℓ を軸として 1 回転させてできる回転体の体積と表面積を求めましょう。　　　　5点×2（10点）

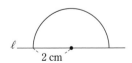

体積　（　　　　　　）

表面積（　　　　　　）

アプリ【どこでもワーク図形編】をやって，さらに力をつけよう!

6章

確認のワーク　ステージ1　**1 データの整理とその活用**
❶ 度数の分布とヒストグラム

例❶ **度数の分布とヒストグラム**　　　　教 p.226〜234 →基本問題❶❷❸

右のデータは，みかんの重さを調べた記録です。

95.4	102.5	98.6	106.5
109.5	110.0	104.5	114.6
115.4	108.4	106.5	96.4
104.0	114.6	113.2	103.6
103.7	112.6	109.8	109.5
107.2	118.8	105.8	112.4
108.5		単位（g）	

階級 (g)	度数 (個)
95以上100未満	3
100 〜 105	⑦
105 〜 110	9
110 〜 115	⑦
115 〜 120	2
計	⑦

(1) みかんの重さのデータについて，範囲を求めましょう。

(2) みかんの重さのデータを整理するために，右のような度数分布表をつくりました。階級の幅を答えましょう。

(3) 右の表の⑦〜⑨にあてはまる数を求めて，度数分布表を完成させましょう。

(4) 度数がもっとも多い階級と，その階級値を答えましょう。

(5) 度数分布表から，ヒストグラムをつくりましょう。つくったヒストグラムをもとに，度数折れ線をかき入れましょう。

解き方　(1) 範囲は 118.8−95.4＝①□ (g)

(2) たとえば，95 g 以上 100 g 未満の階級で考えると，階級の幅は 100−95＝②□ (g)

(3) それぞれの階級の度数があてはまるから，
⑦は③□，⑦は④□

⑦には，みかんの総数があてはまるから，
⑤□ になる。

(4) 度数がもっとも多い階級は⑥□ g 以上
⑦□ g 未満の階級で，その度数は⑧□
個，階級値は⑨□ g ← 105 g 以上 110 g 未満の階級の階級値は $\frac{105+110}{2}$ で求める。

(5) 階級の幅②□ g を横の長さ，度数を縦の長さとする長方形をすき間なく並べて，ヒストグラムをつくる。　度数分布表を，柱状グラフで表したもの

さらに，ヒストグラムの各長方形の上の辺の⑩□ を結んで度数折れ線をつくる。

覚えておこう

範囲…データの散らばりの程度を表す値（最大の値）−（最小の値）で求める。

階級の幅…データを整理するための区間の幅

階級値…階級の中央の値

度数…各階級にふくまれるデータの個数

度数分布表…各階級にその階級の度数を対応させ，データの分布のようすを示した表

度数折れ線（度数分布多角形）…ヒストグラムの各長方形の上の辺の中点を結んでできる折れ線グラフで，左右の両端に度数 0 の階級があるものと考える。

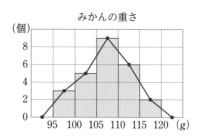

みかんの重さ

基本問題 ･･ 解答 p.51

1 度数分布表 次のデータは，あるクラスの生徒21人のゲームの得点の記録です。このデータについて，次の問いに答えましょう。

教 p.230問1，問2

3	5	2	6	10	15	18	3	8	10	14
17	15	9	11	7	13	16	6	12	13	

単位（点）

(1) 範囲を求めましょう。

(2) 右の表の⑦〜⑨にあてはまる数を求めて，度数分布表を完成させましょう。

(3) 度数がもっとも多い階級と，その階級値を答えましょう。

ゲームの得点の度数分布表

階級（点）	度数（人）
0以上 5未満	3
5 〜 10	⑦
10 〜 15	⑦
15 〜 20	⑨
計	21

2 ヒストグラム 右の表は，あるクラスの生徒40人の身長のデータの度数分布表です。

教 p.232問3

(1) 表の ☐ にあてはまる数を求めましょう。

(2) 度数分布表から，ヒストグラムをつくりましょう。

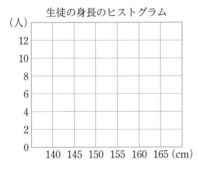
生徒の身長のヒストグラム

生徒の身長の度数分布表

階級（cm）	度数（人）
140以上145未満	6
145 〜 150	10
150 〜 155	☐
155 〜 160	8
160 〜 165	4
計	40

ヒストグラムは，長方形を並べてかくね。

3 度数折れ線 右の図は，あるクラスの男子の握力を測定した記録をヒストグラムに表したものです。このヒストグラムをもとに度数折れ線を，右の図にかき入れましょう。

教 p.234問4

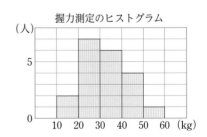
握力測定のヒストグラム

ヒストグラムの左右の両端は度数0の階級があるものと考えて，のばしておくよ。

左ページの 例 の答え ① 23.4 ② 5 ③ 5 ④ 6 ⑤ 25 ⑥ 105 ⑦ 110 ⑧ 9 ⑨ 107.5 ⑩ 中点

7章

確認のワーク ステージ 1　**1　データの整理とその活用**
❷ データの比較

例 **1** 相対度数

教 p.235〜237 → 基本問題 ❶

　右の表は，1 年生 140 人と，あるグループ 20 人の垂
直跳び（そうたい）のデータを，各階級の相対度数を求めて表にま
とめたものです。

(1)　1 年生とグループのそれぞれの相対度数の分布を
折れ線グラフに表しましょう。

(2)　記録が 55 cm 以上の生徒は，それぞれ何 % いま
すか。

階級 (cm)	相対度数 1 年生	相対度数 グループ
40 以上 45 未満	0.05	0.15
45 〜 50	0.15	0.20
50 〜 55	0.20	0.05
55 〜 60	0.30	0.10
60 〜 65	0.20	0.35
65 〜 70	0.10	0.15
計	1.00	1.00

考え方　度数の合計が異なる場合は，分布のちがいがよくわ
かるように，相対度数を比べるとよい。← 割合だと比べやすい。

解き方　(1)　折れ線グラフに表すと，右下の図のようになる。

(2)　記録が 55 cm 以上の生徒の割合は

　　1 年生は　0.30＋0.20＋0.10＝ ① [　　] より

　　② [　　] %

　　グループは　0.10＋0.35＋0.15＝ ③ [　　] より

　　④ [　　] % だから，記録が 55 cm 以上の生徒の割合

　は，⑤ [　　] ことがわかる。

相対度数

$(相対度数)＝\dfrac{(その階級の度数)}{(度数の合計)}$

※相対度数はふつう小数を使っ
て表す。

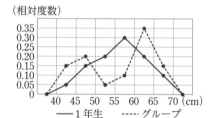

（相対度数）
―― 1 年生　　----- グループ

例 **2** データの代表値

教 p.238, 239 → 基本問題 ❷

　右のヒストグラムは，40 人の体重のデータをヒストグ
ラムに表したものです。

(1)　中央値を求めましょう。

(2)　最頻値を求めましょう。

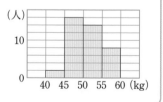

考え方　各階級に属するデータの値は，すべてその階級の階級
値をとるものとみなすことができる。

(1)　中央値をふくむのは，50 kg 以上 ⑥ [　　] kg 未満の階

　　級だから，中央値は ⑦ [　　] kg ← 中央値をふくむ階級の階級値

(2)　度数がもっとも大きいのは，45 kg 以上 ⑧ [　　] kg 未

　　満の階級だから，最頻値は ⑨ [　　] kg ← 度数がもっとも大きい階級の階級値

たいせつ

中央値…データを大きさの順
　に並べたときの中央の値

最頻値…データの中でもっと
　も多く現れている値

基本問題 ·· 解答 ▶ p.51

1 相対度数 右の表は，学年全体とあきなさんのクラスの生徒の身長のデータについて，それぞれまとめたものです。 教 p.236問1

階級 (cm)	度数 (人) 学年	度数 (人) クラス
130以上140未満	12	2
140 ~ 150	30	6
150 ~ 160	69	24
160 ~ 170	39	8
計	150	40

階級 (cm)	相対度数 学年	相対度数 クラス
130以上140未満	0.08	0.05
140 ~ 150	0.20	㋐
150 ~ 160	0.46	㋑
160 ~ 170	0.26	㋒
計	1.00	㋓

(1) 右の度数分布表から，学年とクラスのそれぞれについて，各階級の相対度数を求め，右上の表を完成させましょう。

すべての階級の相対度数の和は1になるね。

(2) あきなさんのクラスは，身長が 150 cm 未満の人の割合が学年全体と比べて大きいといえますか。

(3) 右の図は，学年全体の相対度数の表をもとにして，相対度数の分布を折れ線グラフに表したものです。ここに，あきなさんのクラスの相対度数の分布を折れ線グラフに表してかき入れましょう。

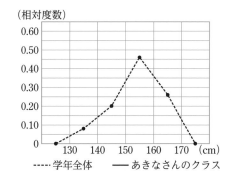

2 データの代表値 左ページの 例2 のヒストグラムを使って，次の問いに答えましょう。 教 p.238, 239

(1) 次の式は，「{(階級値)×(度数)} の合計」を求める式です。□にあてはまる数を書きましょう。

$$42.5×2+47.5×\boxed{①}+52.5×\boxed{②}$$

$$+57.5×8=\boxed{③}$$

(2) 40 人の体重の平均値を求めましょう。

たいせつ

平均値…(データの値の合計)÷(データの個数)
または
$$\frac{\{(階級値)×(度数)\} の合計}{(度数の合計)}$$

ここが ポイント

1 ヒストグラムから度数分布表をつくる。
2 階級値を求め，(階級値)×(度数) を計算する。
3 2で求めた値をすべて加える。
4 3で求めた結果を度数の合計でわる。

左ページの 例 の答え　①0.60　②60　③0.60　④60　⑤等しい　⑥55　⑦52.5　⑧50　⑨47.5

確認のワーク　ステージ1　1　データの整理とその活用　❸ 累積度数
　　　　　　　　　　　2　確率　❶ ことがらの起こりやすさ

例1 累積度数

教 p.240〜242 → 基本問題 ❶ ❷

　右の表は，あるクラスの生徒について，図書室で借りた本の冊数をまとめた累積度数分布表です。

(1)　⑦〜⑨にあてはまる累積度数を求めましょう。

(2)　①，②にあてはまる累積相対度数を求めて，表を完成させましょう。

階級（冊）	度数（人）	累積度数（人）	累積相対度数
2以上 4未満	1	1	0.05
4 〜 6	6	7	0.35
6 〜 8	8	⑦	①
8 〜 10	4	①	②
10 〜 12	1	⑨	1.00
計	20		

考え方 度数分布表において，各階級以下または各階級以上の階級の度数をたし合わせたものを累積度数という。また，累積度数を表にまとめたものを累積度数分布表という。

解き方 (1)　度数をたし合わせるので，⑦は $7+8=$ ［①］ ，←（6未満の累積度数）
　　　　　　　　　　　　　　　　　　　　　　　　　　＋（6以上8未満の階級の度数）

　　①は ［②］ $+4=$ ［③］ ，←（8未満の累積度数）＋（8以上10未満の階級の度数）

　　⑨は ［④］ $+1=$ ［⑤］ ←（10未満の累積度数）＋（10以上12未満の階級の度数）

(2)　①は ［①］ $÷20=$ ［⑥］

　　②は ［③］ $÷20=$ ［⑦］

> **累積相対度数**
> $$（累積相対度数）=\frac{（各階級の累積度数）}{（度数の合計）}$$

例2 ことがらの起こりやすさ

教 p.244〜247 → 基本問題 ❸ ❹

　下の表は，右の図のような王冠を投げる実験をして，表の出た回数を表したものです。

投げた回数	50	100	200	500
表の出た回数	21	46	87	218

 表　 裏

(1)　50回投げたときの表の出た割合を求めましょう。

(2)　この王冠の表の出る割合はどんな値に近づくと考えられますか。小数第3位を四捨五入して答えましょう。

考え方 実験や観察を行うとき，調べる回数を多くすると，あることがらの起こりやすさの程度を表す割合は，ある一定の値に近づいていく。　この割合のことを，そのことがらの起こる**確率**という。

解き方 (1)　表の出た割合は $\dfrac{［⑧］}{50}=$ ［⑨］

(2)　500回投げたときの表の出た割合は $\dfrac{［⑩］}{500}=$ ［⑪］

　　だから，小数第3位を四捨五入して ［⑫］ に近づく。

> (2)より，この王冠の表の出る確率は，0.44ということができるよ。

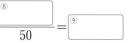

基本問題 ·· 解答 p.52

1 累積度数 左ページの 例1 の累積度数分布表を
ヒストグラムに表すと，右の図のようになります。
ヒストグラムの各長方形の右上の頂点を結んで，
累積度数を折れ線グラフで表しましょう。

教 p.241問1

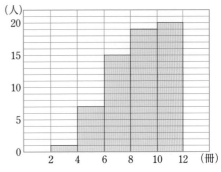

2 累積相対度数 ある男子20人のハンドボ
ール投げのデータについて，累積度数を求
めて表にまとめると，右のようになりまし
た。

教 p.242問2

(1) 累積相対度数を求めて，表を完成させ
ましょう。

ハンドボール投げの記録

階級 (m)	度数 (人)	累積度数 (人)	累積相対度数
10 以上 15 未満	1	1	
15 ～ 20	2	3	
20 ～ 25	6	9	
25 ～ 30	8	17	
30 ～ 35	3	20	
計	20		

(2) 記録が 25 m 未満の生徒は，全体の何 % いたか，求めましょう。

3 ことがらの起こりやすさ あるびんのふたを 1500 回投げる実験をしたところ，表向きになっ
た回数は 900 回でした。このびんのふたを投げたとき，表向きになる確率はどの程度である
と考えられますか。

教 p.246問2

4 ことがらの起こりやすさ ある地方の過去 50 年間の気象データか
ら，次の確率をそれぞれ求めましょう。

教 p.246問3

(1) 初日の出がみられたのは 15 回ありました。このとき，初日
の出がみられる確率

> たいせつ
>
> 長年の調査の結果からも，
> 起こりやすさの程度を数
> で表すことができる。

(2) 5 月 5 日のこどもの日が晴天だったのは 28 回ありました。このとき，こどもの日が晴
れる確率

7章

解答▶p.53

 **ステージ2　1　データの整理とその活用　2　確率**

1 次のデータは，30人の生徒が1学期間に読んだ本の冊数です。このデータについて，次の問いに答えましょう。

| 0 | 8 | 9 | 5 | 4 | 6 | 7 | 2 | 1 | 0 | 2 | 2 | 1 | 4 | 3 |
| 2 | 5 | 1 | 2 | 7 | 3 | 3 | 2 | 3 | 0 | 1 | 1 | 2 | 5 | 4 |

単位（冊）

(1) 範囲を求めましょう。

(2) 読んだ本の冊数の，平均値，中央値，最頻値を求めましょう。ただし，平均値は小数第2位を四捨五入して答えましょう。

(3) 0冊以上2冊未満を階級の1つとして，どの階級の幅も2冊である度数分布表と累積度数分布表をつくりましょう。

階級（冊）	度数（人）	累積度数（人）
0以上　2未満		
〜		
〜		
〜		
〜		
計	30	

2 右の図は，あるクラスの生徒の身長を調べて，ヒストグラムに表したものです。

(1) このクラスの生徒の数を求めましょう。

(2) このヒストグラムをもとに，身長のデータについて，度数折れ線を右の図にかき入れましょう。

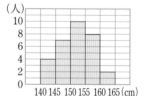

3 右の表は，25人の生徒のハンドボール投げの記録を度数分布表にまとめたものです。階級値を用いて，次の値を求めましょう。

(1) 中央値を求めましょう。

(2) 最頻値を求めましょう。

(3) 平均値を求めましょう。

階級（m）	度数（人）
8以上12未満	1
12 〜 16	3
16 〜 20	8
20 〜 24	7
24 〜 28	5
28 〜 32	1
計	25

 1 (2)「平均値」は（データの値の合計）÷（データの個数），
「中央値」はデータを大きさの順に並べたときの中央の値，
「最頻値」はデータの中でもっとも多く現れている値で求める。

4 下の表は，実際に画びょうを投げて，針が下を向いた回数を調べたものです。

投げた回数	200	400	600	800	1000
針が下を向いた回数	81	183	265	345	431
針が下を向く割合	0.41	0.46	⑦	⑦	⑦

(1) ☐にあてはまる数を，小数第3位を四捨五入して求めましょう。

(2) 画びょうを投げる実験を多数回くり返すとき，針が下を向く割合はどんな値に近づくと考えられますか。

入試問題を やってみよう！

1 右の表は，ある中学校の第1学年の1組32人と2組33人の睡眠時間を，度数分布表に表したものです。この度数分布表からわかることとして適切なものを，あとの⑦〜①から1つ選び，記号で答えましょう。 〔山形〕

⑦ 睡眠時間の最頻値は，1組の方が大きい。

① 睡眠時間の中央値は，1組の方が大きい。

⑦ 睡眠時間が8時間以上の生徒の人数は，1組の方が多い。

① 睡眠時間が7時間以上9時間未満の生徒の割合は，1組の方が多い。

階級 (時間)	度数 (人)	
	1組	2組
以上　未満		
6.0〜6.5	4	4
6.5〜7.0	7	5
7.0〜7.5	6	6
7.5〜8.0	8	7
8.0〜8.5	4	5
8.5〜9.0	3	3
9.0〜9.5	0	3
計	32	33

2 右の表は，A中学校の生徒39人とB中学校の生徒100人の通学時間を調べ，度数分布表に整理したものです。 〔岐阜〕

(1) A中学校の通学時間の最頻値を求めましょう。

(2) B中学校の通学時間が15分未満の生徒の相対度数を求めましょう。

(3) 右の度数分布表について述べた文として正しいものを，次の⑦〜①の中からすべて選び，記号で答えましょう。

⑦ A中学校とB中学校の，通学時間の最頻値は同じである。

① A中学校とB中学校の，通学時間の中央値は同じ階級にある。

⑦ A中学校よりB中学校の方が，通学時間が15分未満の生徒の相対度数が大きい。

① A中学校よりB中学校の方が，通学時間の範囲が大きい。

通学時間（分）	A中学校（人）	B中学校（人）
以上　未満		
0〜 5	0	4
5〜10	6	10
10〜15	7	16
15〜20	8	21
20〜25	9	18
25〜30	5	15
30〜35	4	10
35〜40	0	6
計	39	100

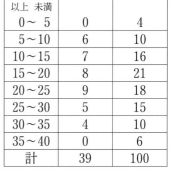

7章

4 (1) 針が下を向く割合は，(針が下を向いた回数)÷(投げた回数) で求める。

1 2 度数分布表では，最頻値は度数がもっとも大きい階級の階級値になる。

実力判定テスト　ステージ3　データの活用　20分　　/100

1 みかんの重さを調べ，その度数分布表からグラフをつくると，右の図のようになりました。　　　10点×4（40点）

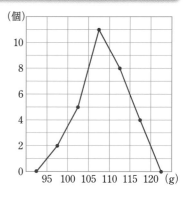

(1) このようなグラフを何といいますか。

（　　　　　　　）

(2) 調べたみかんの個数は全部で何個か答えましょう。

（　　　　　　　）

(3) 階級の幅を答えましょう。

（　　　　　　　）

(4) 度数がもっとも大きい階級について，その相対度数を，小数第3位を四捨五入して求めましょう。

（　　　　　　　）

2 右の表は，あるクラスの走り幅跳びの記録を度数分布表にまとめたものです。　　　10点×5（50点）

(1) 階級の幅を答えましょう。

（　　　　　　　）

階級（cm）	度数（人）
250 以上 300 未満	2
300 ～ 350	4
350 ～ 400	6
400 ～ 450	10
450 ～ 500	5
500 ～ 550	3
計	30

(2) 度数分布表から，ヒストグラムをつくりましょう。

（人）
10
8
6
4
2
0
250 300 350 400 450 500 550(cm)

(3) (2)でつくったヒストグラムをもとに，度数折れ線を上の図にかき入れましょう。

(4) 度数がもっとも大きい階級について，その相対度数を，小数第3位を四捨五入して求めましょう。

（　　　　　　　）

(5) 走り幅跳びの記録が 400 cm 未満の生徒は，クラス全体の何% か答えましょう。

（　　　　　　　）

3 あるさいころを 2000 回投げる実験をしたところ，1の目が出た回数は 330 回でした。このさいころを投げたとき，1の目が出る確率はどの程度であると考えられますか。小数第3位を四捨五入して求めましょう。

（10点）

（　　　　　　　）

定期テスト対策

スピードチェック

教科書の
公式&解法マスター

数学 1 年

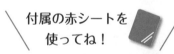
付属の赤シートを
使ってね！

数研出版版

「スピードチェック」は取りはずして使用できます。

スピードチェック

☑ **1** ＋(プラス)を〔 正 〕の符号, −(マイナス)を〔 負 〕の符号という。

0より大きい数を〔 正の数 〕, 0より小さい数を〔 負の数 〕という。

例 0℃より6℃低い温度を, ＋ または − を使って表すと, 〔 −6℃ 〕

☑ **2** ある基準に関して反対の性質をもつ数量は, 一方を正の数で表すと, 他方は

〔 負の数 〕で表すことができる。

例 400円の収入を ＋400円と表すと, 700円の支出は〔 −700円 〕

☑ **3** 数の大小について, (負の数)＜〔 0 〕＜(〔 正の数 〕)

例 ＋7, −4の大小を, 不等号を使って表すと, ＋7〔 ＞ 〕−4

☑ **4** 数直線上で, 原点から, ある数を表す点までの距離を, その数の

〔 絶対値 〕という。負の数は, その数の絶対値が大きいほど〔 小さい 〕。

例 −7の絶対値は〔 7 〕で, ＋2.4の絶対値は〔 2.4 〕

絶対値が15になる数は, 〔 ＋15 〕と〔 −15 〕

−8, −6の大小を不等号を使って表すと, −8〔 ＜ 〕−6

☑ **5** 符号が同じ2つの数の和は, 2つの数の絶対値の和に, 〔 共通 〕の符号を

つける。

例 (＋5)＋(＋8)＝〔 ＋13 〕　　　(−4)＋(−7)＝−(4＋7)＝〔 −11 〕

符号が異なる2つの数の和は, 絶対値が大きい方から小さい方をひいた差

に, 絶対値が〔 大きい 〕方の符号をつける。

例 (−2)＋(＋6)＝〔 ＋4 〕　　　(＋3)＋(−9)＝−(9−3)＝〔 −6 〕

☑ **6** ある数をひくことは, ひく数の〔 符号 〕を変えた数をたすことと同じ。

例 (−5)−(＋9)＝(−5)＋(−9)＝−(5＋9)＝〔 −14 〕

(−8)−(−3)＝(−8)＋(＋3)＝−(8−3)＝〔 −5 〕

☑ **7** 加法と減法の混じった式は, 項を並べた式に表して, 計算する。

例 (＋4)＋(−8)−(−6)＝4−8＋6＝4＋6−8＝10−8＝〔 2 〕

☑ 1　符号が同じ2つの数の積は，絶対値の積に，〔 正 〕の符号をつける。

符号が異なる2つの数の積は，絶対値の積に，〔 負 〕の符号をつける。

例 $(-7)\times(-9)=+(7\times9)=$ 〔 $+63$ 〕　　$(+3)\times(-8)=$ 〔 -24 〕

☑ 2　積の符号は，負の数が奇数個のとき〔 − 〕，負の数が偶数個のとき

〔 ＋ 〕で，積の絶対値は，それぞれの数の絶対値の〔 積 〕になる。

例 $(-4)\times(-5)\times(-8)=-(4\times5\times8)=$ 〔 -160 〕

☑ 3　同じ数をいくつかかけ合わせたものを，その数の〔 累乗 〕といい，

かけ合わせた同じ数の個数を表す右かたの数を〔 指数 〕という。

例 $(-2)^3=(-2)\times(-2)\times(-2)=-(2\times2\times2)=$ 〔 -8 〕

　　$-2^4=-(2\times2\times2\times2)=$ 〔 -16 〕

☑ 4　符号が同じ2つの数の商は，絶対値の商に，〔 正 〕の符号をつける。

符号が異なる2つの数の商は，絶対値の商に，〔 負 〕の符号をつける。

例 $(-72)\div(-9)=+(72\div9)=$ 〔 $+8$ 〕　　$(+36)\div(-4)=$ 〔 -9 〕

☑ 5　ある数でわることは，その数の〔 逆数 〕をかけることと同じ。

例 $\left(+\dfrac{4}{3}\right)\div\left(-\dfrac{2}{9}\right)=\left(+\dfrac{4}{3}\right)\times\left(-\dfrac{9}{2}\right)=-\left(\dfrac{4}{3}\times\dfrac{9}{2}\right)=$ 〔 -6 〕

☑ 6　乗法と除法の混じった式は，除法を〔 乗法 〕になおして計算できる。

例 $(-9)\div(+8)\times(-16)=(-9)\times\left(+\dfrac{1}{8}\right)\times(-16)=$ 〔 18 〕

☑ 7　累乗のある式は，〔 累乗 〕を先に計算　　乗法や除法は，加法や〔 減法 〕

よりも先に計算　　かっこのある式は，〔 かっこの中 〕を先に計算

例 $(-4)^2-(-17+8)\div(-3)=16-(-9)\div(-3)=16-3=$ 〔 13 〕

☑ 8　それよりも小さい自然数の積の形には表すことができない自然数を

〔 素数 〕，素数である約数を〔 素因数 〕といい，自然数を素因数だけの

積の形に表すことを〔 素因数分解 〕するという。

例 70を素因数分解すると，$70=$ 〔 2 〕$\times$ 〔 5 〕$\times$ 〔 7 〕

2章　文字と式
1　文字と式

☑ **1**　文字式では，乗法の記号〔 × 〕をはぶく。

文字と数の積では，数を文字の〔 前 〕に書く。

文字の積で，異なる文字は，ふつう〔 アルファベット 〕順に書く。

例 次の文字式を，積の表し方にしたがって書くと，

$b \times 3 \times a$ は，〔 $3ab$ 〕　　$(x-y) \times 4$ は，〔 $4(x-y)$ 〕

☑ **2**　ふつう，$1 \times a$ や $a \times 1$ は，〔 a 〕と書き，

$(-1) \times a$ や $a \times (-1)$ は，〔 $-a$ 〕と書く。

例 次の文字式を，積の表し方にしたがって書くと，

$x \times 1 + (-4) \times y$ は，〔 $x-4y$ 〕　$a \times (-3) + (-1) \times b$ は，〔 $-3a-b$ 〕

☑ **3**　同じ文字の積では，〔 指数 〕を使って書く。

例 $a \times a \times b \times a \times b$ を，積の表し方にしたがって書くと，〔 $a^3 b^2$ 〕

$4xy^2$ を，記号 × を使って表すと，〔 $4 \times x \times y \times y$ 〕

☑ **4**　文字式では，除法の記号〔 ÷ 〕を使わず，〔 分数 〕の形に書く。

例 $(x+3) \div (-2)$ を，商の表し方にしたがって書くと，〔 $-\dfrac{x+3}{2}$ 〕

$\dfrac{a-5}{3}$ を，記号 ÷ を使って表すと，〔 $(a-5) \div 3$ 〕

☑ **5**　**例** 50円切手 x 枚と100円切手 y 枚を買ったときの代金

の合計を，文字式で表すと，〔 $(50x+100y)$円 〕

例 1000円札を1枚出して，1個120円のりんごを a 個買った

ときのおつりを，文字式で表すと，〔 $(1000-120a)$円 〕

☑ **6**　式の中の文字を数におきかえることを，文字にその数を〔 代入 〕すると

いい，代入して計算した結果を，そのときの〔 式の値 〕という。

例 $x=3$ のとき，$4x-5$ の値は，$4x-5=4 \times 3-5=$〔 7 〕

$a=-4$ のとき，$3-a^2$ の値は，$3-a^2=3-(-4)^2=3-16=$〔 -13 〕

2章 文字と式
2 文字式の計算　3 文字式の利用

☑ **1** 式 $2x+3$ で，$2x$ と 3 を〔 項 〕，文字をふくむ項 $2x$ において，数の部分 2 を x の〔 係数 〕という。また，$2x$ のように，0 でない数と 1 つの文字の積の項を〔 1次の項 〕といい，$2x$ や $2x+3$ のように，1 次の項だけの式か，1 次の項と数の項の和で表される式を〔 1次式 〕という。

例 式 $4x-7$ の項は〔 $4x$，-7 〕で，項 $4x$ において，x の係数は〔 4 〕

☑ **2** 〔 同じ 〕文字の項どうしは，1 つにまとめることができる。

例 $7a-4a=(7-4)a=$〔 $3a$ 〕　　$3a-4a=(3-4)a=$〔 $-a$ 〕

☑ **3** 1 次式どうしの加法は，かっこをはずしてから，項を並べかえて，〔 同じ 〕文字の項どうしを 1 つにまとめ，数の項どうしを計算する。

例 $(4x+5)+(3x-8)=4x+5+3x-8=4x+3x+5-8=$〔 $7x-3$ 〕

1 次式どうしの減法は，ひく式の各項の〔 符号 〕を変えてたす。

例 $(2a-7)-(5a-3)=2a-7-5a+3=2a-5a-7+3=$〔 $-3a-4$ 〕

☑ **4** 項が 2 つある 1 次式と数の乗法では，分配法則を使って計算する。

例 $-3(5x-8)=(-3)\times5x+(-3)\times(-8)=$〔 $-15x+24$ 〕

☑ **5** ある数でわることは，その数の〔 逆数 〕をかけることと同じである。

1 次式を数でわる除法は，乗法になおすか，分数の形にして計算する。

例 $(12a-28)\div4=(12a-28)\times\dfrac{1}{4}=$〔 $3a-7$ 〕

☑ **6** 数量が等しいという関係を，等号 = を使って表した式を〔 等式 〕という。

例 「1 個 a 円のりんご 3 個の代金と，1 個 b 円のなし 5 個の代金は等しい。」を等式で表すと，〔 $3a=5b$ 〕

数量の大小関係を，不等号を使って表した式を〔 不等式 〕という。

例 「1 本 x 円の鉛筆 6 本と 1 冊 100 円のノート 2 冊の代金の合計は y 円以下である。」を不等式で表すと，〔 $6x+200\leqq y$ 〕

☑ 1　x の値によって成り立ったり成り立たなかったりする等式を，x についての〔 方程式 〕という。また，方程式を成り立たせる文字の値を，その方程式の〔 解 〕といい，解を求めることを方程式を〔 解く 〕という。

例 1，2，3のうち，方程式 $3x - 4 = 2$ の解は，〔 2 〕

☑ 2　等式について，次の①〜④のことがいえる。

　　① $A = B$ ならば，$A + C =$〔 $B + C$ 〕

　　② $A = B$ ならば，$A - C =$〔 $B - C$ 〕

　　③ $A = B$ ならば，$AC =$〔 BC 〕

　　④ $A = B$ ならば，$\dfrac{A}{C} =$〔 $\dfrac{B}{C}$ 〕（ただし，$C \neq 0$）

　　等式の両辺を入れかえても，その等式は成り立つ。

　　$A = B$ ならば，$B = A$

☑ 3　方程式は，〔 等式 〕の性質を使って $x = a$ の形にすると，解が求められる。

例 方程式 $x + 6 = 13$ を解くと，$x + 6 - 6 = 13 - 6$ より，〔 $x = 7$ 〕

　　方程式 $\dfrac{x}{7} = 5$ を解くと，$\dfrac{x}{7} \times 7 = 5 \times 7$ より，〔 $x = 35$ 〕

　　方程式 $4x = -24$ を解くと，$\dfrac{4x}{4} = \dfrac{-24}{4}$ より，〔 $x = -6$ 〕

☑ 4　等式の一方の辺の項を，符号を変えて他方の辺に移すことを〔 移項 〕という。

x についての方程式を解くには，x をふくむ項を左辺に，数の項を右辺に移項して，方程式を $ax = b$ の形に整理するとよい。

例 方程式 $2x + 5 = -3$ を解くと，$2x = -3 - 5$，$2x = -8$，〔 $x = -4$ 〕

　　方程式 $8x - 9 = 5x + 6$ を解くと，$8x - 5x = 6 + 9$，$3x = 15$，〔 $x = 5$ 〕

☑ 5　移項して整理すると $ax + b = 0$（ただし，$a \neq 0$）の形にすることができる方程式を，x についての〔 1次方程式 〕という。

☑ **1**　かっこのある 1 次方程式では，〔 かっこ 〕をはずしてから解く。

例 方程式 $5x-13=2(4x+7)$ を解くときは，かっこをはずして，

$5x-13=8x+14$，$5x-8x=14+13$，$-3x=27$，〔 $x=-9$ 〕

☑ **2**　係数に小数をふくむ 1 次方程式では，両辺に 10 や 100 などをかけて，

係数を〔 整数 〕にしてから解く。

例 方程式 $0.2x+0.5=1.3$ を解くときは，両辺に 10 をかけて，

$2x+5=13$，$2x=13-5$，$2x=8$，〔 $x=4$ 〕

☑ **3**　係数に分数をふくむ 1 次方程式では，両辺に分母の〔 公倍数 〕をかけて，

係数を〔 整数 〕にする。このことを分母を〔 はらう 〕という。

例 方程式 $\dfrac{2}{3}x-\dfrac{1}{2}=\dfrac{5}{6}$ を解くときは，両辺に 6 をかけて，

$4x-3=5$，$4x=5+3$，$4x=8$，〔 $x=2$ 〕

☑ **4**　比が等しいことを表す式を〔 比例式 〕という。

比例式の性質として，$a:b=c:d$ のとき $ad=$〔 bc 〕が成り立つ。

例 $x:18=2:3$ で，x の値は，$x\times3=18\times2$ より，〔 $x=12$ 〕

例 縦と横の長さの比が $5:8$ の長方形の旗をつくる。縦を 40 cm にすると
き，横を x cm として比例式をつくると，〔 $40:x=5:8$ 〕

☑ **5**　方程式の文章題では，求める数量を文字で表し，等しい数量を見つけて，

〔 方程式 〕に表す。方程式を解いて，解が問題に適しているか確かめる。

例 ある数の 5 倍から 3 をひくと，もとの数の 4 倍に 5 を加えた数になる。
ある数を x として方程式をつくると，〔 $5x-3=4x+5$ 〕

例 現在，母は 43 歳，子は 12 歳である。母の年齢が子の年齢の 2 倍になる
のが現在から x 年後として方程式をつくると，〔 $43+x=2(12+x)$ 〕

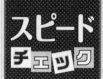
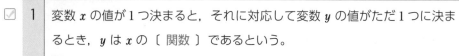

4章　比例と反比例

1　比例

☑ 1 変数 x の値が1つ決まると，それに対応して変数 y の値がただ1つに決まるとき，y は x の〔 関数 〕であるという。

例 直径 $x$cm の円周の長さが $y$cm のとき，y は x の関数で〔 ある 〕。

☑ 2 変数のとりうる値の範囲を〔 変域 〕という。

例 x の変域が2以上8以下のとき，不等式で表すと，〔 $2 \leqq x \leqq 8$ 〕

☑ 3 y が x の関数で，x と y の関係が $y=ax$ で表されるとき，

y は x に〔 比例 〕するという。

比例の式 $y=ax$ における文字 a は定数で，〔 比例定数 〕という。

例 1本80円の鉛筆を x 本買ったときの代金を y 円とするとき，

y を x の式で表すと，〔 $y=80x$ 〕で，この式の比例定数は〔 80 〕

☑ 4 $y=ax$ で，1組の x, y の値がわかれば，〔 a 〕の値を求めることができる。

例 y は x に比例し，$x=2$ のとき $y=-8$ である。x と y の関係を表す式を求めると，$-8=a\times2$ より，$a=-4$ だから，〔 $y=-4x$ 〕

☑ 5 x 軸と y 軸を合わせて〔 座標軸 〕といい，座標軸の交点 O を〔 原点 〕という。点 P の座標が (a, b) のとき，a を点 P の〔 x 座標 〕といい，b を点 P の〔 y 座標 〕という。点 P を P(a, b) と表すこともある。

例 P$(3, 5)$ は，原点 O から〔 右 〕に3，〔 上 〕に5移動した点を表す。

☑ 6 $y=ax$ のグラフは，〔 原点 〕を通る直線。

$a>0$ のとき，グラフは〔 右上がり 〕で，

$a<0$ のとき，グラフは〔 右下がり 〕である。

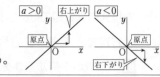

☑ 7 $y=ax$ で，$a>0$ のとき，x の値が増加すると y の値は〔 増加 〕する。

$y=ax$ で，$a<0$ のとき，x の値が増加すると y の値は〔 減少 〕する。

例 $y=-5x$ で，x の値が増加すると y の値は〔 減少 〕する。

4章　比例と反比例

2　反比例　　3　比例と反比例の利用

☑ **1**　y が x の関数で，x と y の関係が $y=\dfrac{a}{x}$ で表されるとき，

y は x に〔 反比例 〕するという。

反比例の式 $y=\dfrac{a}{x}$ における文字 a は定数で，〔 比例定数 〕という。

例 面積が $40\,\text{cm}^2$ の長方形で，横の長さを $x\,\text{cm}$，縦の長さを $y\,\text{cm}$ とすると

き，y を x の式で表すと，〔 $y=\dfrac{40}{x}$ 〕で，この式の比例定数は〔 40 〕

☑ **2**　y が x に反比例するとき，積 xy は一定で，その値は〔 比例定数 〕a に

等しい。また，x の値が 2 倍になると，y の値は〔 $\dfrac{1}{2}$ 〕倍になり，x の値

が $\dfrac{1}{3}$ 倍になると，y の値は〔 3 〕倍になる。

例 A 地点から B 地点までの $100\,\text{km}$ の道のりを自動車で走るとき，

時速を $\dfrac{2}{3}$ 倍にすると，かかる時間は〔 $\dfrac{3}{2}$ 〕倍になる。

☑ **3**　$y=\dfrac{a}{x}$ で，1 組の x, y の値がわかれば，〔 a 〕の値を求めることができる。

例 y は x に反比例し，$x=3$ のとき $y=-4$ である。x と y の関係を表す式

を求めると，$-4=\dfrac{a}{3}$ より，$a=-12$ だから，〔 $y=-\dfrac{12}{x}$ 〕

☑ **4**　$y=\dfrac{a}{x}$ のグラフは，〔 双曲線 〕というなめらかな 2 つの曲線。

$a>0$ のとき，グラフは右上と

〔 左下 〕に現れる双曲線で，

$a<0$ のとき，グラフは左上と

〔 右下 〕に現れる双曲線である。

例 $y=-\dfrac{6}{x}$ のグラフは，〔 左上 〕と〔 右下 〕に現れる双曲線。

☑ **5**　$y=\dfrac{a}{x}$ で，$a>0$ のとき，$x<0$ および $x>0$ の範囲では，

x の値が増加すると y の値は〔 減少 〕する。

例 $y=\dfrac{9}{x}$ で，$x>0$ では，x の値が増加すると y の値は〔 減少 〕する。

5章　平面図形
1　平面図形

☑ 1　2つの線分 AB と CD の長さが等しいことを，AB〔 ＝ 〕CD と書く。

2直線 AB, CD が垂直に交わるとき，AB〔 ⊥ 〕CD と表す。

2直線 AB, CD が平行であるとき，AB〔 ∥ 〕CD と表す。

例 長方形 ABCD の向かい合う辺が平行で，

その長さが等しいことを，記号を使って表すと，

〔 AB∥DC, AD∥BC, AB＝DC, AD＝BC 〕

例 長方形 ABCD の辺 AB と辺 AD の関係は，AB〔 ⊥ 〕AD

☑ 2　半直線 BA, BC によってできる角を，〔 ∠ABC 〕と表す。

☑ 3　直線 AB 上にない点 C からこの直線に垂線をひき，

直線 AB との交点を H とするとき，線分 CH の長さを

〔 点 C と直線 AB との距離 〕という。

2直線 AB, CD が平行であるとき，直線 AB 上のどの点をとっても，その

点と直線 CD との距離は等しくなり，これを

〔 平行な2直線 AB, CD 間の距離 〕という。

☑ 4　図形を，一定の方向に一定の距離だけずらすことを〔 平行移動 〕という。

平行移動では，対応する2点を結ぶ線分はどれも〔 平行 〕で長さが等しい。

☑ 5　図形を，ある点 O を中心にして一定の角度だけ回すことを〔 回転移動 〕

といい，点 O を〔 回転の中心 〕という。回転移動では，回転の中心と対

応する2点をそれぞれ結んでできる角はすべて〔 等しく 〕，回転の中心は

対応する2点から〔 等しい 〕距離にある。

☑ 6　図形を，ある直線 ℓ を折り目として折り返すことを，直線 ℓ を軸とする

〔 対称移動 〕といい，直線 ℓ を〔 対称の軸 〕という。対称移動では，対

応する2点を結ぶ線分は，〔 対称の軸 〕によって，垂直に2等分される。

スピードチェック

5章　平面図形
2　作図　　3　円

☑ **1**　線分 AB 上の点で，2 点 A，B から等しい距離にある点を，

線分 AB の〔 中点 〕という。

線分 AB の中点を M とすると，AM＝〔 **BM** 〕＝$\frac{1}{2}$AB

線分 AB の中点を通り，線分 AB に垂直な直線を

〔 垂直二等分線 〕という。

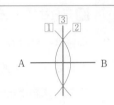

☑ **2**　線分 AB の垂直二等分線を作図するには，

2 点 A，B を中心として〔 同じ 〕半径の円をかく。

線分 AB の垂直二等分線上の点は，2 点 A，B から

〔 等しい 〕距離にある。

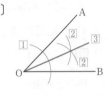

☑ **3**　1 つの角を 2 等分する半直線を，その角の〔 二等分線 〕

という。∠AOB の二等分線を作図するには，

点 O を中心とする円をかき，半直線 OA，OB との

交点を中心として〔 同じ 〕半径の円をかく。

☑ **4**　直線 ℓ 上にない点 P を

通る垂線を作図するには，

右の 2 通りの方法がある。

[方法 1]　　　　　[方法 2]

☑ **5**　円周の一部を〔 弧 〕といい，弧 AB を $\overset{\frown}{AB}$ と表す。

また，円周上の 2 点を結ぶ線分を〔 弦 〕という。

円の中心を通る弦の長さは，この円の〔 直径 〕

の長さを表している。円の弦の垂直二等分線は，

円の対称の軸となり，円の〔 中心 〕を通る。

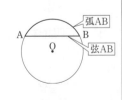

☑ **6**　円の接線は，接点を通る半径に〔 垂直 〕である。

円 O の周上の点 P を通る接線を作図するには，点 P

を通り，直線 OP に〔 垂直 〕な直線をひけばよい。

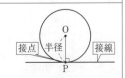

6章　空間図形
1　空間図形（1）

☑	1	平面だけで囲まれた立体を〔 多面体 〕という。

多面体は，その〔 面 〕の数によって，五面体，六面体などという。

☑	2

底面が三角形，四角形の角柱を，それぞれ〔 三角柱 〕，

〔 四角柱 〕という。底面が正三角形，正方形，…の角

柱をそれぞれ〔 正三角柱 〕，〔 正四角柱 〕，…という。

例 三角柱は〔 五 〕面体であり，四角柱は〔 六 〕面体である。

☑	3

角錐は，底面が〔 多角形 〕，側面が〔 三角形 〕であり，底面が三角形で

あれば〔 三角錐 〕，四角形であれば〔 四角錐 〕，…という。

また，底面が正三角形，正方形，…で，側面が

すべて合同な二等辺三角形である角錐をそれぞ

れ〔 正三角錐 〕，〔 正四角錐 〕，…という。

例 三角錐は〔 四 〕面体であり，四角錐は〔 五 〕面体である。

☑	4	円柱と円錐は，底面が〔 円 〕であり，側面が〔 曲面 〕である。

☑	5

すべての面が合同な正多角形で，どの頂点にも同じ数の面が集まるへこみ

のない多面体を〔 正多面体 〕といい，以下の5種類がある。

〔 正四面体 〕　〔 正六面体（立方体） 〕　〔 正八面体 〕　〔 正十二面体 〕　〔 正二十面体 〕

☑	6	面の形	面の数	辺の数	頂点の数
	正四面体	正三角形	4	6	〔 4 〕
	正六面体	〔 正方形 〕	6	〔 12 〕	8
	正八面体	正三角形	8	12	〔 6 〕
	正十二面体	〔 正五角形 〕	12	〔 30 〕	20
	正二十面体	正三角形	20	30	〔 12 〕

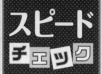

6章　空間図形
1　空間図形 (2)

☑	1	同じ直線上にない〔 3 〕点をふくむ平面はただ1つある。
☑	2	空間内で，平行でなく，しかも交わらない2直線は，〔 ねじれの位置 〕にあるという。
☑	3	直線 ℓ と平面 P が交わらないとき，直線 ℓ と平面 P は〔 平行 〕であるといい，〔 $\ell /\!/ P$ 〕と表す。
☑	4	直線 ℓ が平面 P と交わり，その交点 A を通る P 上のすべての直線と垂直であるとき，ℓ と P は〔 垂直 〕であるといい，〔 $\ell \perp P$ 〕と表す。 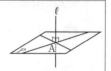
☑	5	2平面 P, Q が交わらないとき，P と Q は〔 平行 〕であるといい，〔 $P /\!/ Q$ 〕と表す。2平面 P と Q が交わっていて，平面 P と垂直な直線 ℓ を平面 Q がふくむ（P と Q のなす角が $90°$）とき，平面 P と Q は〔 垂直 〕であるといい，〔 $P \perp Q$ 〕と表す。
☑	6	平面 P 上にない点 A から P にひいた垂線と P との交点を H とするとき，線分 AH の長さを〔 点 A と平面 P との距離 〕という。角錐や円錐では，頂点と底面との距離を〔 高さ 〕という。 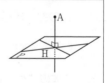
☑	7	長方形をその面に垂直な方向に動かすと，〔 四角柱 〕ができる。
		円をふくむ平面に垂直な線分 AB が，円周にそってひとまわりしてできる図形は，〔 円柱 〕の側面である。
☑	8	円柱や円錐のように，直線 ℓ を軸として，図形を1回転させてできる立体を〔 回転体 〕といい，直線 ℓ を〔 回転の軸 〕という。このとき，円柱や円錐の側面をえがく線分を，円柱や円錐の〔 母線 〕という。また，円錐を，回転の軸をふくむ平面で切ったときの切り口は〔 二等辺三角形 〕になる。
☑	9	立体を，正面から見た図を〔 立面図 〕，真上から見た図を〔 平面図 〕といい，これらをあわせて〔 投影図 〕という。

6章　空間図形

2　立体の体積と表面積

☑ **1** 角柱の体積は，(底面積)×(〔 高さ 〕)

円柱の体積は，(底面の 〔 円 〕 の面積)×(高さ)

例 右のような円柱の体積は，$(\pi \times 4^2) \times 5 = $〔 80π 〕(cm^3)

☑ **2** 角錐の体積は，$\dfrac{1}{3} \times ($〔 底面積 〕$) \times ($高さ$)$

円錐の体積は，$\dfrac{1}{3} \times ($底面の 〔 円 〕 の面積$) \times ($高さ$)$

例 右のような円錐の体積は，$\dfrac{1}{3} \times (\pi \times 3^2) \times 4 = $〔 12π 〕(cm^3)

☑ **3** 円の2つの半径と弧で囲まれた図形を

〔 おうぎ形 〕 といい，おうぎ形で，

2つの半径のつくる角を 〔 中心角 〕 という。

☑ **4** 1つの円からできるおうぎ形の弧の長さと面積は，それぞ

れ 〔 中心角 〕 の大きさに比例する。半径が r，中心角が

$a°$ のおうぎ形の弧の長さを ℓ，面積を S とすると，

$\ell = $〔 $2\pi r$ 〕$\times \dfrac{a}{360}$，$S = $〔 πr^2 〕$\times \dfrac{a}{360}$，$S = \dfrac{1}{2}\ell r$

☑ **5** 立体のすべての面の面積の和を 〔 表面積 〕 といい，すべての側面の面積
の和を 〔 側面積 〕，1つの底面の面積を 〔 底面積 〕 という。

☑ **6** 角柱，円柱の表面積は，(〔 底面積 〕)×2＋(側面積)　　※円柱の側面積は，(展
開図で側面となる長方形の横の長さ)＝(底面の円周の長さ)より求める。

☑ **7** 角錐，円錐の表面積は，(底面積)＋(〔 側面積 〕)　　※円錐の展開図で，側面
はおうぎ形だから，側面積はおうぎ形の面積の公式 $S = \dfrac{1}{2}\ell r$ で求める。

例 底面の半径が 3cm，母線の長さが 5cm の円錐の側面積は，

$\dfrac{1}{2} \times (2\pi \times 3) \times 5 = $〔 15π 〕(cm^2)

☑ **8** 半径が r の球の体積 V と表面積 S は，$V = $〔 $\dfrac{4}{3}\pi r^3$ 〕，$S = $〔 $4\pi r^2$ 〕

数研出版版　数学1年

7章　データの活用
1　データの整理とその活用（1）

☑ **1** データの散らばりのようすを〔 分布 〕といい，データの分布の特徴を表す数値を，データの〔 代表値 〕という。

〔 平均値 〕，中央値，最頻値は，データの代表値としてよく用いられる。

☑ **2** データのとる値のうち，最大のものから最小のものをひいた値を〔 範囲 〕という。すなわち，（範囲）＝（最大の値）－（最小の値）

☑ **3** データを整理するための区間を〔 階級 〕，その幅を〔 階級の幅 〕，階級の中央の値を〔 階級値 〕という。また，各階級にふくまれるデータの個数をその階級の〔 度数 〕という。

各階級にその階級の度数を対応させ，データの分布のようすを示した表を〔 度数分布表 〕という。

例 右の表は，1年A組の生徒の身長を度数分布表にまとめたものである。

階級(cm)		度数(人)
140以上　145未満		3
145　〜　150		5
150　〜　155		9
155　〜　160		7
160　〜　165		4
165　〜　170		2
計		30

階級の幅は，〔 5 cm 〕

身長が 155 cm の生徒が入る階級は，
〔 155 cm 以上 160 cm 未満の階級 〕

度数がもっとも多い階級は，
〔 150 cm 以上 155 cm 未満の階級 〕

高い方から 5 番目の生徒が入る階級は，
〔 160 cm 以上 165 cm 未満の階級 〕

☑ **4** データがどのように分布しているかをわかりやすくするために，柱状グラフで表したものを〔 ヒストグラム 〕という。

また，ヒストグラムの各長方形の上の辺の中点を結んでできる折れ線グラフを，〔 度数折れ線 〕または度数分布多角形ともいう。

7章　データの活用

1　データの整理とその活用（2）　　2　確率

☑ 1

度数の合計に対する各階級の度数の割合を，その階級の〔 相対度数 〕という。度数の合計が異なる2つ以上の分布のようすを比べるときは，〔 相対度数 〕を使って比べるとよい。

$$(相対度数) = \frac{(その階級の度数)}{(度数の合計)}$$　　※相対度数はふつう小数で表す。

例 度数の合計が 30 のとき，度数が 3 の階級の相対度数は，$\frac{3}{30}=$〔 0.10 〕

☑ 2

度数分布表を利用した平均値は，階級の中央の値の〔 階級値 〕を使って，

$$(平均値) = \frac{\{(階級値) \times (度数)\} の合計}{(度数の合計)}$$　で求められる。

☑ 3

データが度数分布表に整理されているときは，度数がもっとも大きい階級の階級値をそのデータの〔 最頻値 〕とする。

☑ 4

度数分布表において，各階級以下または各階級以上の階級の度数をたし合わせたものを〔 累積度数 〕という。

また，累積度数を表にまとめたものを〔 累積度数分布表 〕という。

度数の合計に対する各階級の累積度数の割合を〔 累積相対度数 〕という。

☑ 5

さいころを投げて「3の目が出る」ことの相対度数の変化を調べるとき，回数を増やしていくと相対度数はある一定の値に近づいていくことがわかる。この値は「3の目が出る」ということがらの起こりやすさの程度を表す数と考えられる。

実験や観察を行うとき，あることがらの起こりやすさの程度を表す数を，そのことがらの起こる〔 確率 〕という。

正の数・負の数

正の数・負の数

・数の大小 ➡ (負の数) < 0 < (正の数)

・ある数の絶対値 ➡ 数直線上で，その数に
対応する点と原点との距離。

正の数・負の数の加法

$(+●)+(+■)=+(●+■)$

$(-●)+(-■)=-(●+■)$

$(+大)+(-小)=+(大-小)$

$(+小)+(-大)=-(大-小)$

正の数・負の数の減法

$(+●)-(+■)=(+●)+(-■)$

$(+●)-(-■)=(+●)+(+■)$

正の数・負の数の乗法

$(+)×(+)→(+)$ 　　$(-)×(-)→(+)$

$(+)×(-)→(-)$ 　　$(-)×(+)→(-)$

$(-)×(-)×(-)→(-)$

累乗 → $●×●=●^2$，$■×■×■=■^3$

　　　$(-●)^2=●^2$，$(-■)^3=-■^3$ ← 指数

正の数・負の数の除法

$(+)÷(+)→(+)$ 　　$(-)÷(-)→(+)$

$(+)÷(-)→(-)$ 　　$(-)÷(+)→(-)$

$●÷■=●×\dfrac{1}{■}$ ← 逆数をかける

四則の混じった計算の順序

1 $\begin{cases} 累乗 \\ かっこの中 \end{cases}$ ➡ 2 $\begin{cases} 乗法 \\ 除法 \end{cases}$ ➡ 3 $\begin{cases} 加法 \\ 減法 \end{cases}$

文字と式

文字を使った式の表し方

・文字の混じった乗法は，記号×をはぶく。

例 $2×a=2a$ 　　　　$(-3)×b=-3b$

・文字と数の積は，数を文字の前に書く。

例 $x×3=3x$ 　　　　$y×(-4)=-4y$

・同じ文字の積は，累乗の指数を使って表す。

例 $a×a=a^2$ 　　　　$x×x×x=x^3$

・文字の混じった除法は，記号÷を使わずに，
分数の形で書く。

例 $a÷5=\dfrac{a}{5}$ 　　　　$x÷(-7)=-\dfrac{x}{7}$

方程式

方程式の解き方

・解く手順

1 x の項を左辺に，数の
項を右辺に移項する。

2 $ax=b$ の形にする。

3 両辺を x の係数 a でわる。

例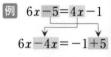

$6x-4x=-1+5$

$2x=4$

$x=2$

・( )をふくむ方程式 ➡ ( )をはずす。

例 $3(x+2)=4x-5 \longrightarrow 3x+6=4x-5$

・係数に小数をふくむ方程式

➡ 10, 100 などを両辺にかける。

例 $0.3x-2=0.2x+3 \xrightarrow{×10} 3x-20=2x+30$

・係数に分数をふくむ方程式

➡ 分母の公倍数を両辺にかける。

例 $\dfrac{1}{3}x+2=\dfrac{1}{4}x+3 \xrightarrow{×12} 4x+24=3x+36$

比例式の性質

$a:b=m:n$ ならば $an=bm$

比例と反比例

比例のグラフ

y が x に比例 $\Leftrightarrow$ $y=ax$ (a は比例定数)

$y=ax$ のグラフ $\Leftrightarrow$ 原点を通る直線

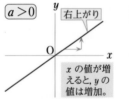 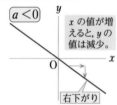

比例の式の求め方

$y=ax$ に x と y の値を代入して a を求める。

反比例のグラフ

y が x に反比例 $\Leftrightarrow$ $y=\dfrac{a}{x}$ (a は比例定数)

$y=\dfrac{a}{x}$ のグラフ $\Leftrightarrow$ 双曲線 (2つの曲線)

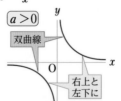 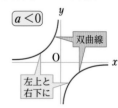

反比例の式の求め方

$y=\dfrac{a}{x}$ に x と y の値を代入して a を求める。

平面図形

図形の移動

平行移動

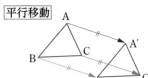

$$AA' \parallel BB' \parallel CC'$$
$$AA' = BB' = CC'$$

回転移動

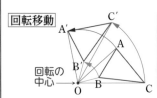

$$\angle AOA' = \angle BOB'$$
$$= \angle COC'$$
$$AO = A'O$$
$$BO = B'O$$
$$CO = C'O$$

回転の中心

対称移動

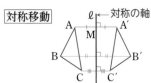

対称の軸

$$AM = A'M$$
$$= \frac{1}{2}AA'$$
$$AA' \parallel BB' \parallel CC'$$

弧，弦，おうぎ形

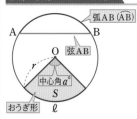

弧AB（⌢AB）
弦AB
中心角$a°$
おうぎ形

$$弧の長さ \ \ell = 2\pi r \times \frac{a}{360}$$
$$面積 \ S = \pi r^2 \times \frac{a}{360} = \frac{1}{2}\ell r$$

円の接線

円の接線は，その接点を通る半径に垂直である。

接線　半径　接点

作図

垂直二等分線

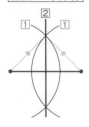

角の二等分線

点Pを通る垂線

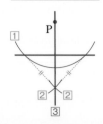

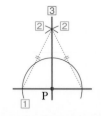

空間図形

正多面体

 正四面体　 正六面体　 正八面体　 正十二面体　正二十面体

直線や平面の位置関係

ねじれの位置…2直線が平行でなく交わらない。

2平面が平行…2平面が交わらない。

2平面が垂直…2平面のつくる角が直角。

回転体（円錐，球）

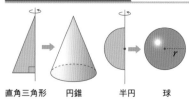

直角三角形　円錐　　半円　　球

球の表面積
$$S = 4\pi r^2$$

球の体積
$$V = \frac{4}{3}\pi r^3$$

立体の表面積

角柱の表面積＝（側面積）＋（底面積）×2

円柱の表面積
＝（側面になる長方形の面積）
　＋（底面の円の面積）×2

 等しい

角錐の表面積＝（側面積）＋（底面積）

円錐の表面積
＝（側面になるおうぎ形の面積）
　＋（底面の円の面積）

 等しい

立体の体積

角柱　$V = Sh$

円柱　$V = \pi r^2 h$

角錐　$V = \frac{1}{3}Sh$

円錐　$V = \frac{1}{3}\pi r^2 h$

データの活用

相対度数，範囲

$$\left(\begin{array}{c}ある階級の\\相対度数\end{array}\right) = \frac{（その階級の度数）}{（度数の合計）}$$

$$（範囲）=（最大値）-（最小値）$$

得点アップ！ 予想問題

1
この「**予想問題**」で
実力を確かめよう！

時間も
はかろう

2
「**解答と解説**」で
答え合わせをしよう！

3
わからなかった問題は
戻って復習しよう！

この本での
学習ページ

スキマ時間でポイントを確認！
別冊「**スピードチェック**」も使おう

●予想問題の構成

回数	教科書ページ	教科書の内容	この本での学習ページ
第1回	15〜61	1章　正の数と負の数	2〜25
第2回	63〜95	2章　文字と式	26〜43
第3回	97〜121	3章　1次方程式	44〜59
第4回	123〜155	4章　比例と反比例	60〜73
第5回	157〜183	5章　平面図形	74〜85
第6回	187〜222	6章　空間図形	86〜103
第7回	225〜248	7章　データの活用	104〜112
第8回	261〜283	ぐんぐんのばそう　チャレンジ編	—

解答 ▶ p.55

第**1**回 予想問題　1章　正の数と負の数

40分　/100

1 次の問いに答えましょう。　　　　　　　　　　　3点×5（15点）

(1)　0 より 8 大きい数を +8 と表すことにすると，0 より 6.5 小さい数はどのように表されますか。

(2)　東西にのびる道があります。東へ 6 m 進むことを +6 m と表すことにすると，−23 m と表される移動は，どちらの方向にどれだけ進むことを表していますか。

(3)　$-\dfrac{9}{4}$ と 1.8 の間にある整数をすべて答えましょう。

(4)　7，−8，−1 の大小を，不等号を使って表しましょう。

(5)　絶対値が 11 になる数をすべて答えましょう。

(1)		(2)			
(3)		(4)		(5)	

2 下の数直線で，点 A，B，C の表す数を答えましょう。　　3点×3（9点）

A		B		C	

3 次の計算をしましょう。　　　　　　　　　　　　3点×12（36点）

(1)　$(+4)-(+8)$

(2)　$1.6-(-2.6)$

(3)　$\left(+\dfrac{3}{5}\right)+\left(-\dfrac{1}{5}\right)$

(4)　$-6-9+15$

(5)　$(-7)\times(-6)$

(6)　$(-3)\times 0$

(7)　$(-5)\times(-13)\times(-2)$

(8)　$24\div(-4)$

(9)　$\left(-\dfrac{5}{6}\right)\div\left(-\dfrac{4}{9}\right)$

(10)　$12\div(-3)\times 2$

(11)　$2-(-4)^2$

(12)　$\left(\dfrac{1}{3}-\dfrac{5}{6}\right)\div\left(-\dfrac{1}{6}\right)^2$

(1)		(2)		(3)		(4)	
(5)		(6)		(7)		(8)	
(9)		(10)		(11)		(12)	

4 次の数について，答えましょう。 　　　　　　　　　　　　　4点×2（8点）

$$-\frac{1}{2}, \quad 0.8, \quad -10.5, \quad -3, \quad \frac{9}{4}, \quad 0, \quad 18, \quad 0.03, \quad -25, \quad \frac{5}{6}$$

(1) 自然数はどれですか。

(2) 整数はどれですか。

(1)		(2)	

5 $(-3)^2$ を正しく計算しているのはどれですか。 　　　　　　　　　（2点）

㋐ $(-3)\times2$ 　　　　　　　　　　㋑ $-(3\times3)$

㋒ $(-3)+(-3)$ 　　　　　　　　　　㋓ $(-3)\times(-3)$

6 分配法則を利用して，次の　計算をしましょう。 　　　　　　3点×2（6点）

(1) $(-0.3)\times16-(-0.3)\times6$ 　　　(2) -54×97

(1)		(2)	

7 数直線上で，0 を表す点に碁石があります。さいころを投げて，偶数の目が出たらその目の数だけ正の方向へ，奇数の目が出たらその目の数だけ負の方向へ，碁石が移動します。

4点×2（8点）

(1) 1回目に4の目，2回目に1の目が出たとき，碁石はいくつを表す点に移動しますか。

(2) さいころを2回投げて，碁石が -10 を表す点に移動するのは，どのような目が出たときですか。

(1)		(2)	

8 右の表は，5人の生徒A〜Eの身長が，基準としたCの身長より何 cm 高いかを示したものです。　　　　　　4点×2（8点）

	A	B	C	D	E
	+11.3	−5.8	0	+6.9	−2.4

(1) 身長がもっとも高い人は，身長がもっとも低い人より何 cm 高いですか。

(2) Cの身長が 156.2 cm のとき，5人の身長の平均を求めましょう。

(1)		(2)	

9 次の数は，ある自然数の平方です。どのような自然数の平方であるか求めましょう。

(1) 784 　　　　　　　　　　　　(2) 900 　　　　　　　4点×2（8点）

(1)		(2)	

解答 ▶ p.56

第2回 予想問題 2章　文字と式

⏱40分

/100

1 次の式を，記号 × や ÷ を使って表しましょう。   2点×6（12点）

(1)　$-4p$

(2)　$-a+3b$

(3)　$8x^3$

(4)　$\dfrac{a}{5}$

(5)　$\dfrac{y+7}{2}$

(6)　$\dfrac{b}{a}-\dfrac{y}{x}$

(1)		(2)		(3)	
(4)		(5)		(6)	

2 次の数量を文字式で表しましょう。   3点×4（12点）

(1)　1個350円のケーキを x 個と120円のジュースを1本買ったときの代金の合計

(2)　1000円札を1枚出して，1個 x 円のパンを3個と1個 y 円のジュースを1本買ったときのおつり

(3)　x m の道のりを秒速2m で進むときにかかる時間

(4)　x 円の a ％の金額

(1)		(2)		(3)		(4)	

3 次の計算をしましょう。   2点×14（28点）

(1)　$5x+7x$

(2)　$4b-3b$

(3)　$3y-y$

(4)　$\dfrac{5}{6}a-\dfrac{2}{3}a-\dfrac{1}{2}a$

(5)　$x-9-\dfrac{1}{3}x+3$

(6)　$4x\times(-8)$

(7)　$6(2a-1)$

(8)　$-18\times\dfrac{3x-1}{6}$

(9)　$(-12a)\div(-3)$

(10)　$(5y-10)\div(-5)$

(11)　$3(a-6)-2(2a+3)$

(12)　$4(x-4)-3(x-7)$

(13)　$2(3y-2)-3(y-2)$

(14)　$\dfrac{1}{5}(10m-5)-\dfrac{2}{3}(6m-3)$

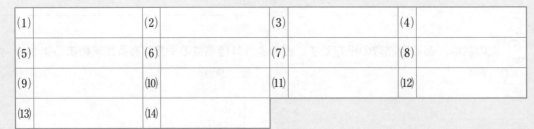

(1)		(2)		(3)		(4)	
(5)		(6)		(7)		(8)	
(9)		(10)		(11)		(12)	
(13)		(14)					

4 次の式の値を求めましょう。 4点×2（8点）

(1) $x = -6$ のとき，$-5x - 10$ の値

(2) $a = \dfrac{1}{3}$ のとき，$a^2 - \dfrac{1}{3}$ の値

(1)		(2)	

5 次の2つの式をたしましょう。また，左の式から右の式をひきましょう。 4点×2（8点）

$8x - 7$，$-8x + 1$

和		差	

6 $A = -3x + 5$，$B = 9 - x$ とするとき，次の式を計算をしましょう。 4点×2（8点）

(1) $3A - 2B$

(2) $-A + \dfrac{B}{3}$

(1)		(2)	

7 次の数量の関係を等式または不等式で表しましょう。 3点×4（12点）

(1) 整数 a を整数 b でわったら，商が c で余りは3になった。

(2) 180 km の道のりを時速 x km で y 時間走ったとき，残りの道のりは 10 km 以上だった。

(3) x 個のなしを，y 人の子どもに3個ずつ配ろうとすると，足りなかった。

(4) 半径 a cm の半円の面積は S cm² である。（円周率は π とする。）

(1)		(2)		(3)		(4)	

8 底辺が a cm，高さが b cm の三角形㋐があります。三角形㋑は，三角形㋐の底辺を2倍，高さを $\dfrac{1}{3}$ 倍にした三角形です。三角形㋒は，三角形㋑の底辺を $\dfrac{1}{3}$ 倍，高さを4倍にした三角形です。 4点×3（12点）

(1) もっとも底辺が短い三角形はどれですか。また，その長さは何 cm ですか。

(2) もっとも高さが低い三角形はどれですか。また，その長さは何 cm ですか。

(3) $a = 6$，$b = 3$ のとき，三角形㋒の面積を求めましょう。

(1) 三角形		(2) 三角形		(3)	

解答 ▶ p.58

第3回 予想問題

3章　1次方程式

40分 /100

1 方程式 $\dfrac{-2x+3}{9}=-1$ を下のように解きました。(1)〜(3)では，次の等式の性質㋐〜㋓のどれを使っていますか。それぞれ記号で答えましょう。また，そのときのCにあたる数を答えましょう。

4点×3(12点)

> 等式の性質
>
> ㋐　$A=B$ ならば $A+C=B+C$ 　　㋑　$A=B$ ならば $A-C=B-C$
>
> ㋒　$A=B$ ならば $AC=BC$ 　　　　㋓　$A=B$ ならば $\dfrac{A}{C}=\dfrac{B}{C}$ $(C\neq0)$

$$\dfrac{-2x+3}{9}=-1$$
$$-2x+3=-9 \quad\Bigr]\ (1)$$
$$-2x=-12 \quad\Bigr]\ (2)$$
$$x=6 \quad\Bigr]\ (3)$$

(1)	$C=$	(2)	$C=$	(3)	$C=$

2 次の方程式を解きましょう。

4点×6(24点)

(1) $7-x=-4$ 　　　　　　(2) $\dfrac{x}{2}=8$

(3) $-6x-11=-5x+3$ 　　(4) $9x+2=-x+3$

(5) $-4(2+3x)+1=-7$ 　　(6) $5(x+3)=2(x-3)$

(1)		(2)		(3)		(4)	
(5)		(6)					

3 次の方程式を解きましょう。

4点×4(16点)

(1) $3.7x+1.2=-6.2$ 　　　(2) $0.05x+4.8=0.19x+2$

(3) $\dfrac{1}{5}+\dfrac{x}{3}=1+\dfrac{x}{5}$ 　　　(4) $\dfrac{2x-1}{2}=\dfrac{x-2}{3}$

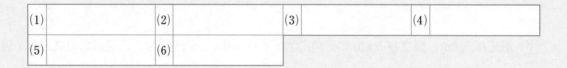

(1)		(2)		(3)		(4)	

4 次の比例式について，x の値を求めましょう。　　　　　　　　　　　　4点×2（8点）

(1)　$x:8=2:64$　　　　　　　　　　　(2)　$10:12=5:(2-x)$

(1)		(2)	

5 x についての方程式 $5x-4a=10(x-a)$ の解が -4 であるとき，a の値を求めましょう。

（4点）

6 1個230円のももと1個120円のオレンジを合わせて6個買うと，代金の合計は940円でした。

4点×3（12点）

(1)　ももを x 個買ったとして，オレンジの個数を x を使って表しましょう。

(2)　(1)を利用して，方程式をつくりましょう。

(3)　ももとオレンジをそれぞれ何個買ったか答えましょう。

(1)		(2)	
(3)	もも	オレンジ	

7 画用紙を何人かの子どもに分けます。1人に6枚ずつ分けると13枚不足し，1人に4枚ずつ分けると9枚余ります。画用紙の枚数を求めましょう。

（6点）

8 家から学校まで，兄は分速80mで歩き，弟は分速60mで歩いていくと，弟は兄より3分15秒多く時間がかかりました。家から学校までの道のりを求めましょう。

（6点）

9 次の問いに答えましょう。　　　　　　　　　　　　　　　　　　　　　6点×2（12点）

(1)　同じ重さのビー玉8個の重さを量ったら，20gでした。このビー玉150個の重さは何gですか。

(2)　クッキーが63個あります。いま，2つの箱 A，B に個数の比が 4:5 になるように分けて入れます。Aの箱には何個入れればよいですか。

(1)		(2)	

解答 ▶ p.59

第4回 予想問題　4章　比例と反比例

40分 ／100

1 次の x, y について，y を x の式で表しましょう。また，y が x に比例するものと，反比例するものは，その比例定数を答えましょう。　　　　　　　　　　　4点×5（20点）

(1)　1辺の長さが x cm の正八角形の周の長さは y cm である。

(2)　縦が x cm，横が y cm の長方形の面積は 20 cm² である。

(3)　長さ 80 cm のリボンから x cm のリボンを切り取ったときの残りの長さは y cm である。

(4)　2000 m の道のりを分速 x m で進むときにかかる時間は y 分である。

(5)　空の容器に 1 分間に 5 L ずつ水を入れていくとき，x 分間にたまる水の量は y L である。

(1)		比例定数	(2)		比例定数	(3)		比例定数
(4)		比例定数	(5)		比例定数			

2 y が x に比例し，$x=2$ のとき $y=-6$ です。　　　　　　　　4点×2（8点）

(1)　y を x の式で表しましょう。

(2)　$x=-5$ のときの y の値を求めましょう。

(1)		(2)	

3 y は x に反比例し，$x=-4$ のとき $y=2$ です。　　　　　　　4点×2（8点）

(1)　y を x の式で表しましょう。

(2)　$x=8$ のときの y の値を求めましょう。

(1)		(2)	

4 右の図の点 A，B，C の座標をそれぞれ答えましょう。

4点×3（12点）

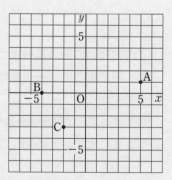

A		B	
C			

5 次のグラフをかきましょう。　　　　　　　　　　　　4点×3（12点）

(1)　$y = 3x$

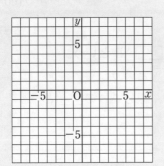

(2)　$y = -\dfrac{1}{3}x$

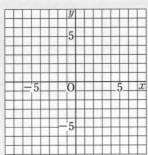

(3)　$y = \dfrac{12}{x}$

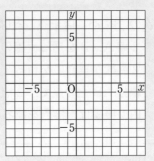

6 右のグラフについて，次の問いに答えましょう。

4点×5（20点）

(1)　①～③について，y を x の式で表しましょう。

(2)　点 $(-9,\ a)$ は②の直線上にあります。a の値を求めましょう。

(3)　x の値が増加すると y の値が減少するグラフは，①～③のうちのどれですか。

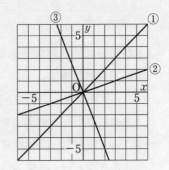

(1)	①		②		③	
(2)			(3)			

7 $y = \dfrac{a}{x}$ のグラフが点 $(3,\ -4)$ を通るとき，このグラフ上の点で x 座標，y 座標の値がともに整数である点は何個ありますか。

（5点）

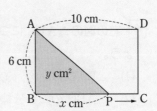

8 右の図のような長方形 ABCD の辺 BC 上に点 P があり，BP の長さを x cm，三角形 ABP の面積を y cm² とします。ただし，P が B に一致するとき，$y = 0$ とします。　　5点×3（15点）

(1)　y を x の式で表しましょう。

(2)　x の変域を求めましょう。

(3)　三角形 ABP の面積が，長方形 ABCD の面積の $\dfrac{1}{3}$ になるのは，P が B から何 cm 動いたときですか。

(1)		(2)		(3)	

解答 ▶ p.60

第5回 予想問題 ▶ 5章　平面図形

⏱ 40分　　/100

1 次の□にあてはまることばを答えましょう。　4点×4（16点）

(1) 2点 A，B を通る直線のうち，点 A から点 B までの部分を□AB という。

(2) 2直線が垂直に交わるとき，一方の直線を他方の直線の□という。

(3) 線分 AB 上の点で，2点 A，B から等しい距離にある点を，線分 AB の□という。

(4) 円の接線は，接点を通る半径に□である。

(1)		(2)		(3)		(4)	

2 右の図は線対称な図形であり，点 O を対称の中心とする点対称な図形でもあります。　5点×3（15点）

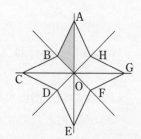

(1) △ABO を，点 O を回転の中心にして，時計の針の回転と反対方向に 90° 回転移動させた三角形を答えましょう。

(2) △ABO を，点対称移動させた三角形を答えましょう。

(3) △ABO を，直線 DH を対称の軸として対称移動させた三角形を答えましょう。

(1)		(2)		(3)	

3 右の図において，直線 ℓ が線分 AB の垂直二等分線であることを，記号を使って2つの式で表しましょう。　3点×2（6点）

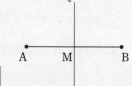

4 右の図の △ABC について，次の問いに答えましょう。　5点×3（15点）

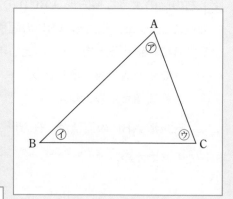

(1) ∠BAC は，㋐，㋑，㋒のどの角ですか。

(2) ∠ABC の二等分線を作図しましょう。

(3) 頂点 A から辺 BC へひいた垂線を作図しましょう。

(1)		(2), (3)	右の図に記入

5 直線 ℓ 上にあって，2点 A，B からの距離が等しい点Pを作図しましょう。 （7点）

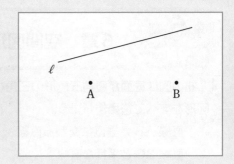

6 ∠AOP＝135° となるよう半直線 OP を作図しましょう。 （7点）

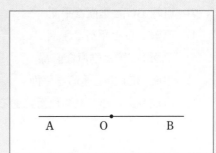

7 右の図において，直線 ℓ，m との距離が等しく，線分 AB 上にある点P を作図しましょう。（7点）

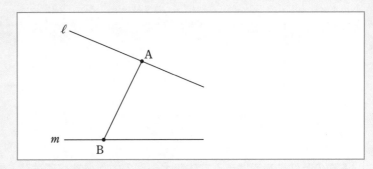

8 右の図において，直線 ℓ 上の点Aで直線 ℓ に接し，点Bを通る円を作図しましょう。 （7点）

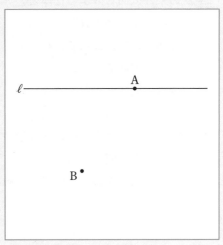

9 次の問いに答えましょう。 5点×4（20点）

(1) 半径 14 cm の円の，周の長さと面積を求めましょう。

(2) 直径 18 cm の円の，周の長さと面積を求めましょう。

(1)	周の長さ	面積	(2)	周の長さ	面積

解答▶p.61

第6回 予想問題　6章　空間図形

40分　/100

1　右の図は底面が直角三角形の三角柱です。次の位置関係にある図形をすべて答えましょう。　3点×7（21点）

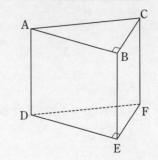

(1)　直線 AB と垂直に交わる直線

(2)　直線 BC と平行な直線

(3)　直線 BC と垂直な平面

(4)　直線 AD と平行な平面

(5)　平面 DEF と垂直な直線

(6)　平面 BEFC と垂直な平面

(7)　直線 EF とねじれの位置にある直線

(1)		(2)	
(3)		(4)	
(5)		(6)	
(7)			

2　次の条件にあてはまる立体を㋐〜㋗の中からすべて選び，記号で答えましょう。　3点×8（24点）

(1)　平面だけで囲まれている。

(2)　曲面だけで囲まれている。

(3)　平面と曲面で囲まれている。

(4)　6つの面で囲まれている。

(5)　回転体である。

(6)　底面がそれと垂直な方向に動いてできる。

(7)　どの面も合同である。

(8)　立面図と平面図がともに円である。

㋐	正四面体
㋑	円柱
㋒	正六面体
㋓	五角錐
㋔	正四角柱
㋕	正八面体
㋖	円錐
㋗	球

(1)		(2)	
(3)		(4)	
(5)		(6)	
(7)		(8)	

3 2直線 ℓ, m と, 2平面 P, Q があります。次の(1)〜(5)の関係が正しければ〇, 正しくなければ × をつけましょう。　　　　　　　　　　　　3点×5（15点）

(1) $\ell \perp m$, $\ell /\!/ P$ ならば, $m \perp P$　　　　(2) $\ell /\!/ m$, $\ell \perp P$ ならば, $m \perp P$

(3) $\ell /\!/ P$, $m /\!/ P$ ならば, $\ell /\!/ m$　　　　(4) $\ell \perp P$, $\ell \perp Q$ ならば, $P /\!/ Q$

(5) $\ell /\!/ P$, $P \perp Q$ ならば, $\ell \perp Q$

(1)		(2)		(3)		(4)		(5)	

4 右の図の長方形 ABCD を, 辺 DC を軸として1回転させてできる回転体について, 次の問いに答えましょう。　　　　5点×4（20点）

(1) できる立体の見取図をかきましょう。

(2) 下の解答らんに立面図をかき入れて, 投影図を完成させましょう。

(3) 体積を求めましょう。

(4) 表面積を求めましょう。

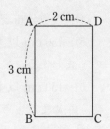

(1)	(2)	(3)
	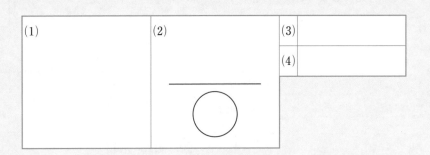	(4)

5 右の図の直角三角形 ABC を, 辺 AC を軸として1回転させてできる回転体について, 次の問いに答えましょう。　　　　4点×3（12点）

(1) 側面のおうぎ形の中心角を求めましょう。

(2) 体積を求めましょう。

(3) 表面積を求めましょう。

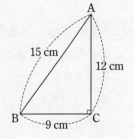

(1)		(2)		(3)	

6 半径 12 cm の球の体積と表面積を求めましょう。　　　　4点×2（8点）

体積	表面積

第**7**回
予想問題

7章　データの活用

解答 ▶ p.63

40分

/100

1 右の表は，ある学年の生徒の身長を調べて度数分布表にまとめたものです。　　　　　4点×8（32点）

(1)　階級の幅を答えましょう。

(2)　□にあてはまる数を求めましょう。

(3)　度数がもっとも大きい階級と，その階級値を答えましょう。

(4)　度数分布表からヒストグラムをつくりましょう。

(5)　150 cm 以上 160 cm 未満の階級の相対度数を求めましょう。

(6)　150 cm 以上 160 cm 未満の階級の累積相対度数を求めましょう。

(7)　身長が 160 cm 以上の生徒は，クラス全体の何 % か答えましょう。

階級（cm）	度数（人）
130 以上 140 未満	3
140 〜 150	18
150 〜 160	21
160 〜 170	
170 〜 180	6
計	60

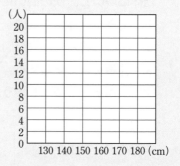

(1)		(2)	
(3) 階級			階級値
(4) 上の図に記入	(5)		
(6)	(7)		

2 右の表は，ある中学校の 1 年生女子 50 人の走り幅とびの記録を度数分布表に整理したものです。　　　　3点×10（30点）

(1)　右の表の①〜⑦にあてはまる数を求めましょう。

(2)　平均値を求めましょう。

(3)　最頻値を求めましょう。

(4)　260 cm 以上 300 cm 未満の階級の相対度数を求めましょう。

階級（cm）	階級値（cm）	度数（人）	（階級値）×（度数）
220 以上 260 未満	240	3	720
260 〜 300	①	14	④
300 〜 340	320	③	⑤
340 〜 380	②	7	⑥
380 〜 420	400	5	2000
計		50	⑦

(1)	①	②	③	④
	⑤	⑥	⑦	
(2)		(3)		(4)

3 あるクラスの生徒の体重を調べ，その度数分布表からヒストグラムをつくると，右の図のようになりました。

(1) 調べた人数は何人か答えましょう。　　4点×4（16点）

(2) 階級値を用いて，中央値を求めましょう。

(3) 階級値を用いて，最頻値を求めましょう。

(4) ヒストグラムをもとに，度数折れ線を右の図にかき入れましょう。

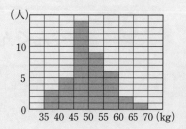

(1)		(2)		(3)		(4)	上の図に記入

4 右のグラフは，A中学校とB中学校の1年生の通学時間を，相対度数の表をもとにして，相対度数の分布の折れ線グラフに表したものです。次の(1)〜(4)は，このグラフの内容に合っているかどうかを，○か×で答えましょう。　　4点×4（16点）

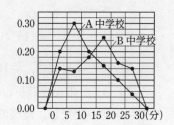

(1) A中学校では半数以上の生徒が15分以上かけて通学している。

(2) 最頻値はB中学校の方が大きい。

(3) 全体として，通学時間はA中学校の方が長い。

(4) B中学校では通学時間が10分未満の生徒の割合は3割より少ない。

(1)		(2)		(3)		(4)	

5 右の図のような4種類のトランプのエースがあります。この中から1枚引いてマークを調べてからもとにもどすことを1200回くり返したところ，ハートのエースが298回出ました。ハートのエースが出る確率はどの程度であると考えられますか。小数第3位を四捨五入して求めましょう。　　（6点）

解答▶p.64

第**8**回
予想問題　**ぐんぐんのばそう　チャレンジ編**　⏱**20**分　/100

1 Aさんとお父さんの誕生日はともに5月2日で，現在，Aさんは13歳，お父さんは49歳です。お父さんの年齢が，Aさんの年齢の5倍であるのはいつか求めましょう。　(16点)

2 長さ240mの特急列車が，鉄橋を渡り始めてから渡り終わるまでにかかった時間は56秒でした。列車の速さが秒速15mであるとき，鉄橋の長さを求めましょう。　(16点)

3 右の①〜③は，それぞれ① $y=ax$，② $y=bx$，③ $y=\dfrac{8}{x}$ のグラフです。

点Aは①と③の交点，点Bは②と③の交点で，点Cは②のグラフ上にあります。A，Cの x 座標がともに4，Bの x 座標が2のとき，次の問いに答えましょう。ただし，座標の1めもりを1cmとします。　12点×3(36点)

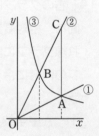

(1)　a の値を求めましょう。

(2)　b の値を求めましょう。

(3)　三角形OACの面積を求めましょう。

(1)		(2)		(3)	

4 右の図は，直径が8cmの半円を，点Bを回転の中心にして，時計の針の回転と同じ方向に45°回転移動させたものです。この移動によって，点AはA′に移りました。弧ABが動いた範囲の面積を求めましょう。　(16点)

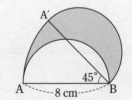

5 右の図は，直方体を点A，B，Cをふくむ平面で切ったときの大きい方の立体です。この立体の体積を求めましょう。　(16点)

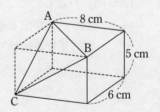

教科書ワーク 数学

特別ふろく①

無料アプリ

数1 数2 数3 図形1 図形2 図形3

どこでもワーク

こちらにアクセスして、ご利用ください。
https://portal.bunri.jp/app.html

---

1 計算編 テンキー入力形式で学習できる！ 重要公式つき！

解き方を穴埋め形式で確認！

テンキー入力で，計算しながら解ける！

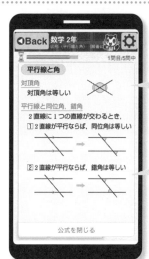

重要公式をその場で確認できる！

カラーだから見やすく，わかりやすい！

---

2 図形編 グラフや図形を自分で動かして，学習理解をサポート！

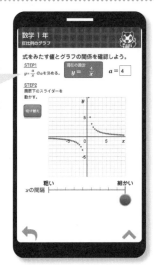

自分で数値を決められるから，いろいろなグラフの確認ができる！

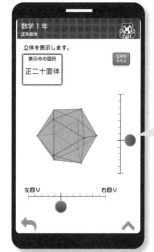

上下左右に回転させて，様々な角度から立体をみることができる！

中学教科書ワーク

解答と解説

この「解答と解説」は，**取りはずして** 使えます。

※ステージ1の例の答えは本冊右ページ下にあります。

1章　正の数と負の数

p.2〜3　ステージ1

❶ (1)　+8　　　(2)　+3.6　　　(3)　$-\dfrac{2}{5}$

❷　②

❸　2組…+3人　　　3組…−2人

❹ (1)　北へ2.5 m 進むこと
　 (2)　南へ13 m 進むこと

❺ (1)　−200 g軽い　　(2)　南へ −5 km 進む
　 (3)　−1時間後　　　(4)　−200円の支出
　 (5)　−3℃低い

解説

❶ (1)　0より大きい数なので，+ を使う。
　 (2)　小数も，0より大きい数は + の符号（ふごう）を使う。
　 (3)　0より小さいので，− を使う。

❷ ①　0より小さい数は負の数といい，負の符号を使って表す。「正」の符号がまちがいである。
　 ③　自然数は正の整数のことで，0はふくまないので，まちがいである。
　 ④ **ミス注意！** 整数は，正の整数，0，負の整数をふくむ。
　　0がふくまれていないので，まちがいである。

❸　2組は1組より 41−38=3（人）多いので，+ をつけて表す。また，3組は1組より 38−36=2（人）少ないので，− をつけて表す。

ポイント

基準とのちがいを，正の符号 + と負の符号 − を使って表すことができる。

❹　ある基準に関して反対の性質をもつ数量は，一方を正の数で表すと，他方は負の数で表すことができる。北へ進む…+，南へ進む…−

❺　反対の性質をもつ数量を負の数で表す。

p.4〜5　ステージ1

❶ A … −13　　　　　B … −8
　 C … +2　　　　　D … +12

❷

❸ (1)　+1>−8　　　　(2)　−9<−3
　 (3)　−0.2>−2　　　(4)　$-\dfrac{3}{5}<-\dfrac{1}{5}$
　 (5)　−8<0<+7　　(6)　$-6<-\dfrac{1}{2}<+\dfrac{1}{3}$

❹ (1)　100　　　　　(2)　12
　 (3)　5.7　　　　　(4)　$\dfrac{1}{6}$

❺　+0.2と−0.2　　+0.1と$-\dfrac{1}{10}$

解説

❶　数直線では，0を表す点を原点といい，0より右側には正の数，0より左側には負の数を対応させている。

❷　問題の数直線の1めもりは0.5になっていることに注意する。
　 (2)　負の数なので，−4は0より左側にある。
　 (3)　0と+1の真ん中にある。

❸　数直線で考えるとよい。
　 (5)　数直線上で，0は−8より右側にあるから，0の方が大きい。また，+7は0より右側にあるから，+7の方が大きい。よって，
　　−8<0<+7　または　+7>0>−8
　 (6)　$\dfrac{1}{2}<6$ なので，
　　$-\dfrac{1}{2}>-6$ または $-6<-\dfrac{1}{2}$

❹　数直線上で，原点から，ある数を表す点までの距離を絶対値（きょり）というから，正の数，負の数からその符号をとったものが絶対値であると考えることもできる。

❶ (1) $+13$　　(2) -9　　(3) $+33$

　(4) -46　　(5) $+1.9$　　(6) -1

❷ (1) -3　　(2) $+6$　　(3) -1.7

　(4) $+1$　　(5) 0　　(6) 0

　(7) $+9$　　(8) -10

❸ (1) -1　　(2) -9　　(3) $+3$

　(4) -1　　(5) $-\dfrac{5}{16}$

■■■ 解 説 ■■■

❶ 符号が同じ 2 つの数の和は，絶対値の和に共通の符号をつける。

(6) $\left(-\dfrac{1}{4}\right)+\left(-\dfrac{3}{4}\right)=-\left(\dfrac{1}{4}+\dfrac{3}{4}\right)=-\dfrac{4}{4}=-1$

❷ 符号が異なる 2 つの数の和は，絶対値が大きい方から小さい方をひいた差に，絶対値が大きい方の符号をつける。

(1) $(+7)+(-10)=-(10-7)=-3$

(5)(6) 符号が異なる 2 つの数の和は，絶対値が等しいとき，0 になる。

(7) ある数と 0 との和は，もとの数に等しいから，$(+9)+0=+9$

(8) 0 にどんな数を加えても，和は加えた数に等しいから，$0+(-10)=-10$

❸ いくつかの正の数，負の数を加えるとき，数の順序や組み合わせをかえて計算してもよい。

(1) 正の数どうしの和，負の数どうしの和を先に計算する。

$(+2)+(-11)+(+14)+(-6)$
$=\{(+2)+(+14)\}+\{(-11)+(-6)\}$
$=(+16)+(-17)=-1$

(2) 0 になる組み合わせがあれば，先に計算する。

$(-27)+(+9)+(+27)+(-18)$
$=\{(-27)+(+27)\}+\{(+9)+(-18)\}$
$=0+(-9)=-9$

(3) (-7) と $(+7)$ との和は 0 になる。

$(-7)+(+1)+(+5)+(-3)+(+7)$
$=\{(-7)+(+7)\}+\{(+1)+(+5)\}+(-3)$
$=0+(+6)+(-3)=+3$

(4) (-1) と $(+1)$ との和は 0 になる。

$(+1.8)+(-0.8)+(-1)+(+1)+(-2)$
$=(+1.8)+\{(-0.8)+(-2)\}$
$=(+1.8)+(-2.8)=-1$

❶ (1) -1　　(2) $+6$　　(3) -12

　(4) $+5$　　(5) -2　　(6) $+8$

　(7) -4　　(8) $+2$　　(9) $+9$

　(10) $+19$

❷ (1) $+8$　　(2) $+8$

❸ (1) -1.6　　(2) -2.6　　(3) $-\dfrac{1}{4}$

　(4) $+2$　　(5) -1.7　　(6) -0.3

　(7) $+\dfrac{2}{3}$　　(8) $+\dfrac{3}{5}$

■■■ 解 説 ■■■

❶ 加法になおして計算する。

(1) $(+7)-(+8)$
$=(+7)+(-8)$
$=-1$

(2) $(+1)-(-5)$
$=(+1)+(+5)$
$=+6$

(3) $(-2)-(+10)$
$=(-2)+(-10)$
$=-12$

(4) $(-4)-(-9)$
$=(-4)+(+9)$
$=+5$

(5) $(+2)-(+4)$
$=(+2)+(-4)$
$=-2$

(6) $(+5)-(-3)$
$=(+5)+(+3)$
$=+8$

(7) $(-3)-(+1)$
$=(-3)+(-1)$
$=-4$

(8) $(-7)-(-9)$
$=(-7)+(+9)$
$=+2$

(9) $(-6)-(-15)$
$=(-6)+(+15)$
$=+9$

(10) $(+8)-(-11)$
$=(+8)+(+11)$
$=+19$

ポイント

ある数をひくことは，ひく数の符号を変えた数をたすことと同じである。

❷ (1) ある数から 0 をひくと，　　　
差はもとの数に等しくなる。

(2) 0 からある数をひくと，差はひいた数の符号を変えた数になる。

❸ 負の小数や分数の加法や減法も，整数のときと同様に計算する。

(1) $(+2.3)-(+3.9)$
$=(+2.3)+(-3.9)$
$=-1.6$

(2) $(-0.8)-(+1.8)$
$=(-0.8)+(-1.8)$
$=-2.6$

p.10~11 ステージ1

❶ (1) 正の項… +1　　負の項… −5, −8

(2) 正の項… なし　負の項… −9, −6, −4

(3) 正の項… $+\dfrac{5}{3}$　負の項… $-\dfrac{1}{2}$, $-\dfrac{3}{4}$

(4) 正の項… +0.7, +1.3, +2.1
　　負の項… なし

❷ (1) $-4+9-1$　　　(2) $-17+3-5-8$

❸ (1) 8　　(2) −7　　(3) −16

(4) −21　　(5) 5.4　　(6) $-\dfrac{1}{8}$

❹ (1) 21　　(2) −16　　(3) 1.9

(4) $\dfrac{5}{12}$

━━━━━ 解　説 ━━━━━

❶ 加法だけの式になおして，正の項，負の項に分ける。

(1) $1-5-8=(+1)+(-5)+(-8)$

(2) $(-9)-(+6)+(-4)=(-9)+(-6)+(-4)$

❷ 加法だけの式になおしてから，式から加法の記号 + とかっこをはぶく。

(2) $-17-(-3)+(-5)-8$
$=(-17)+(+3)+(-5)+(-8)$
$=-17+3-5-8$

❸ (1) $\underline{-2}\underset{\sim}{+5}\underline{-8}\underset{\sim}{+13}$　⎫ 正の項，負の項をまとめる。
$=\underset{\sim}{5+13}\underline{-2-8}$　⎬ 正の項，負の項を
$=18-10$　　　　　⎭ それぞれ計算する。
$=8$

(5) $3.5-5.3+8.2-1$　⎫ 正の項，負の項をまとめる。
$=3.5+8.2-5.3-1$　⎭
$=11.7-6.3$
$=5.4$

❹ (2) $0-9-(+16)+9$　⎫ −9 と +9 の加法は 0 に
$=-9+9+(-16)$　　⎭ なることを利用する。
$=0+(-16)$
$=-16$

(3) $1.5-(+0.8)-(-1.2)$　⎫ 項だけを並べた
$=1.5-0.8+1.2$　　　　⎭ 式にする。
$=1.5+1.2-0.8$　⎫ 項の順序をかえる。
$=2.7-0.8$　　　⎫ 正の項をまとめる。
$=1.9$

(4) 項を並べた式になおしてから，通分する。

$-\dfrac{3}{4}+\left(-\dfrac{1}{3}\right)-\left(-\dfrac{3}{2}\right)=-\dfrac{9}{12}-\dfrac{4}{12}+\dfrac{18}{12}=\dfrac{5}{12}$

p.12~13 ステージ2

❶ (1) 西へ 10 m 進むこと

(2) 移動しないこと

❷ (1) 1000 円の支出

(2) 75 m 低い

(3) 10 減少

(4) 3 分遅い

❸ A … −2.5　　　　　B … −1.5
C … +0.5　　　　　D … +3.5

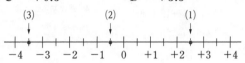

❹ (1) $-\dfrac{1}{2}<-\dfrac{1}{5}<+\dfrac{1}{10}$

(2) $-\dfrac{7}{2}<-3<-2.5$

❺ (1) −15 と +15　　(2) 9 個

(3) −3　　　　　　(4) 8 個

❻ -100, $-\dfrac{1}{10}$, -0.01, 0

❼ (1) −7　　(2) −55　　(3) 0.9

(4) −33　　(5) −3　　(6) 6

(7) −2　　(8) 5.6　　(9) $-\dfrac{1}{9}$

(10) $\dfrac{1}{72}$　　(11) −1　　(12) 1.1

● ● ● ● ●

① (1) −7　　(2) 2　　(3) $\dfrac{1}{21}$

(4) $-\dfrac{7}{20}$　　(5) −8　　(6) 6

② 867 m

━━━━━ 解　説 ━━━━━

❹ ミス注意! 不等号の向きを同じにすることを忘れないようにする。

❺ (4) $\dfrac{17}{4}=4\dfrac{1}{4}$, $\dfrac{41}{5}=8\dfrac{1}{5}$ より，

絶対値が 5 以上 8 以下の整数を考える。
絶対値が 5, 6, 7, 8 の整数は
-8, -7, -6, -5, 5, 6, 7, 8
の 8 個ある。

❼ (1) $(-42)+(+35)$　⎫ 項だけを並べた
$=-42+35$　　　　⎭ 式にする。
$=-7$

(2)　$(-16)-(+39)$ 　項だけを並べた式にする。
　$=-16-39$
　$=-55$

(5)　$1-2+3-4+5-6$ 　項を並べかえる。正の項，負の項をまとめる。
　$=1+3+5-2-4-6$
　$=9-12=-3$

　別解　2つずつ組にする。
　　$\underline{1-2}+\underline{3-4}+\underline{5-6}=-1-1-1=-3$

(6)　$18+(-26)-15-(-29)$ 　項だけを並べた式にする。
　$=18-26-15+29$
　$=18+29-26-15$
　$=47-41=6$

(7)　$2-\{3-(-1)\}$ 　{ } の中を計算する。
　$=2-(3+1)$
　$=2-4=-2$

(8)　$-1.8-(-5.5)+3.2-(+1.3)$ 　項だけを並べた式にする。項を並べかえる。
　$=-1.8+5.5+3.2-1.3$
　$=5.5+3.2-1.8-1.3$
　$=8.7-3.1=5.6$

(9)　$\dfrac{5}{6}+\left(-\dfrac{2}{3}\right)+\dfrac{1}{2}+\left(-\dfrac{7}{9}\right)$ 　項だけを並べた式にする。
　$=\dfrac{5}{6}-\dfrac{2}{3}+\dfrac{1}{2}-\dfrac{7}{9}$ 　項を並べかえる。
　$=\dfrac{5}{6}+\dfrac{1}{2}-\dfrac{2}{3}-\dfrac{7}{9}$ 　通分する。
　$=\dfrac{15}{18}+\dfrac{9}{18}-\dfrac{12}{18}-\dfrac{14}{18}$
　$=\dfrac{24}{18}-\dfrac{26}{18}=-\dfrac{2}{18}=-\dfrac{1}{9}$

(11)　$-0.6+\left(-\dfrac{2}{5}\right)$ 　小数を分数にする。
　$=-\dfrac{3}{5}-\dfrac{2}{5}$
　$=-\dfrac{5}{5}=-1$

(12)　$\dfrac{1}{5}-\left\{1.8-\left(0.9+\dfrac{9}{5}\right)\right\}$ 　分数を小数にする。( ) の中の計算をする。
　$=0.2-\{1.8-(0.9+1.8)\}$
　$=0.2-(1.8-2.7)$
　$=0.2-(-0.9)=0.2+0.9=1.1$

❶　(4)　$\left(-\dfrac{3}{4}\right)+\dfrac{2}{5}=-\dfrac{15}{20}+\dfrac{8}{20}=-\dfrac{7}{20}$

　(5)　$-7+3-4=3-7-4=3-11=-8$

　(6)　$-3-(-8)+1=-3+8+1=-3+9=6$

❷　$(+848)-(-19)=848+19=867\ (\mathrm{m})$

---

❶　(1)　0　　(2)　0　　(3)　0
　(4)　0

❷　(1)　$+10$　　(2)　$+12$　　(3)　-18
　(4)　-42　　(5)　-9　　(6)　$+\dfrac{2}{3}$
　(7)　-2　　(8)　-0.9　　(9)　$-\dfrac{4}{7}$
　(10)　$+\dfrac{3}{8}$

❸　(1)　-130　　(2)　1100

❹　(1)　32　　(2)　504　　(3)　-5
　(4)　-4　　(5)　0　　(6)　81

━━ 解説 ━━

❶　ある数と 0 の積は，　　$●×0=0,\ 0×●=0$
つねに 0 になる。

❷　符号が同じ2つの数の積は，絶対値の積に，正の符号をつける。符号が異なる2つの数の積は，絶対値の積に，負の符号をつける。

　(5)(6)　ある数と -1 の積は，もとの数の符号を変えた数になる。
　(5)　$\overset{×(-1)}{(+9)\to(-9)}$　　(6)　$\overset{×(-1)}{\left(-\dfrac{2}{3}\right)\to\left(+\dfrac{2}{3}\right)}$

　(9)(10)　分数のかけ算は，途中で約分をする。
　(9)　$\left(-\dfrac{\overset{2}{\cancel{6}}}{7}\right)×\left(+\dfrac{2}{\underset{1}{\cancel{3}}}\right)=-\dfrac{4}{7}$

　(10)　$\left(-\dfrac{\overset{1}{\cancel{7}}}{12}\right)×\left(-\dfrac{\overset{3}{\cancel{9}}}{\underset{2}{\cancel{14}}}\right)=\dfrac{3}{8}$

❹　いくつかの数の積は，
　① 積の符号を決める。
　　負の数が奇数個のとき $-$，
　　負の数が偶数個のとき $+$ になる。
　② 絶対値の積の計算をする。
　　その際，交換法則や結合法則の利用を考える。
　　また，$5×2=10,\ 25×4=100,\ 125×8=1000$
　　などがあるときは，先に計算するとよい。
　(3)　$\left(-\dfrac{1}{4}\right)×(-12)×\left(-\dfrac{5}{3}\right)$ 　積の符号を決める。
　　$=-\left(\dfrac{1}{\underset{1}{\cancel{4}}}×\overset{\overset{1}{\cancel{3}}}{\cancel{12}}×\dfrac{5}{\underset{1}{\cancel{3}}}\right)$ 　絶対値の計算をする。
　　$=-5$
　(5)　かけ合わせる数の中に 0 がふくまれる場合，それらの積は 0 になる。

p.16~17 **≡ステージ1**

❶ (1) 3^5　　　(2) $-(-5)^3$　　(3) 0.4^2

　　(4) $\left(-\dfrac{1}{3}\right)^2$

❷ (1) -64　　(2) -100　　(3) 36

　　(4) -100

❸ (1) $+9$　　　(2) 0　　　　(3) -10

　　(4) -2　　　(5) $-\dfrac{1}{2}$　　(6) $+\dfrac{3}{4}$

❹ (1) $\dfrac{1}{25}$　　(2) -16　　　(3) $-\dfrac{21}{4}$

　　(4) $\dfrac{25}{9}$

❺ (1) 9　　　　(2) $\dfrac{8}{5}$　　　(3) $-\dfrac{1}{15}$

　　(4) -3

━━━━━━━━━━ **解説** ━━━━━━━

❶ 同じ数をいくつかかけ合わせたものを，その数の「累乗(るいじょう)」といい，右かたに小さく書いた数を「指数(しすう)」という。指数は，かけ合わせた同じ数の個数を示している。

(1) 3 を 5 個かけ合わせているので，3^5

(2) -5 を 3 個かけ合わせた数に -1 をかけているので，$-(-5)^3$

(3) 0.4 を 2 個かけ合わせているので，0.4^2

(4) $-\dfrac{1}{3}$ を 2 個かけ合わせているので，$\left(-\dfrac{1}{3}\right)^2$

❷ 累乗の計算は，どの数が何個かけ合わせているかを確認してから，計算する。

(1) $(-4)^3 \longrightarrow -4$ を 3 個かけ合わせる。

　　$(-4)\times(-4)\times(-4)=-(4\times4\times4)=-64$

(2) -10^2

　　$\longrightarrow$ 10 を 2 個かけ合わせた数に負の符号をつける。

　　$-(10\times10)=-100$

(3) $(-1)\times(-6^2)$

　　$\longrightarrow -6^2$ は 6 を 2 個かけ合わせた数に負の符号をつける。

　　$(-1)\times\{-(6\times6)\}=(-1)\times(-36)=36$

(4) $(-5)^2\times(-2^2)$

　　$\longrightarrow (-5)^2$ は -5 を 2 個かけ合わせる。

　　　(-2^2) は 2 を 2 個かけ合わせた数に負の符号をつける。

　　$(-5)^2\times(-2^2)=25\times(-4)=-100$

❸ (1) 符号が同じ 2 つの数の商は，絶対値の商に，正の符号をつける。

(2) 0 を負の数でわったときの商は 0 である。

(3)(4) 符号が異なる 2 つの数の商は，絶対値の商に，負の符号をつける。

❹ (1) $\left(-\dfrac{2}{5}\right)\div(-10)$ 　除法を乗法になおす。（逆数をかける）

　　$=\left(-\dfrac{2}{5}\right)\times\left(-\dfrac{1}{10}\right)$ 　符号を決めてから計算する。

　　$=+\left(\dfrac{\overset{1}{\cancel{2}}}{5}\times\dfrac{1}{\cancel{10}_{5}}\right)=\dfrac{1}{25}$

(2) $12\div\left(-\dfrac{3}{4}\right)$ 　除法を乗法になおす。

　　$=12\times\left(-\dfrac{4}{3}\right)$

　　$=-\left(\overset{4}{\cancel{12}}\times\dfrac{4}{\cancel{3}_{1}}\right)=-16$

(3) $\left(-\dfrac{7}{3}\right)\div\dfrac{4}{9}$ 　除法を乗法になおす。

　　$=\left(-\dfrac{7}{3}\right)\times\dfrac{9}{4}$

　　$=-\left(\dfrac{7}{\cancel{3}_{1}}\times\dfrac{\overset{3}{\cancel{9}}}{4}\right)=-\dfrac{21}{4}$

(4) $\left(-\dfrac{5}{6}\right)\div(-0.3)$ 　小数を分数になおす。

　　$=\left(-\dfrac{5}{6}\right)\div\left(-\dfrac{3}{10}\right)$ 　除法を乗法になおす。

　　$=\left(-\dfrac{5}{6}\right)\times\left(-\dfrac{10}{3}\right)$

　　$=+\left(\dfrac{5}{\cancel{6}_{3}}\times\dfrac{\overset{5}{\cancel{10}}}{3}\right)=\dfrac{25}{9}$

❺ 乗法と除法が混じった式は，除法を乗法になおして計算する。

(1) $18\div(-8)\times(-4)$ 　除法を乗法になおす。

　　$=18\times\left(-\dfrac{1}{8}\right)\times(-4)$

　　$=+\left(\overset{9}{\cancel{18}}\times\dfrac{1}{\cancel{8}_{\cancel{4}_{1}}}\times\overset{1}{\cancel{4}}\right)=9$

(2) $(-20)\times\dfrac{3}{5}\div\left(-\dfrac{15}{2}\right)$ 　除法を乗法になおす。

　　$=(-20)\times\dfrac{3}{5}\times\left(-\dfrac{2}{15}\right)$

　　$=+\left(20\times\dfrac{3}{5}\times\dfrac{2}{15}\right)=\dfrac{8}{5}$

(3) $\left(-\dfrac{2}{3}\right)\div12\times\dfrac{6}{5}=-\left(\dfrac{2}{3}\times\dfrac{1}{12}\times\dfrac{6}{5}\right)=-\dfrac{1}{15}$

(4) $\left(-\dfrac{3}{7}\right)\div\left(-\dfrac{4}{3}\right)\div\left(-\dfrac{3}{28}\right)=-\left(\dfrac{3}{7}\times\dfrac{3}{4}\times\dfrac{28}{3}\right)$

　　$=-3$

❶ (1) **25**　　　(2) **−20**　　　(3) **−16**

　 (4) **4**　　　(5) **9**　　　(6) **12**

　 (7) **0**　　　(8) **−30**

❷ (1) **19**　　　(2) **3**　　　(3) **−180**

　 (4) **−5247**

❸ **イ, エ, ク**

━━━━━━━ 解 説 ━━━━━━━

❶ (1) $7-6\times(-3)=7+18=25$

　(2) $-18+8\div(-4)=-18-2=-20$

　(3) $-8-4\times2=-8-8=-16$

　(4) $(-8)\div(-4+2)=-8\div(-2)=4$

　(5) $9-(-5)\times2+(-10)=9+10-10=9$

　(6) $24\div(-9-3)+14=24\div(-12)+14$
　　　$=-2+14=12$

　(7) $(5-8)+(-3)^2\div3=-3+9\div3=-3+3=0$

　(8) $6+(8-2)^2\times(-1)=6+6^2\times(-1)$
　　　$=6+36\times(-1)=6-36=-30$

❷ (1) $\left(-\dfrac{5}{8}-\dfrac{1}{6}\right)\times(-24)$

　　　$=-\dfrac{5}{8}\times(-24)-\dfrac{1}{6}\times(-24)=15+4=19$

　(2) $(-10)\times\left(-\dfrac{3}{5}+0.3\right)$

　　　$=(-10)\times\left(-\dfrac{3}{5}\right)+(-10)\times0.3=6-3=3$

　(3) $4\times\underline{15}-16\times\underline{15}=(4-16)\times\underline{15}=(-12)\times15$
　　　　　　　　　　　　　　　　　$=-180$

　(4) 分配法則が使えるように, 99 を 100−1 にお
　　きかえて計算する。
　　　$99\times(-53)=(100-1)\times(-53)$
　　　　　　　　　$=100\times(-53)-1\times(-53)$
　　　　　　　　　$=-5300+53=-5247$

❸ 自然数どうし, たとえば, 3−5 の差は −2 にな
　るので, 差は自然数とは限らない。また, 自然数
　どうし, たとえば, 2÷5 の商は 0.4 になるので,
　商は自然数とは限らない。また, 整数どうし, た
　とえば, (−4)÷8 の商は −0.5 になるので, 商は
　整数とは限らない。

ポイント
数の範囲を, 整数の範囲にひろげると, いつでも減法
ができ, さらに小数や分数もふくめたすべての数の範
囲にひろげると, いつでも除法もできるようになる。

❶ **41, 43, 47**

❷ ㋐ **66**　　　㋑ **33**　　　㋒ **11**

　 ㋓ **44**　　　㋔ **4**　　　㋕ **2**

　 ㋖ **3**　　　㋗ **22**　　　㋘ **11**

　 ㋙ **11**　　　㋚ **同じ**

❸ (1) $2^2\times5$　　　(2) $2^3\times7$

　 (3) $2\times3\times13$　　　(4) $2^3\times3\times5$

　 (5) $2\times3^2\times7$　　　(6) 5^4

❹ (1) **783 g**　　　(2) **156.6 g**

❺ (1) **18 cm**

　 (2) A … **156 cm**　　　B … **160 cm**

　　　C … **149 cm**　　　D … **153 cm**

　　　E … **167 cm**

━━━━━━━ 解 説 ━━━━━━━

❶ それよりも小さい自然数の積の形には表すこと
　ができない自然数を素数という。素数は約数が 2
　個しかない自然数になる。

❷ どのような順序で素因数分解しても, 素因数の
　積の形に表した式は同じである。
　$132=2\times66=2\times2\times33=2\times2\times3\times11$
　$132=3\times44=3\times11\times4=3\times11\times2\times2$
　$132=6\times22=2\times3\times2\times11$

❸ (1) $20=2\times10=2\times2\times5$

　(2) $56=2\times28=2\times2\times14=2\times2\times2\times7$

　(3) $78=2\times39=2\times3\times13$

　(4) $120=2\times60=2\times2\times30=2\times2\times2\times15$
　　　$=2\times2\times2\times3\times5$

　(5) $126=2\times63=2\times3\times21=2\times3\times3\times7$

　(6) $625=5\times125=5\times5\times25=5\times5\times5\times5$

❹ (1) 基準とのちがいの合計は
　　　$(-20)+(-15)+(+32)+(-4)+(+40)=33$ (g)
　　　より, 重さの合計は $150\times5+33=783$ (g)

　(2) 缶の重さの平均は, 5 個の缶の重さの合計を
　　個数でわって求めるから, $783\div5=156.6$ (g)
　　別解 $150+(-20-15+32-4+40)\div5$
　　　$=156.6$ (g)

❺ (1) 身長がもっとも高い人は E, もっとも低い
　　人はCだから, その差は $(+11)-(-7)=18$ (cm)

　(2) (Aの身長)+{0+(+4)+(−7)+(−3)
　　　+(+11)}÷5=(Aの身長)+1
　　　よって, (Aの身長)+1=157 cm になる。

p.22~23 ■**ステージ2**

❶ (1) -6　　(2) $\dfrac{2}{3}$　　(3) $\dfrac{4}{5}$

　　(4) $-\dfrac{15}{8}$　　(5) $\dfrac{3}{16}$　　(6) $-\dfrac{3}{32}$

❷ (1) -2　　(2) -5　　(3) -12

　　(4) 1　　(5) 5　　(6) $-\dfrac{11}{6}$

　　(7) -380　　(8) 79

❸ (1) □…$\div$　　○…$+$

　　(2) 18

❹ (1) ①，③

　　(2) ①

❺ (1) 西へ $3\,\mathrm{m}$ 移動する。

　　(2) $10\mathrm{m}$

・・・・・・

① (1) -9　　(2) $\dfrac{7}{6}$　　(3) 12

　　(4) 15　　(5) -31　　(6) -13

② 8 冊

■■■■■■■■■■■■■■■■■ **解　説** ■■■■■■■■■■■■■■■■■

❶ (4)~(6)　ある数でわることは，その数の逆数をかけることと同じだから，除法は乗法になおして計算する。

(1)　$(+1.2)\times(-5)$　$\Big\}$符号を決める。

　$=-(1.2\times5)$

　$=-6$

(2)　$\left(-\dfrac{4}{5}\right)\times\left(-\dfrac{5}{6}\right)$　$\Big\}$符号を決める。

　$=+\left(\dfrac{4}{5}\times\dfrac{5}{6}\right)$

　$=\dfrac{2}{3}$

(3)　$(-8)\div(-10)$　$\Big\}$符号を決める。

　$=+(8\div10)$

　$=\dfrac{8}{10}=\dfrac{4}{5}$

(4)　$\dfrac{5}{12}\div\left(-\dfrac{2}{9}\right)$　$\Big\}$除法を乗法になおす。

　$=\dfrac{5}{12}\times\left(-\dfrac{9}{2}\right)$　$\Big\}$符号を決める。

　$=-\left(\dfrac{5}{12}\times\dfrac{9}{2}\right)$

　$=-\dfrac{15}{8}$

(5)　$\dfrac{1}{6}\div\left(-\dfrac{4}{15}\right)\times\left(-\dfrac{3}{10}\right)$　$\Big\}$除法を乗法になおす。

　$=\dfrac{1}{6}\times\left(-\dfrac{15}{4}\right)\times\left(-\dfrac{3}{10}\right)$　$\Big\}$符号を決める。

　$=+\left(\dfrac{1}{6}\times\dfrac{15}{4}\times\dfrac{3}{10}\right)$

　$=\dfrac{3}{16}$

(6)　$(-6)\div\left(-\dfrac{8}{3}\right)\div(-24)$　$\Big\}$除法を乗法になおす。

　$=(-6)\times\left(-\dfrac{3}{8}\right)\times\left(-\dfrac{1}{24}\right)$　$\Big\}$符号を決める。

　$=-\left(6\times\dfrac{3}{8}\times\dfrac{1}{24}\right)$

　$=-\dfrac{3}{32}$

❷ (1)　$(-1)^2\times10-4\times3$　$\Big\}$累乗を先に計算する。

　$=1\times10-4\times3$

　$=10-12$

　$=-2$

(2)　$35-(-15)\div(-3)\times2^3$　$\Big\}$累乗を先に計算する。

　$=35-(-15)\div(-3)\times8$　$\Big\}$ひく数の符号を決める。

　$=35-(15\div3\times8)$

　$=35-40$

　$=-5$

(3)　$20-4\times\{13-(+5)\}$　$\Big\}$$\{\ \}$の中の計算をする。

　$=20-4\times8$

　$=20-32$

　$=-12$

(4)　$(-2)^2-(-9^2)\div(-3)^3$　$\Big\}$累乗を先に計算する。

　$=4-(-81)\div(-27)$　$\Big\}$除法の符号を決める。

　$=4-(81\div27)$

　$=4-3$

　$=1$

(5)　$\{(-2)^3+(-4)\times3\}\div(5-3^2)$　$\Big\}$累乗を先に計算する。

　$=\{-8+(-4)\times3\}\div(5-9)$

　$=(-8-12)\div(-4)$

　$=-20\div(-4)=5$

(6)　$\left(-\dfrac{1}{8}\right)\div\left(-\dfrac{3}{4}\right)-\dfrac{8}{9}\div\left(-\dfrac{2}{3}\right)^2$　$\Big\}$累乗を先に計算する。

　$=\left(-\dfrac{1}{8}\right)\div\left(-\dfrac{3}{4}\right)-\dfrac{8}{9}\div\dfrac{4}{9}$　$\Big\}$除法を乗法になおす。

　$=\dfrac{1}{8}\times\dfrac{4}{3}-\dfrac{8}{9}\times\dfrac{9}{4}$

　$=\dfrac{1}{6}-2=-\dfrac{11}{6}$

(7) $\underline{(-19)} \times 15 + \underline{(-19)} \times 5$ 　　〉分配法則を利用する。
$= (-19) \times (15 + 5)$
$= (-19) \times 20 = -380$

(8) $\underline{(-18)} \times \left(-\dfrac{8}{9} - \dfrac{7}{2} \right)$ 　〉分配法則を利用する。
$= \underline{(-18)} \times \left(-\dfrac{8}{9} \right) + \underline{(-18)} \times \left(-\dfrac{7}{2} \right)$
$= 16 + 63 = 79$

❸ (1) 計算の結果を小さくするので，負の数になるように，□と〇にあてはまる記号や符号を考える。

(2) 324 を素因数分解して，●² の形にする。
$324 = 2 \times 2 \times 3 \times 3 \times 3 \times 3 = (2 \times 3 \times 3)^2 = 18^2$

❺ 勝つと東へ向かって 3 m 移動することを $+3$ m，負けると西へ向かって 2 m 移動することを -2 m と表すことにする。

(1) 4 回のうち 1 回勝って 3 回負けるから，
$(+3) \times 1 + (-2) \times 3 = -3$ より，西へ 3 m 移動する。

(2) 10 回のうち B さんが 6 回勝つということは，A さんは 4 回勝ち 6 回負けることになるので，
$(+3) \times 4 + (-2) \times 6 = 0$ より，
はじめの位置にいる。
B さんは 6 回勝って 4 回負けるから，
$(+3) \times 6 + (-2) \times 4 = +10$ より
東へ 10 m 移動している。
よって，A さんと B さんは $(+10) - 0 = 10$ (m) 離れている。

① (1) $6 \div \left(-\dfrac{2}{3} \right) = -\left(6 \times \dfrac{3}{2} \right) = -9$

(2) $\left(-\dfrac{2}{5} + \dfrac{4}{3} \right) \div \dfrac{4}{5} = \left(-\dfrac{6}{15} + \dfrac{20}{15} \right) \times \dfrac{5}{4}$
$= \dfrac{14}{15} \times \dfrac{5}{4} = \dfrac{7}{6}$

(3) $-3 \times (-2^2) = -3 \times (-4) = 12$

(4) $6 + (-3)^2 = 6 + 9 = 15$

(5) $5 + 4 \times (-3^2) = 5 + 4 \times (-9) = 5 - 36 = -31$

(6) $-5^2 + 18 \div \dfrac{3}{2} = -25 + 18 \times \dfrac{2}{3} = -25 + 12$
$= -13$

② 基準との差の平均は
$\{(+10) + 0 + (+2) + (-3) + (+4) + (-1)\} \div 6$
$= 12 \div 6 = 2$（冊）だから，
求める平均値は $6 + 2 = 8$（冊）

---

❶ (1) ① -8 m 　　② $+1.8$ kg
(2) 9 個 　　　　　　(3) -0.4
(4) ① $-0.2 > -2$
② $-\dfrac{1}{3} < -0.3 < \dfrac{3}{10}$

❷ (1) -4 　　(2) -10.7 　　(3) $-\dfrac{11}{12}$
(4) $-\dfrac{1}{7}$ 　(5) -2 　　(6) $-\dfrac{9}{32}$
(7) -1 　　(8) -13 　　(9) $\dfrac{1}{3}$
(10) $-\dfrac{7}{12}$

❸ (1) -6 　　　　　　(2) $-\dfrac{1}{2}$

❹ ⑦，⑦

❺ (1) 3×5^2 　　　　(2) 2×7^2
(3) $2 \times 3 \times 5 \times 7$

❻ (1) ① 6 時 　　　　② 13 時
③ 19 時 　　　④ 23 時
(2) 22 時 　(3) -10 時間

❼ (1) 17 個 　　　　(2) 501 個

━━━━━━━━━━━━━━━▶ 解 説 ◀

❶ (1) ある基準に関して反対の性質をもつ数量は，一方を正の数で表すと，他方は負の数で表すことができる。
① 「高い ⟷ 低い」だから，高いことを正の数で表すとき，低いことは負の数で表される。
② 「軽い ⟷ 重い」だから，軽いことを負の数で表すとき，重いことは正の数で表される。

(2) **ミス注意！** 絶対値が 4 以下の整数は，
-4, -3, -2, -1, 0, 1, 2, 3, 4
の 9 個ある。
「4 以下」だから，絶対値が 4 になる -4 と 4 がふくまれることに注意する。

(3) 負の数は，その数の絶対値が大きいほど小さい。$\dfrac{1}{5} = \dfrac{2}{10}$, $0.9 = \dfrac{9}{10}$, $0.4 = \dfrac{4}{10}$ より
$0.9 > 0.4 > \dfrac{1}{5}$ だから，$-0.9 < -0.4 < -\dfrac{1}{5}$
よって，小さい数から並べていくと，
-6, -0.9, -0.4, $-\dfrac{1}{5}$, …となるので，
小さい方から 3 番目の数は -0.4 である。

(4) ① $0.2<2$ だから，$-0.2>-2$

② $\dfrac{1}{3}=0.333\cdots$ より $\dfrac{1}{3}>0.3$ だから，

$-\dfrac{1}{3}<-0.3$

また，（負の数）<（正の数）だから，

$-\dfrac{1}{3}<-0.3<\dfrac{3}{10}$

❷ (1) $2-(-9)-15=2+9-15=11-15=-4$

(2) $10-(+7.2)+(-13.5)$
$=10-7.2-13.5=10-20.7=-10.7$

(3) $\dfrac{1}{3}-1+\dfrac{1}{2}-\dfrac{3}{4}=\dfrac{1}{3}+\dfrac{1}{2}-1-\dfrac{3}{4}$

$=\dfrac{2}{6}+\dfrac{3}{6}-\dfrac{4}{4}-\dfrac{3}{4}=\dfrac{5}{6}-\dfrac{7}{4}$

$=\dfrac{10}{12}-\dfrac{21}{12}=-\dfrac{11}{12}$

(4) $1\div(-7)=-\dfrac{1}{7}$

(5) $5-(-42)\div(-6)=5-7=-2$

(6) $(-3)^3\div(-4^2)\div(-6)$ ⟩ 累乗を先に計算する。
$=(-27)\div(-16)\div(-6)$
$=-\left(27\times\dfrac{1}{16}\times\dfrac{1}{6}\right)=-\dfrac{9}{32}$

(7) $13-2\times\{4-(-3)\}$ ⟩ $\{\ \}$の中の計算をする。
$=13-2\times7$ ⟩ 乗法の計算を先にする。
$=13-14=-1$

(8) $(-2)^3-(-5^2)\div(-5)$ ⟩ 累乗を先に計算する。
$=(-8)-(-25)\div(-5)$ ⟩ 除法の計算をする。
$=-8-5=-13$

(9) $\left(-\dfrac{5}{2}-\dfrac{1}{2}\right)\times\left(-\dfrac{1}{9}\right)$ ⟩（　）の中の計算をする。
$=\left(-\dfrac{6}{2}\right)\times\left(-\dfrac{1}{9}\right)$ ⟩ 符号を決める。
$=+\left(3\times\dfrac{1}{9}\right)=\dfrac{1}{3}$

(10) $\dfrac{3}{4}\times\left(-\dfrac{2}{3}\right)-\left(\dfrac{5}{6}-\dfrac{3}{4}\right)$

$=-\left(\dfrac{3}{4}\times\dfrac{2}{3}\right)-\left(\dfrac{10}{12}-\dfrac{9}{12}\right)$

$=-\dfrac{1}{2}-\dfrac{1}{12}=-\dfrac{6}{12}-\dfrac{1}{12}=-\dfrac{7}{12}$

得点アップのコツ

計算の順序に気をつけよう！
累乗やかっこの中を先に計算する。
乗法や除法は，加法や減法より先に計算する。

❸ 分配法則を利用する。

$(a+b)\times c=a\times c+b\times c$

(1) $\left(\dfrac{4}{7}-\dfrac{2}{5}\right)\times(-35)$ ⟩ $(a-b)\times c$ $=a\times c-b\times c$

$=\dfrac{4}{7}\times(-35)-\dfrac{2}{5}\times(-35)$

$=-20+14=-6$

(2) $22\times\left(-\dfrac{1}{4}\right)-20\times\left(-\dfrac{1}{4}\right)$ ⟩ $a\times c-b\times c$ $=(a-b)\times c$

$=(22-20)\times\left(-\dfrac{1}{4}\right)$

$=2\times\left(-\dfrac{1}{4}\right)=-\dfrac{1}{2}$

❹ □に負の数をあてはめると，

$(\square+5)\rightarrow$ 正の数または負の数または0

$(\square+2)\rightarrow$ 正の数または負の数または0

$(\square-2)\rightarrow$ つねに負の数

$(\square-5)\rightarrow$ つねに負の数

$(\square-5)^2\rightarrow$ つねに正の数

$(\square+5)^2\rightarrow$ 正の数または0

したがって，

ⓦ （負の数）×（負の数）→（正の数）

ⓔ （正の数）+1→（正の数）

❺ (3) $210=2\times105=2\times3\times35=2\times3\times5\times7$

❻ (1) 東京を基準にしているので，東京の時刻に時差を加えると，その都市の時刻が求められる。

① $20+(-14)=6$（時）

② $20+(-7)=13$（時）

③ $20+(-1)=19$（時）

④ $20+(+3)=23$（時）

(2) 東京とホノルルの時差は -19 時間だから，ホノルルから考えると，東京の時刻はホノルルの時刻より19時間進んでいることになる。

ホノルル $\xrightleftharpoons[+19\text{時間}]{-19\text{時間}}$ 東京

$3+(+19)=22$（時）

(3) シドニーを基準とするから，

$(-9)-(+1)=-10$（時間）

❼ (1) $(+4)-(-13)=4+13=17$（個）

(2) $(+4)+0+(-13)+(+9)+(+5)=5$（個）

基準とのちがいの平均は $5\div5=1$（個）だから，生産個数の平均は $500+1=501$（個）

[別解] $(504+500+487+509+505)\div5$
$=2505\div5=501$（個）

2章 文字と式

❶ (1) 15個　　　　(2) $(x×3)$個

❷ (1) x　　(2) m　　(3) a　　(4) $÷$

❸ (1) $(5000−480×a)$円

 (2) $(500×x+100×b)$円

 (3) $(4×x)\,\mathrm{cm}^2$

 (4) $(5×x×x)\,\mathrm{cm}^3$

 (5) $(a×b+2)$個

解説

❶ (1) マグネットを，次のように囲んで数える。

1番目　2番目　3番目

1番目は $(1×3)$個，2番目は $(2×3)$個，

3番目は $(3×3)$個になっているから，

5番目の正三角形を並べるのに必要なマグネットの数も同様に考えて，$5×3＝15$（個）

 (2) x番目の正三角形を並べるのに必要なマグネットの数も同様に考えて，$(x×3)$個

❷ (1) 残りの金額は

（持っていた金額）−（使った金額）で求めるから，

$(x−750)$円

 (2) 必要なあめの数は

（1人分の数）×（配る人数）で求めるから，

$(5×m)$個

 (3) ひし形の周の長さは（1辺の長さ）×4で求めるから，$(a×4)$cm

 (4) 3人で等しく分けるので，1人分の重さはわり算で求めるから，$(x÷3)$kg

❸ (1) おつりは

（支払った金額）−（代金）で求める。

 (2) 金額の合計は，

（500円硬貨(こうか)の合計）＋（100円硬貨の合計）

で求める。

 (3) 平行四辺形の面積は

（底辺）×（高さ）で求める。

 (4) 直方体の体積は

（縦）×（横）×（高さ）で求める。

 (5) りんごの総数は

（配ったりんごの数）＋（余った数）で求める。

❶ (1) $7y$　　　　(2) $3ab$

 (3) $\dfrac{5}{8}x$　　　　(4) c

 (5) $−y$　　　　(6) $−0.1x$

 (7) $13(x−y)$　　(8) a^2bx^2

❷ (1) $\dfrac{x}{10}$　　　　(2) $−\dfrac{a}{6}$

 (3) $\dfrac{m+n}{5}$

❸ (1) $\dfrac{2x}{3}$　　　　(2) $\dfrac{9a}{b}$

 (3) $x+\dfrac{y}{3}$　　　　(4) $−a^2−ab$

❹ (1) $3xy$　　　　(2) $2(a+b)$

❺ (1) $5×a×b×b$　　(2) $(x+1)÷3$

 (3) $2×x−9×y÷x$

❻ (1) $(800a+500b)$円

 (2) $\dfrac{7}{10}x$ 人　　(3) $\dfrac{800}{y}$ 分

解説

❶ (1) ×をはぶき，数を文字の前に書く。

 (2) 数を文字の前に書き，文字はアルファベットの順にする。

 (3) 分数も文字の前に書く。

 (4) 1と文字の積は，1を書かずにはぶく。

 (5) −1と文字の積は，1を書かずにはぶく。

$y×(−1)＝−1×y＝−y$

 (6) **ミス注意** $−0.1×x$ は $−0.x$ のようには書かずに，$−0.1x$ と書く。

 (7) 式 $(x−y)$ を1つの文字と同じように考える。

$13×(x−y)＝13(x−y)$

 (8) 同じ文字の積では，指数(しすう)を使って書く。

$x×a×b×a×x＝a×a×b×x×x＝a^2bx^2$

❷ (1) ÷を使わず，分数の形に書く。

 (2) −は分数の前に出す。$a÷(−6)＝\dfrac{a}{−6}＝−\dfrac{a}{6}$

 (3) 式 $(m+n)$ は1つの文字と同じように考え，分子に書き，（　）はとる。$\dfrac{1}{5}(m+n)$ と書いてもよい。

❸ (1) $x÷3×2＝\dfrac{x}{3}×2＝\dfrac{2x}{3}\left(または \dfrac{2}{3}x\right)$

 (2) $a÷b×9＝\dfrac{a}{b}×9＝\dfrac{9a}{b}$

ミス注意！ $\dfrac{9a}{b}$ は $9\dfrac{a}{b}$ とは書かない。

(3) $x \times 1 + y \div 3 = x + \dfrac{y}{3}$　加法の記号＋は はぶかない。

(4) $a \times a \times (-1) - a \times b$
$= (-1) \times a^2 - ab = -a^2 - ab$　減法の記号－は はぶかない。

❹ (1) x の3倍は $3x$, これと y との積だから,
$3x \times y = 3xy$

(2) a と b の和は $a+b$, これを2倍するから,
$(a+b) \times 2 = 2(a+b)$ ← $a+b$ に( )をつける。

❺ (1) はぶかれている × を使って表す。

(2) 式 $x+1$ は1つの文字と同じように考えるので, ( ) をつけてわり算の式に表す。

$\dfrac{x+y}{3} = (x+y) \div 3$

(3) $2x - \dfrac{9y}{x} = 2 \times x - 9y \div x = 2 \times x - 9 \times y \div x$

※ $-\dfrac{9y}{x}$ の部分は

$-9 \div x \times y$ と表すこともできる。

ポイント

分数は, (分子)÷(分母) と考える。

❻ (1) 入館料は (1人分の入館料)×(人数) で求める。
大人 a 人の入館料は $800 \times a = 800a$ (円)
中学生 b 人の入館料は $500 \times b = 500b$ (円)
よって, 入館料の合計は $(800a + 500b)$ 円

(2) 7割は $\dfrac{7}{10}$ だから, x 人の7割の人数は
(もとにする量)×(割合) で求めるから,

$x \times \dfrac{7}{10} = \dfrac{7}{10}x$ (人)

ポイント

1割は $\dfrac{1}{10}$, 1% は $\dfrac{1}{100}$

(3) 800 m の道のりを, 分速 y m で走ったときにかかった時間は (道のり)÷(速さ) で求めるから, $800 \div y = \dfrac{800}{y}$ (分)

ポイント

(速　さ)=(道のり)÷(時　間)
(道のり)=(速　さ)×(時　間)
(時　間)=(道のり)÷(速　さ)

---

❶ (1) $(120+a)$ 分　　(2) $\dfrac{1}{4}x$ km

❷ πa^2 m^2

❸ (1) 30 m　　(2) 26.25 m

❹ (1) -6, -24　　(2) -5, 31

(3) 3, $-\dfrac{3}{2}$　　(4) -9, -36

❺ (1) -6　　(2) 4　　(3) $\dfrac{5}{6}$

(4) $\dfrac{34}{3}$　　(5) $\dfrac{11}{18}$　　(6) 5

● 解　説 ●

❶ (2) 15分は $\dfrac{1}{4}$ 時間だから, $x \times \dfrac{1}{4} = \dfrac{1}{4}x$ (km)

ミス注意！ 速さが時速で与えられているので, 15分を $\dfrac{1}{4}$ 時間にして単位をそろえる。

❷ 円の面積は (半径)×(半径)×(円周率) で求めるから, $a \times a \times \pi = \pi a^2$ (m^2)

❸ (1) $25t - 5t^2 = 25 \times 2 - 5 \times 2^2$ ← t に2を 代入する。
$= 50 - 20 = 30$

(2) $25t - 5t^2 = 25 \times 3.5 - 5 \times 3.5^2$ ← t に3.5を 代入する。
$= 87.5 - 61.25 = 26.25$

❹ (1) $x=3$ のとき, $2x - 12 = 2 \times 3 - 12 = -6$
$x=-6$ のとき, $2x - 12 = 2 \times (-6) - 12 = -24$

(2) $x=3$ のとき, $-4x + 7 = -4 \times 3 + 7 = -5$
$x=-6$ のとき, $-4x + 7 = -4 \times (-6) + 7 = 31$

(3) $x=3$ のとき, $\dfrac{9}{x} = \dfrac{9}{3} = 3$

$x=-6$ のとき, $\dfrac{9}{x} = \dfrac{9}{-6} = -\dfrac{3}{2}$

(4) $x=3$ のとき, $-x^2 = -3^2 = -9$
$x=-6$ のとき, $-x^2 = -(-6)^2 = -36$

❺ $a = -\dfrac{1}{2}$, $b = \dfrac{1}{3}$ のとき,

(1) $12a = 12 \times \left(-\dfrac{1}{2}\right) = -6$

(3) $-a + b = -\left(-\dfrac{1}{2}\right) + \dfrac{1}{3} = \dfrac{1}{2} + \dfrac{1}{3} = \dfrac{5}{6}$

(6) $-\dfrac{1}{a} + \dfrac{1}{b} = -1 \div a + 1 \div b$

$= -1 \div \left(-\dfrac{1}{2}\right) + 1 \div \dfrac{1}{3}$

$= -1 \times (-2) + 1 \times 3$

$= 2 + 3 = 5$

p.32~33 ステージ**2**

❶ (1) $7ax$　　(2) $-c$

(3) $-3xy$　　(4) $4(m-9)$

(5) $2ab^2c$　　(6) $0.5-0.4x$

(7) $-\dfrac{a-b}{5}$　　(8) $\dfrac{3a}{4}$

(9) $\dfrac{x^2y}{2}$　　(10) $\dfrac{abc}{d}$

(11) $\dfrac{3x^2}{y}$　　(12) $-\dfrac{2a^2}{3b}$

❷ (1) $m\div 8$

(2) $-1\times a\times b\times b\times b$

(3) $x\div 7-y\div 2$

(4) $3\times a\times a+x\div 5$

(5) $(a-b)\div 4$

❸ (1) $(120a+80b)$ 円　(2) $\dfrac{x}{10}$ 円

(3) $\dfrac{3}{10}x$ kg　　(4) $\dfrac{9}{20}a$ 人

(5) 分速 $\dfrac{x}{8}$ m

❹ (1) 21　(2) $-\dfrac{1}{3}$　(3) -4

(4) 4　(5) 2　(6) 0.2

(7) $-\dfrac{1}{2}$　(8) -3

❺ (1) 31本　　(2) $(5n+1)$ 本

(3) 251本

● ● ● ● ● ●

① (1) $\dfrac{4}{5}a$ 個　(2) $(1500-150a)$ 円

② -1

③ -8

━━━━━ **解 説** ━━━━━

❶ (1) $x\times 7\times a=7\times a\times x=7ax$

(2) $1\times(-c)=-1c=-c$

(3) $y\times(-3)\times x=(-3)\times x\times y=-3xy$

(4) $(m-9)\times 4=4\times(m-9)=4(m-9)$

(5) $b\times b\times c\times a\times 2=2\times a\times b\times b\times c=2ab^2c$

(6) $0.5-0.4\times x=0.5-0.4x$

ミス注意! 減法の記号−は、はぶかない。

(7) $(a-b)\div(-5)=\dfrac{a-b}{-5}$ ←( )はとる。

$\qquad =-\dfrac{a-b}{5}$ ← −は前に出す。

※$-\dfrac{1}{5}(a-b)$ と書いてもよい。

(8) $a\times 3\div 4=3a\div 4=\dfrac{3a}{4}$

※$\dfrac{3}{4}a$ と書いてもよい。

(9) $x\times y\times x\div 2=x\times x\times y\div 2$

$\qquad =x^2y\div 2$

$\qquad =\dfrac{x^2y}{2}$

※$\dfrac{1}{2}x^2y$ と書いてもよい。

(10) $a\times b\times c\div d=abc\div d$

$\qquad =\dfrac{abc}{d}$

(11) $3\times x\times x\div y=3x^2\div y$

$\qquad =\dfrac{3x^2}{y}$

(12) $-a\times 2\times a\div 3\div b=-2a^2\div 3\div b$

$\qquad =\dfrac{-2a^2}{3}\div b$

$\qquad =-\dfrac{2a^2}{3b}$

❷ (1) 分数は記号÷を使って表す。

$\dfrac{m}{8}=m\div 8$

$\dfrac{a}{b}=a\div b$

(2) $-ab^3=-a\times b^3$

　　　　b を3個かけ合わせている。

$\qquad =-1\times a\times b\times b\times b$

(5) 分数は (分子)÷(分母) と考えるから、分子が式のときは、それを1つの文字と同じように考え、( )をつけて表す。

$\dfrac{a-b}{4}=(a-b)\div 4$

❸ (1) (代金の合計)

　＝(りんごの代金)＋(バナナの代金) より

$\underline{120\times a}+\underline{80\times b}=120a+80b$ (円)

　りんごの代金　バナナの代金

(2) (1 kg あたりの代金)＝(10 kg の代金)÷10

　より $x\div 10=\dfrac{x}{10}$ (円)

(3) 3割は $\dfrac{3}{10}$ だから、$x\times\dfrac{3}{10}=\dfrac{3}{10}x$ (kg)

(4) 45 % は $\dfrac{45}{100}=\dfrac{9}{20}$ だから、

$a\times\dfrac{9}{20}=\dfrac{9}{20}a$ (人)

ポイント

(比べられる量)＝(もとにする量)×(割合)

(5) (速さ)＝(道のり)÷(時間) で求めるから,

$x \div 8 = \dfrac{x}{8}$ より 分速 $\dfrac{x}{8}$ m

❹ x に -2 を代入する。負の数を代入するときは, ( ) をつけることを忘れないようにする。

(1) $1-10x = 1-10 \times x$
$= 1-10 \times (-2)$
$= 1+20$
$= 21$

(2) $\dfrac{2}{3}x+1 = \dfrac{2}{3} \times (-2)+1$
$= -\dfrac{4}{3}+1$
$= -\dfrac{1}{3}$

(3) $-x^2 = -(-2)^2$
$= -(-2) \times (-2)$
$= -4$

(4) $x=-2$ のとき $-x=2$ だから,
$(-x)^2 = (-x) \times (-x)$ ← もとの数の符号を変えた数になる。
$= 2 \times 2$
$= 4$

(5) $x^3-5x = (-2)^3-5 \times (-2)$
$= (-2) \times (-2) \times (-2)-5 \times (-2)$
$= -8+10$
$= 2$

(6) $-0.1x = -0.1 \times x = -0.1 \times (-2) = 0.2$

(7) $\dfrac{1}{x} = \dfrac{1}{-2} = -\dfrac{1}{2}$

(8) $-\dfrac{x^2}{2}+\dfrac{2}{x} = -\dfrac{(-2)^2}{2}+\dfrac{2}{-2}$
$= -\dfrac{4}{2}+(-1)$
$= -2-1$
$= -3$

❺ (1) 六角形が5個できている問題の図には, ストローが26本使われているから, もう1つ六角形をつくるためには, 5本のストローを増やせばよい。よって, $26+5=31$ (本)

(2) 左端のストローを除いて考えると, 六角形を1つつくるごとにストローは5本ずつ増えるので, 六角形を n 個つくるためには, ストローは

$1+5 \times n = 5n+1$ より $(5n+1)$ 本必要になる。

(3) 六角形を50個つくるときに必要なストローの本数は, (2)で求めた式の n に 50 を代入して求めればよい。

よって, $5 \times 50+1 = 251$ (本)

ポイント

(2)で求めた式 $5n+1$ は, 六角形を n 個つくるときに必要なストローの本数を表しているとともに, ストローの本数の求め方も表しているので, (3)で利用できる。

① (1) 25% は $\dfrac{25}{100} = \dfrac{1}{4}$ だから, 今月作られた製品の個数の割合は, 先月を1とすると,

$1+\dfrac{1}{4} = \dfrac{5}{4}$ である。

よって, 先月作られた製品の個数は
(比べられる量)÷(割合) で求めるから,

$a \div \dfrac{5}{4} = a \times \dfrac{4}{5} = \dfrac{4}{5}a$ (個)

(2) a 割は $\dfrac{a}{10}$ だから, Tシャツの代金は
(定価)−(割引された金額) で求められるから,

$1500-1500 \times \dfrac{a}{10} = 1500-150a$ (円)

② a に -2 を代入する。

$-a^2-2a-1 = -(-2)^2-2 \times (-2)-1$
$= -(-2) \times (-2)-2 \times (-2)-1$
$= -4+4-1$
$= -1$

③ x に -1, y に $\dfrac{7}{2}$ を代入する。

$x^3+2xy = x \times x \times x+2 \times x \times y$
$= (-1) \times (-1) \times (-1)+2 \times (-1) \times \dfrac{7}{2}$
$= -1-7$
$= -8$

❶ (1) 項… $2x,\ 3$

x の係数… 2

(2) 項… $-a,\ 0.3b,\ -4$

a の係数… -1

b の係数… 0.3

(3) 項… $\dfrac{x}{4},\ -\dfrac{y}{3}$

x の係数… $\dfrac{1}{4}$

y の係数… $-\dfrac{1}{3}$

❷ (1) $13x$　　　(2) $5y$

(3) 0　　　(4) $-a$

(5) $8x+2$　　　(6) $y+1$

(7) $1.3x$　　　(8) $-1.3x$

(9) $-\dfrac{1}{6}x$　　　(10) $-\dfrac{1}{20}x$

❸ (1) $7a+2$　　　(2) $-3x-3$

(3) $5x-3$　　　(4) $-3x+11$

(5) $6m-4$　　　(6) $8y-13$

(7) $5x-3$　　　(8) $-4a+11$

❹ (1) $-2,\ 12x-12$

(2) $-5a+12,\ -a+2$

━━ 解説 ━━

❶ 加法の式で表して，項を考える。

(1) $2x=2\times x$ だから，x の係数は 2

(2) $-a=(-1)\times a$ だから，a の係数は -1

$0.3b=0.3\times b$ だから，b の係数は 0.3

(3) $\dfrac{x}{4}-\dfrac{y}{3}=\dfrac{x}{4}+\left(-\dfrac{y}{3}\right)$ より，項は $\dfrac{x}{4},\ -\dfrac{y}{3}$

$\dfrac{x}{4}=\dfrac{1}{4}\times x$ だから，x の係数は $\dfrac{1}{4}$

$-\dfrac{y}{3}=-\dfrac{1}{3}\times y$ だから，y の係数は $-\dfrac{1}{3}$

❷ (1) $8x+5x$ ← 分配法則を使って，1つにまとめる。

$=(8+5)x$

$=13x$

(2) $7y-2y$ ← 分配法則を使って，1つにまとめる。

$=(7-2)y$

$=5y$

(3) $6x-6x$

$=(6-6)x$

$=0\times x$ ← $0\times$（文字）も 0 になる。

$=0$

(4) $-2a+5a-4a$ ← 項が3つになっても同じように考える。

$=(-2+5-4)a$

$=-1\times a$

$=-a$

(5) $10x+3-2x-1$ ← 文字の項，数の項をそれぞれまとめる。

$=(10-2)x+(3-1)$

$=8x+2$

(6) $-y-7+2y+8$

$=(-1+2)y+(-7+8)$

$=y+1$

(7) $-0.2x+1.5x$ ← 係数が小数でも整数と同じように項をまとめる。

$=(-0.2+1.5)x$

$=1.3x$

(8) $3.2x-4.5x$

$=(3.2-4.5)x$

$=-1.3x$

(9) $\dfrac{x}{3}-\dfrac{x}{2}$ ← 係数が分数でも整数と同じように項をまとめる。

$=\left(\dfrac{1}{3}-\dfrac{1}{2}\right)x$

$=\left(\dfrac{2}{6}-\dfrac{3}{6}\right)x$

$=-\dfrac{1}{6}x$

(10) $\dfrac{3}{4}x-\dfrac{4}{5}x$

$=\left(\dfrac{3}{4}-\dfrac{4}{5}\right)x$

$=\left(\dfrac{15}{20}-\dfrac{16}{20}\right)x$

$=-\dfrac{1}{20}x$

ポイント

同じ文字の項どうしを1つにまとめる。
数の項どうしを計算する。

❸ (1) $(a+4)+(6a-2)$ ← （ ）をはずす。

$=a+4+6a-2$ ← 項を並べかえる。

$=a+6a+4-2$

$=(1+6)a+(4-2)$

$=7a+2$

(2) $(3x-8)-(6x-5)$ ← ひく式のかっこをはずすと，かっこ内のすべての項の符号が変わる。

$=3x-8-6x+5$

$=3x-6x-8+5$

$=(3-6)x+(-8+5)$

$=-3x-3$

(3) $(8x-5)+(-3x+2)=8x-5-3x+2$
$=8x-3x-5+2$
$=5x-3$

(4) $(2x+10)-(5x-1)=2x+10-5x+1$
$=2x-5x+10+1$
$=-3x+11$

(5) $(5-m)+(7m-9)=5-m+7m-9$
$=-m+7m+5-9$
$=6m-4$

(6) $(6y-4)-(-2y+9)=6y-4+2y-9$
$=6y+2y-4-9$
$=8y-13$

(7) $(8x-5)+(-3x+2)=8x-5-3x+2$
$=8x-3x-5+2$
$=5x-3$

(8) $(2a+10)-(6a-1)=2a+10-6a+1$
$=2a-6a+10+1$
$=-4a+11$

ポイント

1次式の加法は，同じ文字の項どうしを1つにまとめ，数の項どうしを計算する。
1次式の減法は，ひく式の各項の符号（ふごう）を変えてたせばよい。

❹ (1) $(6x-7)+(-6x+5)=6x-7-6x+5$
$=6x-6x-7+5$
$=-2$
$(6x-7)-(-6x+5)=6x-7+6x-5$
$=6x+6x-7-5$
$=12x-12$

(2) $(7-3a)+(-2a+5)=7-3a-2a+5$
$=-3a-2a+7+5$
$=-5a+12$
$(7-3a)-(-2a+5)=7-3a+2a-5$
$=-3a+2a+7-5$
$=-a+2$

かっこをはずすときは，符号に注意しよう。

---

p.36～37　ステージ1

❶ (1) $42x$　　(2) $-24y$
(3) $4m$　　(4) $5x$
(5) $\dfrac{1}{8}x$　　(6) $72a$

❷ (1) $-15x+12$　　(2) $6x-8$
(3) $6x+4$

❸ (1) $4x-2$　　(2) $5a-4$
(3) $-4y+2$　　(4) $-20x+8$

❹ (1) $4x-18$　　(2) $5-5x$
(3) $-14a+21$　　(4) $-6x+3$

❺ (1) $6x-2$　　(2) $-x-7$
(3) $-4x+18$　　(4) $4x-4$

解説

❶ (1) $6x\times7=6\times x\times7$
$=6\times7\times x$
$=42x$
　積の順序をかえる。
　数の積を計算する。

(2) $(-3y)\times8=(-3)\times y\times8$
$=(-3)\times8\times y=-24y$

(3) $20m\times\dfrac{1}{5}=20\times m\times\dfrac{1}{5}$
$=20\times\dfrac{1}{5}\times m=4m$

(5) $\dfrac{3}{4}x\div6=\dfrac{3}{4}x\times\dfrac{1}{6}$　←逆数をかける。
$=\dfrac{3}{4}\times\dfrac{1}{6}\times x=\dfrac{1}{8}x$

(6) $-27a\div\left(-\dfrac{3}{8}\right)=-27a\times\left(-\dfrac{8}{3}\right)$
$=-27\times\left(-\dfrac{8}{3}\right)\times a=72a$

❷ (1) $3(-5x+4)=3\times(-5x)+3\times4$
$=-15x+12$

(2) $8\left(\dfrac{3}{4}x-1\right)=8\times\dfrac{3}{4}x+8\times(-1)$
$=6x-8$

(3) $\dfrac{2}{3}(9x+6)=\dfrac{2}{3}\times9x+\dfrac{2}{3}\times6$
$=6x+4$

❸ (1) $(28x-14)\div7$
$=(28x-14)\times\dfrac{1}{7}$
$=28x\times\dfrac{1}{7}-14\times\dfrac{1}{7}$
$=4x-2$
　逆数をかける。
　( )をはずす。

別解 次のように計算してもよい。

$$(28x-14)÷7=\frac{\overset{4}{28x}-\overset{2}{14}}{\underset{1}{7}} \quad 約分する。$$
$$=4x-2$$

(2) $(-15a+12)÷(-3)$

$=(-15a+12)×\left(-\dfrac{1}{3}\right)$

$=-15a×\left(-\dfrac{1}{3}\right)+12×\left(-\dfrac{1}{3}\right)$

$=5a-4$

(3) $(80y-40)÷(-20)$

$=(80y-40)×\left(-\dfrac{1}{20}\right)$

$=80y×\left(-\dfrac{1}{20}\right)-40×\left(-\dfrac{1}{20}\right)$

$=-4y+2$

(4) $(-5x+2)÷\dfrac{1}{4}=(-5x+2)×4$

$=-5x×4+2×4$

$=-20x+8$

❹ (1) $\dfrac{2x-9}{8}×\overset{2}{16}=(2x-9)×2 ←$ 16を8でわる。

$=4x-18$

(2) $10×\dfrac{1-x}{2}=5×(1-x) ←$ 10を2でわる。

$=5-5x$

(3) $\dfrac{2a-3}{5}×(-35)=(2a-3)×(-7) ← \begin{smallmatrix}-35を\\5でわる。\end{smallmatrix}$

$=-14a+21$

(4) $-21×\dfrac{2x-1}{7}=-3×(2x-1) ← \begin{smallmatrix}-21を\\7でわる。\end{smallmatrix}$

$=-6x+3$

❺ (1) $2(x+3)+4(x-2)$ 〕かっこをはずす。

$=2x+6+4x-8$

$=2x+4x+6-8$ 〕同じ文字の項どうし，

$=6x-2$ 〕数の項どうしをそれぞれまとめる。

(2) $4(x-3)-5(x-1)$

$=4x-12-5x+5$

$=4x-5x-12+5=-x-7$

(3) $-6(2x-5)-4(3-2x)$

$=-12x+30-12+8x$

$=-12x+8x+30-12=-4x+18$

(4) $\dfrac{1}{4}(8x-4)+\dfrac{1}{3}(6x-9)$

$=2x-1+2x-3$

$=2x+2x-1-3=4x-4$

---

p.38~39 ■ステージ❶

❶ (1) 鉛筆5本の代金

(2) 鉛筆10本と消しゴム3個の代金の合計

❷ (1) $100x+10y+8$

(2) $5a+2$

❸ (1) $7x-6=y+5$

(2) $4a+5b=12$

(3) $100+250x=1350$

❹ (1) $x-5<2$　　　(2) $x-3>2x$

(3) $a-800≧300$

❺ (1) ケーキ3個の代金とプリン5個の代金は等しい。

(2) ケーキとプリンをそれぞれ1個ずつ買って，1000円を支払ったときのおつりは200円より多かった。

■解説■

❶ (1) $5x=x×5$ より，

（鉛筆1本の値段）×5 と考えるから，鉛筆5本の代金を表している。

(2) $10x=x×10$ より，$10x$ は鉛筆10本の代金，$3y=y×3$ より，$3y$ は消しゴム3個の代金をそれぞれ表しているので，

$10x+3y$ はその合計金額を表している。

❷ (1) 百の位の数が x，十の位の数が y，一の位の数が8だから，

$100×x+10×y+1×8=100x+10y+8$

(2) （わられる数）＝（わる数）×（商）＋（余り）

の関係があるから，

$5×a+2=5a+2$

❸ 数量が等しいという関係は，等号 ＝ を使って表す。

(1) x の7倍から6をひいた数 → $7x-6$

y に5をたした数 → $y+5$

よって，$7x-6=y+5$

(2) 道のりは（速さ）×（時間）で求めるから，

時速4kmで歩いた道のりは

$\underset{速さ}{4}×\underset{時間}{a}=4a$ (km)

時速5kmで歩いた道のりは

$\underset{速さ}{5}×\underset{時間}{b}=5b$ (km)

（時速4kmで歩いた道のり）

＋（時速5kmで歩いた道のり）＝12km

という関係があるから，$4a+5b=12$

(3) ももx個の重さは $250×x＝250x$ (g)

(箱の重さ)＋(ももの重さ)＝1350 g

という関係があるから，

$100+250x=1350$

ポイント

「等しい」 → 等号 ＝

❹ (1) (もとの長さ)－(切り取った長さ) で，

残りの長さを求めるから，$(x-5)$ m

この残りの長さが2mより短いことを表すには，

不等号を使って，

$x-5<2$

と表すことができる。

(2) xから3をひいた数 → $x-3$

もとの数の2倍 → $2x$

$x-3$ が $2x$ より大きいことを表すには，

不等号を使って，

$x-3>2x$

と表すことができる。

(3) (持っていた金額)－(買った本の代金) で，

余った金額は求められるから，$(a-800)$ 円

この余った金額が300円以上であることを表す

には，不等号を使って

$a-800≧300$

    「以上」は300をふくむ。

と表すことができる。

ポイント

「余る」，「小さい」，「未満」 → 不等号 ＞，＜

「〜以上」，「〜以下」 → 不等号 ≧，≦

❺ (1) ケーキ1個の値段がx円だから，

$3x$ はケーキ3個の代金を表し，

プリン1個の値段がy円だから，

$5y$ はプリン5個の代金を表している。

問題の等式は，これらの2つの数量が等しいこ

とを表している。

(2) $(x+y)$ 円はケーキ1個とプリン1個を買っ

たときの代金の合計を表すから，

$\{1000-(x+y)\}$ 円は，1000円を支払ったとき

のおつりになる。

問題の不等式は，おつりが200円より多いとい

うことを表している。

---

p.40〜41 **═ステージ2**

❶ (1) $-5x$ (2) $-5x-11$

(3) $-3a-1$ (4) $-x+2$

(5) $10a+9$ (6) $-2x-10$

(7) $-2+4x$ (8) $14x-6$

❷ (1) $-4a-2$, $8a-4$

(2) $-15x$, $-x-20$

❸ (1) ⑦，平行四辺形の周の長さ

(2) ⑦，三角形の面積

(3) ⑦，平行四辺形の面積

(4) ⑦，台形の面積

❹ (1) $4x-8$ (2) $-4x+8$

(3) $-x+2$

❺ 3(の倍数)

❻ (1) $x+\dfrac{1}{6}=y$ (2) $10a=b$

(3) $80x+100<600$ (4) $x+\dfrac{ax}{10}≧5000$

(5) $3x+2y>1000$

• • • • • •

① (1) $\dfrac{1}{20}x$ (2) $\dfrac{23}{20}a$

(3) $\dfrac{a+17}{12}$ (4) $\dfrac{11}{15}x$

② $b=800-60a$

③ $3a+4b<3000$

═ 解 説 ═

❶ (1) $13x-18x=(13-18)x$

$\qquad\qquad =-5x$

(2) $(4x-6)+(-9x-5)=4x-6-9x-5$

$\qquad\qquad\qquad =4x-9x-6-5$

$\qquad\qquad\qquad =(4-9)x-6-5$

$\qquad\qquad\qquad =-5x-11$

(3) $-5a-(-2a+1)=-5a+2a-1$

$\qquad\qquad\qquad =(-5+2)a-1$

$\qquad\qquad\qquad =-3a-1$

(4) $(4x-8)×\left(-\dfrac{1}{4}\right)=4x×\left(-\dfrac{1}{4}\right)-8×\left(-\dfrac{1}{4}\right)$

$\qquad\qquad\qquad =-x+2$

(5) $\left(\dfrac{5}{6}a+\dfrac{3}{4}\right)×12=\dfrac{5}{6}a×12+\dfrac{3}{4}×12$

$\qquad\qquad\qquad =10a+9$

(6) $(6x+30)÷(-3)=(6x+30)×\left(-\dfrac{1}{3}\right)$ ← わる数の逆数をかける。

$$= 6x \times \left(-\frac{1}{3}\right) + 30 \times \left(-\frac{1}{3}\right)$$
$$= -2x - 10$$

(7) $\underwavy{-16} \times \underwavy{\dfrac{1-2x}{8}} = (-2) \times (1-2x)$ ← -16 を 8 でわる。

$$= (-2) \times 1 + (-2) \times (-2x)$$
$$= -2 + 4x$$

(8) $\dfrac{3}{5}(20x-5) - \dfrac{1}{6}(18-12x)$

$$= \dfrac{3}{5} \times 20x + \dfrac{3}{5} \times (-5)$$
$$\quad + \left(-\dfrac{1}{6}\right) \times 18 + \left(-\dfrac{1}{6}\right) \times (-12x)$$
$$= 12x - 3 - 3 + 2x$$
$$= 12x + 2x - 3 - 3$$
$$= 14x - 6$$

❷ (1) $(2a-3) + (-6a+1)$
$$= 2a - 3 - 6a + 1$$
$$= -4a - 2$$
$\quad\ (2a-3) - (-6a+1)$
$$= 2a - 3 + 6a - 1$$
$$= 8a - 4$$

かっこの前に－があるときは，かっこの中のすべての項の符号が変わることに注意しよう！

(2) $(-8x-10) + (-7x+10)$
$$= -8x - 10 - 7x + 10$$
$$= -15x$$
$\quad\ (-8x-10) - (-7x+10)$
$$= -8x - 10 + 7x - 10$$
$$= -x - 20$$

❸ (1) $a+b$ は平行四辺形のとなり合う 2 つの辺の長さの和を表しているから，平行四辺形の周の長さは $2(a+b)$ と表される。

(2) （三角形の面積）＝（底辺）×（高さ）÷2 より，
$$a \times h \div 2 = \dfrac{ah}{2}$$

(3) （平行四辺形の面積）＝（底辺）×（高さ）より，
$$a \times h = ah$$

(4) （台形の面積）＝{（上底）＋（下底）}×（高さ）÷2
より，$(a+b) \times a \div 2 = \dfrac{a(a+b)}{2}$

❹ (1) $A-B = (3x-6) - (-x+2)$ ←（ ）をつけておきかえる。
$$= 3x - 6 + x - 2$$
$$= 3x + x - 6 - 2$$
$$= 4x - 8$$

(2) $-A+B = -(3x-6) + (-x+2)$
$$= -3x + 6 - x + 2$$

$$= -3x - x + 6 + 2$$
$$= -4x + 8$$

(3) $-3A - 8B = -3(3x-6) - 8(-x+2)$
$$= -9x + 18 + 8x - 16$$
$$= -9x + 8x + 18 - 16$$
$$= -x + 2$$

❺ 3 つの連続した整数の和は
$(n-1) + n + (n+1)$
$= n - 1 + n + n + 1 = n + n + n - 1 + 1 = 3n$
となり，この式は $3 \times n = 3 \times$（整数）を表すから，
3 の倍数になる。

❻ (1) （歩いた時間）＋（走った時間）＝y 時間 で，
10 分 $= \dfrac{10}{60}$ 時間 $= \dfrac{1}{6}$ 時間 より $x + \dfrac{1}{6} = y$

(2) $a\%$ は $\dfrac{a}{100}$ だから，

$$1000 \times \dfrac{a}{100} = b \text{ より } 10a = b$$

(3) （鉛筆の代金）＋（消しゴムの代金）＜600 円
鉛筆は 1 本 80 円，消しゴムは 1 個 100 円なので，$80x + 100 < 600$

(4) （今週の入場者数）≧5000 人
今週は先週より a 割増えたので，
今週の入場者数は $x + x \times \dfrac{a}{10} = x + \dfrac{ax}{10}$ （人）
よって，$x + \dfrac{ax}{10} \geqq 5000$

(5) （ケーキの代金）＞1000 円
（ケーキの代金）＝$x \times 3 + y \times 2 = 3x + 2y$
よって，$3x + 2y > 1000$

① (3) $\dfrac{3a+1}{4} - \dfrac{4a-7}{6} = \dfrac{3(3a+1) - 2(4a-7)}{12}$

$$= \dfrac{9a + 3 - 8a + 14}{12} = \dfrac{a+17}{12}$$

(4) $\dfrac{2}{3}(2x-3) - \dfrac{1}{5}(3x-10)$

$$= \dfrac{4}{3}x - 2 - \dfrac{3}{5}x + 2 = \dfrac{11}{15}x$$

② 毎分 60 m で a 分間歩いたときの道のりは
$60 \times a = 60a$ (m) だから，
残りの道のりは $(800 - 60a)$ m になる。

③ （入館料の合計）＜3000 で，
入館料の合計は $\underline{a \times 3} + \underline{b \times 4} = 3a + 4b$ になる。
大人 3 人分　子ども 4 人分
の入館料　　の入館料

p.42～43 ステージ❸

❶ (1) $5a-4b$　　(2) $-\dfrac{y}{7}$

　(3) $-\dfrac{m}{x-1}$　　(4) $-5abc^2$

❷ (1) 1　　(2) $-\dfrac{8}{5}$

　(3) $-\dfrac{1}{8}$

❸ (1) $8.x$　　(2) $-y$

　(3) $2a$　　(4) $-\dfrac{3}{4}m$

　(5) $-13x+5$　　(6) $-\dfrac{1}{12}x$

　(7) $-16x+6$　　(8) $-5m+15$

　(9) $18-9y$　　(10) $-y-1$

　(11) 0　　(12) $3y$

❹ (例) $-x+5y+3$

❺ (1) $\dfrac{a}{5}=b$　　(2) $100-3a\geqq b$

　(3) $\dfrac{4+m}{2}=n$　　(4) $80x\leqq y$

❻ ⑦ 右の図のように区切ると, 全体の個数は$(a+1)$個の2倍になる。

　① 右の図のように区切ると, 全体の個数は$(a-2)$個の2倍と3個ずつ2列分の和になる。

==== 解説 ====

❷ (1) $x=-1$ より $-x=1$ だから,

$(-x)^3=1^3=1\times1\times1=1$

　(2) $-\dfrac{x^2}{10}=-\dfrac{x\times x}{10}=-\dfrac{4\times4}{10}=-\dfrac{8}{5}$

　(3) $-\dfrac{1}{2}x^2=-\dfrac{1}{2}\times x\times x=-\dfrac{1}{2}\times\left(-\dfrac{1}{2}\right)\times\left(-\dfrac{1}{2}\right)$

$\qquad=-\left(\dfrac{1}{2}\times\dfrac{1}{2}\times\dfrac{1}{2}\right)=-\dfrac{1}{8}$

❸ (4) $\dfrac{m}{4}-m=\dfrac{1}{4}\times m-1\times m$

$\qquad=\left(\dfrac{1}{4}-1\right)\times m=-\dfrac{3}{4}m$

　(6) $\dfrac{x}{2}-\dfrac{x}{3}-\dfrac{x}{4}=\left(\dfrac{1}{2}-\dfrac{1}{3}-\dfrac{1}{4}\right)x$

$\qquad=\left(\dfrac{6}{12}-\dfrac{4}{12}-\dfrac{3}{12}\right)x=-\dfrac{1}{12}x$

　(7) $-8\left(2x-\dfrac{3}{4}\right)=(-8)\times2x+(-8)\times\left(-\dfrac{3}{4}\right)$

$\qquad=-16x+6$

　(8) $(12m-36)\times\left(-\dfrac{5}{12}\right)$

$\qquad=12m\times\left(-\dfrac{5}{12}\right)-36\times\left(-\dfrac{5}{12}\right)$

$\qquad=-5m+15$

　(9) $(-54+27y)\div(-3)$

$\qquad=(-54+27y)\times\left(-\dfrac{1}{3}\right)$

$\qquad=-54\times\left(-\dfrac{1}{3}\right)+27y\times\left(-\dfrac{1}{3}\right)$

$\qquad=18-9y$

　(10) $(y-6)+(5-2y)$

$\qquad=y-6+5-2y$

$\qquad=-y-1$

　(11) $(-3+8x)-(8x-3)$

$\qquad=-3+8x-8x+3$

$\qquad=0$

　(12) $6(3y-2)-3(5y-4)$

$\qquad=18y-12-15y+12$

$\qquad=3y$

❹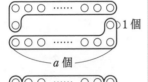

●…係数は -1 だから, $-x$, $-a$ など

▲…係数は 5 だから, $5y$, $5b$ など

❺ (1) 1 m あたりの値段を求めるためには, 全体の値段を長さでわればよいから,

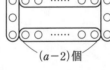

$a\div5=b$

$\dfrac{a}{5}=b$ 分数の形に書く。

　(2) 配った画用紙の枚数は $3\times a=3a$（枚）だから, 残った画用紙は $(100-3a)$ 枚になるので, これが b 枚以上であることを不等式に表せばよい。

　(3) 2つの数の平均を求めるには, その和を2でわればよいから,

$\dfrac{4+m}{2}=n$

　(4) 速さが分速で与えられているので, 1時間20分を80分になおして考える。

（歩いた道のり）$\leqq y$ という関係が成り立つ。

※（道のり）＝（速さ）×（時間）

2
章

3章 1次方程式

❶ $\dfrac{2}{3}$

❷ ㋑, ㋓, ㋔, ㋗

❸ (1) $x=10$ (2) $x=10$

(3) $x=5$ (4) $x=-2$

(5) $y=-11$ (6) $a=2$

(7) $x=\dfrac{1}{2}$ (8) $x=-4$

(9) $x=-\dfrac{1}{5}$ (10) $x=25$

(11) $x=-81$ (12) $x=\dfrac{1}{4}$

解説

❶ x が $\dfrac{2}{3}$ のとき,

（左辺）$=6\times\dfrac{2}{3}-1=3$, （右辺）$=3$

よって,（左辺）＝（右辺）となるから,

$\dfrac{2}{3}$ は方程式 $6x-1=3$ の解である。

❷ x に 4 を代入して, 左辺の値と右辺の値が等しくなっている方程式を見つける。

	左辺の値	右辺の値
㋐	$4-6=-2$	2
㋑	$-5\times4=-20$	-20
㋒	$2\times4+1=9$	-7
㋓	$10-3\times4=-2$	-2
㋔	$8+2\times4=16$	$4+12=16$
㋕	$4\times(-4+2)=-8$	-24
㋖	$0.5\times4-2=0$	$1.5\times4=6$
㋗	$\dfrac{1}{4}\times4-5=-4$	$-\dfrac{3}{4}\times4-1=-4$

よって,（左辺）＝（右辺）が成り立っているのは,
㋑, ㋓, ㋔, ㋗

❸ 等式の性質を使って, 方程式を解く。

(1) $x-2=8$

$x-2+2=8+2$

$x=10$

> 等式の性質 $A=B$ ならば
> $A+C=B+C$

(2) $-9+x=1$

$-9+x+9=1+9$

$x=10$

(3) $x+7=12$

$x+7-7=12-7$

$x=5$

> 等式の性質 $A=B$ ならば
> $A-C=B-C$

(4) $x+5=3$

$x+5-5=3-5$

$x=-2$

> 左辺を文字をふくむ項だけにするね。

(5) $y+1=-10$

$y+1-1=-10-1$

$y=-11$

(6) $3a=6$

$\dfrac{3a}{3}=\dfrac{6}{3}$

$a=2$

> 等式の性質 $A=B$ ならば
> $\dfrac{A}{C}=\dfrac{B}{C}$ $(C\neq0)$

(7) $10x=5$

$\dfrac{10x}{10}=\dfrac{5}{10}$ ← 両辺に 10 の逆数 $\dfrac{1}{10}$ をかけているともいえる。

$x=\dfrac{1}{2}$

(8) $-12x=48$

$\dfrac{-12x}{-12}=\dfrac{48}{-12}$

$x=-4$

(9) $-35x=7$

$\dfrac{-35x}{-35}=\dfrac{7}{-35}$

$x=-\dfrac{1}{5}$

(10) $\dfrac{1}{5}x=5$

$\dfrac{1}{5}x\times5=5\times5$

$x=25$

> 等式の性質 $A=B$ ならば
> $AC=BC$

(11) $\dfrac{x}{3}=-27$

$\dfrac{x}{3}\times3=-27\times3$

$x=-81$

(12) $\dfrac{2}{5}x=\dfrac{1}{10}$

$\dfrac{2}{5}x\div\dfrac{2}{5}=\dfrac{1}{10}\div\dfrac{2}{5}$

$\dfrac{2}{5}x\times\dfrac{5}{2}=\dfrac{1}{10}\times\dfrac{5}{2}$

$x=\dfrac{1}{4}$

> 両辺を $\dfrac{2}{5}$ でわることは,
> 両辺に $\dfrac{2}{5}$ の逆数 $\dfrac{5}{2}$ を
> かけることと同じである。

p.46〜47 ステージ**1**

❶ (1) $x=-3$ (2) $x=12$

　(3) $x=4$ (4) $x=2$

　(5) $x=5$ (6) $x=10$

　(7) $x=\dfrac{1}{2}$ (8) $x=4$

　(9) $x=11$ (10) $x=4$

　(11) $x=-6$ (12) $x=-1$

❷ (1) $x=3$ (2) $x=1$

　(3) $x=10$ (4) $x=4$

　(5) $x=\dfrac{1}{9}$ (6) $x=4$

━━━━ 解 説 ━━━━

❶ 移項を利用して，方程式を解く。

(1) $x+5=2$
$x=2-5$
$x=-3$
+5 を移項すると，
−5 になる。

(2) $x-9=3$
$x=3+9$
$x=12$
−9 を移項すると，
+9 になる。

(3) $3x-8=4$
$3x=4+8$
$3x=12$
$x=4$
−8 を移項すると，
+8 になる。

(5) $4x=-3x+35$
$4x+3x=35$
$7x=35$
$x=5$
−3x を移項すると，
+3x になる。

(6) $6x=7x-10$
$6x-7x=-10$
$-x=-10$
$x=10$
7x を移項すると，
−7x になる。

(9) $2x-9=x+2$
$2x-x=2+9$
$x=11$

(10) $3x+4=-2x+24$
$3x+2x=24-4$
$5x=20$
$x=4$

(11) $-4x+2=-6x-10$
$-4x+6x=-10-2$
$2x=-12$
$x=-6$

移項をすると，符号が変わることに気をつけよう。

(12) $8-5x=-x+12$
$-5x+x=12-8$
$-4x=4$
$x=-1$

ポイント

方程式を解く手順
① x をふくむ項を左辺に，数の項を右辺に移項する。
② $ax=b$ の形に整理する。
③ 両辺を x の係数 a でわる。

❷ (1)〜(3) かっこのある方程式は，かっこをはずしてから解く。

(1) $3(x-2)+4=7$
$3x-6+4=7$ }（　）をはずす。
$3x=7+6-4$
$3x=9$
$x=3$

(2) $4x+6=-5(x-3)$
$4x+6=-5x+15$ }（　）をはずす。
符号に注意する。
$4x+5x=15-6$
$9x=9$
$x=1$

(3) $7-(2x-5)=-4(x-8)$
$7-2x+5=-4x+32$ }（　）をはずす。
符号に注意する。
$-2x+4x=32-7-5$
$2x=20$
$x=10$

(4)〜(6) 係数に小数をふくむ方程式では，両辺に 10 や 100 などをかけて，係数を整数にしてから解く。

(4) $1.5x-0.3=0.9x+2.1$
$15x-3=9x+21$ }両辺に 10 をかける。
$6x=24$
$x=4$

(5) $0.27x+0.07=0.9x$
$27x+7=90x$ }両辺に 100 をかける。
$-63x=-7$
$x=\dfrac{1}{9}$

(6) $0.2(x-2)+1.6=2$
$2(x-2)+16=20$ }両辺に 10 をかける。
$2x-4+16=20$ }（　）をはずす。
$2x=8$
$x=4$

3 章

❶ (1) $x=-12$　　(2) $x=-4$

(3) $x=20$　　(4) $x=4$

(5) $x=-9$　　(6) $x=-7$

(7) $x=-26$　　(8) $x=4$

(9) $x=3$　　(10) $x=\dfrac{7}{10}$

❷ (1) $x=12$　　(2) $x=6$

(3) $x=\dfrac{10}{3}$　　(4) $x=49$

(5) $x=28$　　(6) $x=9$

(7) $x=24$　　(8) $x=7$

■ 解　説 ■

❶ 係数に分数をふくむ方程式では，分母の公倍数を両辺にかけて，分母をはらう。このとき，分母の最小公倍数を使うと計算が簡単になる。

(1) $\dfrac{1}{6}x-2=\dfrac{1}{3}x$　　）両辺に 6 をかける。

$x-12=2x$

$-x=12$

$x=-12$

(2) $\dfrac{x}{2}-\dfrac{1}{6}=\dfrac{x}{6}-\dfrac{3}{2}$　　）両辺に 6 をかける。

$3x-1=x-9$

$2x=-8$

$x=-4$

(4) $\dfrac{x}{4}-\dfrac{2}{3}=1-\dfrac{x}{6}$

$3x-8=12-2x$　　）両辺に 12 をかける。

$5x=20$

$x=4$

(5) $\dfrac{x-3}{4}=\dfrac{1}{3}x$　　）両辺に 12 をかける。

$(x-3)\times3=4x$

$3x-9=4x$

$-x=9$

$x=-9$

> 左辺の計算は
> 次のようになる。
> $\dfrac{x-3}{\underset{1}{4}}\times\overset{3}{12}=(x-3)\times3$

(7) $\dfrac{x-8}{4}=\dfrac{2x+1}{6}$　　）両辺に 12 をかける。

$(x-8)\times3=(2x+1)\times2$

$3x-24=4x+2$

$-x=26$

$x=-26$

(8) $\dfrac{-x+6}{2}=x-3$　　）両辺に 2 をかける。

$-x+6=(x-3)\times2$

$-x+6=2x-6$

$-3x=-12$

$x=4$

(9) $\dfrac{1}{3}(x-2)=\dfrac{1}{9}(2x-3)$　　）両辺に 9 をかける。

$3(x-2)=2x-3$

$3x-6=2x-3$

$x=3$

(10) $\dfrac{3}{10}(2x-1)=\dfrac{2}{5}(1-x)$　　）両辺に 10 をかける。

$3(2x-1)=4(1-x)$

$6x-3=4-4x$

$10x=7$

$x=\dfrac{7}{10}$

❷ 比例式の性質を利用して，方程式をつくる。

(1) $x:15=4:5$

$x\times5=15\times4$

$5x=60$

$x=12$

> **比例式の性質**
> $\overset{\frown{ad}}{a:b=c:d}$
> $\underset{\smile{bc}}{}$
> のとき $ad=bc$

(3) $x:5=2:3$

$x\times3=5\times2$

$3x=10$

$x=\dfrac{10}{3}$

(4) $4:7=28:x$

$4\times x=7\times28$

$4x=196$

$x=49$

(5) $6:x=3:14$

$6\times14=x\times3$

$84=3x$　　）等式の性質 $A=B$ ならば $B=A$

$3x=84$

$x=28$

(6) $4:(x+3)=5:15$

$4\times15=(x+3)\times5$

$60=5x+15$

$-5x=-45$

$x=9$

(8) $(x-1):3=2x:7$

$(x-1)\times7=3\times2x$

$7x-7=6x$

$x=7$

❶ ⑦, ⑦

❷ (1) $x=-\dfrac{1}{2}$　　(2) $x=-\dfrac{7}{4}$

　 (3) $x=\dfrac{3}{4}$　　(4) $x=0$

　 (5) $x=7$　　(6) $x=6$

　 (7) $x=2$　　(8) $x=\dfrac{9}{5}$

　 (9) $x=-2$　　(10) $x=\dfrac{1}{3}$

❸ (1) $x=8$　　(2) $x=\dfrac{21}{5}$

　 (3) $x=1$

❹ 両辺を8でわる。

　 両辺に $\dfrac{1}{8}$ をかける。

❺ (1) ① ⑦, $C\cdots2x$ (または ⑦, $C\cdots-2x$)

　　 ② ⑨, $C\cdots3$ $\left(\text{または ⑨, } C\cdots\dfrac{1}{3}\right)$

　 (2) ① ⑦, $C\cdots1$ (または ⑦, $C\cdots-1$)

　　 ② ⑨, $C\cdots-\dfrac{4}{3}$ $\left(\text{または ⑨, } C\cdots-\dfrac{3}{4}\right)$

❻ (1) $a=5$　　(2) $a=1$

　 (3) **40**

● ● ● ● ● ●

① (1) $x=4$　　(2) $x=3$

② $x=10$

③ $a=19$

━━━━━ 解 説 ━━━━━

❶ x に -3 を代入して，左辺の値と右辺の値が等しくなっている方程式を見つける。

	左辺の値	右辺の値
⑦	$3\times(-3)-4=-13$	$5\times(-3)+2=-13$
⑦	$11\times(-3)-6=-39$	$-9+2\times(-3)=-15$
⑨	$-7\times(-3-5)=56$	$8\times\{1-2\times(-3)\}=56$
⑨	$\dfrac{-3}{6}-2=-\dfrac{5}{2}$	$-3-\dfrac{9}{2}=-\dfrac{15}{2}$

❷ (1) $4x+2=0$

　　　　 $4x=-2$

　　　　 $x=-\dfrac{1}{2}$ ⟩ 両辺を4でわる。

　 (2) $-\dfrac{2}{3}x=\dfrac{7}{6}$

　 $-\dfrac{2}{3}x\times\left(-\dfrac{3}{2}\right)=\dfrac{7}{6}\times\left(-\dfrac{3}{2}\right)$

　　　　　　　 $x=-\dfrac{7}{4}$

　 (3) $3x-2=-x+1$

　　　　 $4x=3$

　　　　 $x=\dfrac{3}{4}$

　 (4) $11x-7=-10x-7$

　　　　 $21x=0$

　　　　 $x=0$ ← 方程式の解が0になることもある。

　 (5) $2(2x-5)-(x+9)=2$ ⟩ まず，( )をはずす。

　　　　 $4x-10-x-9=2$

　　　　　　　　 $3x=21$

　　　　　　　　 $x=7$

　 (6) $0.3(2-x)=0.4(9-2x)$ ⟩ 両辺に10をかける。

　　　　 $3(2-x)=4(9-2x)$ ⟩ ( )をはずす。

　　　　 $6-3x=36-8x$

　　　　　 $5x=30$

　　　　　 $x=6$

ミス注意! 両辺に10をかけても，かっこの中は変わらない。

　 (7) $0.05x-0.3=0.4x-1$ ⟩ 両辺に100をかける。

　　　　 $5x-30=40x-100$

　　　　 $-35x=-70$

　　　　　 $x=2$

ミス注意! $0.05\times100=5$, $-0.3\times100=-30$, $0.4\times100=40$, $-1\times100=-100$

　 (8) $\dfrac{x-1}{2}+\dfrac{x}{3}=1$ ⟩ 両辺に6をかける。

　　 $\dfrac{x-1}{2}\times6+\dfrac{x}{3}\times6=1\times6$

　　 $(x-1)\times3+x\times2=6$ ⟩ ( )をはずす。

　　　　 $3x-3+2x=6$

　　　　　　 $5x=9$

　　　　　　 $x=\dfrac{9}{5}$

　 (9) $\dfrac{8}{3}(x+1)-\dfrac{x}{2}=-\dfrac{5}{3}$ ⟩ 両辺に6をかける。

　 $\dfrac{8}{3}(x+1)\times6-\dfrac{x}{2}\times6=-\dfrac{5}{3}\times6$

　　 $16(x+1)-3x=-10$ ⟩ ( )をはずす。

　　 $16x+16-3x=-10$

　　　　 $13x=-26$

　　　　　 $x=-2$

(10)
$$2.7x - \frac{3}{2} = \frac{3x-4}{5}$$

$$2.7x \times 10 - \frac{3}{2} \times 10 = \frac{3x-4}{5} \times 10$$

両辺に 10 をかける。

$$27x - 15 = 2(3x-4)$$
$$27x - 15 = 6x - 8$$

( )をはずす。

$$21x = 7$$

$$x = \frac{1}{3}$$

ミス注意! 両辺に数をかけるときは，すべての項にかける。かけ忘れのないように気をつけよう。

❸ (1) $x : 18 = 4 : 9$
$$x \times 9 = 18 \times 4$$
$$9x = 72$$
$$x = 8$$

外側の項の積と内側の項の積は等しくなるね。

(2) $9 : x = 15 : 7$
$$9 \times 7 = x \times 15$$
$$63 = 15x$$
$$15x = 63$$
$$x = \frac{21}{5}$$

(3) $8 : (x+5) = 4 : 3$
$$8 \times 3 = (x+5) \times 4$$
$$24 = 4x + 20$$
$$-4x = -4$$
$$x = 1$$

❹ ① 両辺を 8 でわる。
$$\frac{8x}{8} = \frac{20}{8}$$
$$x = \frac{5}{2}$$

② 両辺に $\frac{1}{8}$ をかける。
$$8x \times \frac{1}{8} = 20 \times \frac{1}{8}$$
$$x = \frac{5}{2}$$

どちらの方法でも解は同じになる。

❺ (1) ① 両辺から $2x$ をひいている。
（両辺に $-2x$ をたしている。）
② 両辺を 3 でわっている。
（両辺に $\frac{1}{3}$ をかけている。）

(2) ① 両辺に 1 をたしている。
（両辺から -1 をひいている。）
② 両辺に $-\frac{4}{3}$ をかけている。
（両辺を $-\frac{3}{4}$ でわっている。）

❻ (1) $7 - 2x = 5$ を解くと，$x = 1$
$a - 3x = 2x$ の x に 1 を代入すると，
$a - 3 \times 1 = 2 \times 1$ より $a = 5$

(2) -2 が解だから，
方程式の x に -2 を代入すると，
方程式が成り立つ。
$$4 \times (-2) + 1 = 6 \times (-2) + 5a$$
$$-8 + 1 = -12 + 5a$$
$$-5a = -5$$
$$a = 1$$

(3)
$$x + 2 = \frac{x-4}{3}$$

$$(x+2) \times 3 = \frac{x-4}{3} \times 3$$

両辺に 3 をかける。

$$3(x+2) = x-4$$
$$3x + 6 = x - 4$$

( )をはずす。

$$2x = -10$$
$$x = -5$$

$x^2 - 3x$ の x に -5 を代入すると，
$$x^2 - 3x = (-5)^2 - 3 \times (-5)$$
$$= 25 + 15 = 40$$

① (1) $3x - 5 = x + 3$
$$2x = 8$$
$$x = 4$$

(2)
$$\frac{2x+9}{5} = x$$

$$2x + 9 = 5x$$

両辺に 5 をかける。

$$-3x = -9$$
$$x = 3$$

② $x : 6 = 5 : 3$
$$x \times 3 = 6 \times 5$$
$$3x = 30$$
$$x = 10$$

比例式の性質
$a : b = c : d$ のとき $ad = bc$

③ $2x + a = 13 + 4x$ に $x = 3$ を代入すると，
$$2 \times 3 + a = 13 + 4 \times 3$$
$$6 + a = 13 + 12$$
$$a = 19$$

p.52〜53 ◆━ステージ**1**

❶　-2

❷　(1)　160 円

　　(2)　100 円

　　(3)　プリン…7 個，シュークリーム…5 個

　　(4)　320 円

❸　(1)　20 枚

　　(2)　600 円

━━━━━▶ 解説 ◀━━━━━

❶ **ミス注意！** 最初に，何を x とするか書いてから，問題を解いていく。

ある数を x とする。

$$\left.\begin{array}{l} 3\ \text{をひいた数の2倍} \rightarrow (x-3)\times 2 \\ 4\ \text{倍して2をひいた数} \rightarrow x\times 4-2 \end{array}\right\} \text{等しい}$$

$2(x-3)=4x-2$　◀━ 等号で結んで方程式をつくる。

$2x-6=4x-2$

$-2x=4$

$x=-2$

ある数を -2 とすると，$(-2-3)\times 2=-10$，$(-2)\times 4-2=-10$ となり問題に適している。

❷ (1)　りんご 1 個の値段を x 円とする。

（りんご 12 個の代金）+（箱代）=2000 円より

$12x+80=2000$

$12x=1920$

$x=160$

りんご 1 個の値段を 160 円とすると，代金の合計は 2000 円となり問題に適している。

(2)　<u>A のノート 1 冊の値段を x 円</u>とすると，それより 50 円高い <u>B のノート 1 冊の値段は $(x+50)$ 円</u>になる。◀━ x 円より 50 円高い。

（A のノート 3 冊の代金）

　+（B のノート 2 冊の代金）=600 円より

$3x+2(x+50)=600$

$3x+2x+100=600$

$5x=500$

$x=100$

A のノート 1 冊の値段を 100 円とすると，B のノート 1 冊の値段は 150 円だから，代金の合計は 600 円となり問題に適している。

(3)　<u>プリンを x 個買った</u>とすると，<u>シュークリームは $(12-x)$ 個買った</u>ことになる。◀━ あわせて 12 個

（プリンの代金）

　+（シュークリームの代金）=1300 円より，

$100x+120(12-x)=1300$

$100x+1440-120x=1300$

$-20x=-140$

$x=7$

プリンを 7 個買ったとすると，シュークリームは 5 個買ったことになるから，代金の合計は 1300 円となり問題に適している。

(4)　<u>大人（おとな）の入園料を x 円</u>とすると，それより 160 円安い<u>中学生の入園料は $(x-160)$ 円</u>になる。

　　大人が 160 円高い → 中学生が 160 円安い

（大人 2 人の入園料）+（中学生 3 人の入園料）

=1120 円より　$2x+3(x-160)=1120$

$2x+3x-480=1120$

$5x=1600$

$x=320$

大人の入園料を 320 円とすると，それより 160 円安い中学生の入園料は 160 円だから，入園料の合計は 1120 円となり問題に適している。

❸ (1)　クッキーを x 枚増やしたとする。

A の箱に入っているクッキー → $(8+x)$ 枚

B の箱に入っているクッキー → $(36+x)$ 枚

（A の箱の枚数）$\times 2$ =（B の箱の枚数）より

$2(8+x)=36+x$

$16+2x=36+x$

$x=20$

それぞれ 20 枚ずつ増やすと，A の箱には 28 枚，B の箱には 56 枚のクッキーが入るから，問題に適している。

(2)　弟が兄から x 円もらったとする。

兄の所持金 → $(4200-x)$ 円

弟の所持金 → $(600+x)$ 円

（兄の所持金）=（弟の所持金）$\times 3$ より

$4200-x=3(600+x)$

$4200-x=1800+3x$

$-4x=-2400$

$x=600$

弟が兄から 600 円もらうと，兄の所持金は 3600 円，弟の所持金は 1200 円になるから，問題に適している。

ポイント

求めた解が問題に適しているか，必ず確かめるようにしよう。

❶ (1) 鉛筆1本…40円

最初に持っていた金額…210円

(2) 子ども…5人

色紙…23枚

❷ (1) 9時12分

(2) 1408 m

❸ (1) $\dfrac{x}{40}=\dfrac{x}{60}+50$

(2) 6000 m

■■■■■■ 解説 ■■■■■■

❶ (1) 鉛筆1本の値段をx円とする。

最初に持っていた金額は,

6本買うと30円足りない → $(6x-30)$円

5本買うと10円余る → $(5x+10)$円

の2通りの式で表されるから,

$6x-30=5x+10$

この方程式を解くと, $x=40$

持っていた金額は $6×40-30=210$ より 210円

鉛筆1本が40円で, 最初に持っていた金額が

210円であるとすると, 問題に適している。

(2) 子どもの人数をx人とする。

色紙の枚数は,

3枚ずつ配ると8枚余る → $(3x+8)$枚

5枚ずつ配ると2枚不足する → $(5x-2)$枚

の2通りの式で表されるから,

$3x+8=5x-2$

この方程式を解くと, $x=5$

色紙の枚数は $3×5+8=23$ より 23枚

子どもの人数が5人で, 色紙の枚数が23枚で

あるとすると, 問題に適している。

別解 色紙の枚数をx枚として, 子どもの人数

を2通りの式で表して方程式をつくると,

$\dfrac{x-8}{3}=\dfrac{x+2}{5}$

$5(x-8)=3(x+2)$ より $x=23$

子どもの人数は $\dfrac{23-8}{3}=5$（人）

ポイント

方程式をつくるには, 等しい関係にある数量を見つ

け, それを2通りの式で表すとよい。

❷ (1) 弟が家を出発してからx分後に兄に追いつ

くとして, 問題にふくまれる数量を表に整理す

ると, 次の表のようになる。

	速さ (m/min)	時間 (分)	道のり (m)
兄	44	$10+x$	$44(10+x)$
弟	64	x	$64x$

2人が進んだ道のりが等しくなれば, 追いつく

ことになるので, 表から方程式をつくると,

$44(10+x)=64x$

$440+44x=64x$

$-20x=-440$

$x=22$

22分後に追いついたとすると, 2人が進んだ道

のりは等しいので, 問題に適している。

8時50分+22分=9時12分

ミス注意! 兄は弟より10分早く家を出発して

いるから, 弟が家を出発してからx分後には

兄は$(10+x)$分進んでいる。

(2) 家から図書館までの道のりは, 弟が分速64m

で22分間歩いた道のりに等しいから,

$64×22=1408$（m） ← （道のり）=（速さ）×（時間）

ポイント

家から図書館までの道のりが, たとえば1200mの

ときは, 2人が進んだ道のりはともに1408mで, 家

と図書館の道のりより長いから, 問題に適していな

い。したがって, 弟は兄に追いつけない。このよう

な場合があるので, 方程式の解がその問題に適して

いるか調べる必要がある。

❸ (1) ふもとから山頂までの道のりをx mとす

るので,

登りにかかった時間 → $\dfrac{x}{40}$ 分

下りにかかった時間 → $\dfrac{x}{60}$ 分

（登りにかかった時間）

=（下りにかかった時間）+50分 より,

$\dfrac{x}{40}=\dfrac{x}{60}+50$ ← 単位を「分」にそろえる。

(2) (1)でつくった方程式の両辺に120をかけると,

$3x=2x+6000$

$x=6000$

ふもとから山頂までの道のりを6000mとする

と, 登りにかかる時間は150分,

下りにかかる時間は100分

で, 問題に適している。

p.56～57 ■**ステージ2**

❶ (1)　4個　　　　　　　(2)　900円
　　(3)　12人　　　　　　(4)　8 km

❷ (1)　もとの数 … $40+x$
　　　　入れかえた数 … $10x+4$
　　(2)　方程式 … $10x+4=(40+x)+18$
　　　　もとの自然数 … 46

❸ 105人

❹ A … 750円　　　　　　B … 1650円
　　C … 1200円

❺ 420円

❻ 80人

　　　　● ● ● ● ● ●

① 800円

② 12個

③ 14個

■**解説**■

❶ (1)　りんごの個数を x 個とすると，みかんの個
　　　数は $(x+2)$ 個と表される。
　　　　　↑りんごより2個多い。
　　　（みかんの代金）＋（りんごの代金）＝1040円より
　　　$80(x+2)+140x=1040$
　　　この方程式を解くと，$x=4$
　　　りんごの個数4個は，問題に適している。
　(2)　姉が最初に持っていた金額を x 円とすると，
　　　弟が最初に持っていた金額は $(1400-x)$ 円と
　　　表される。
　　　　（姉の残金）＝（弟の残金）×2 より
　　　　$x-380=(1400-x-240)\times2$
　　　この方程式を解くと，$x=900$
　　　姉が最初に持っていた金額900円は，問題に適
　　　している。
　(3)　子どもの人数を x 人とすると，鉛筆の本数は
　　　8本ずつ配ると14本足りない → $(8x-14)$ 本
　　　7本ずつ配ると2本足りない → $(7x-2)$ 本
　　　の2通りの式で表されるから，
　　　$8x-14=7x-2$
　　　この方程式を解くと，$x=12$
　　　子どもの人数12人は，問題に適している。
　　　別解　鉛筆の本数を x 本として，子どもの人数
　　　　を2通りの式で表して方程式をつくると，
　　　　$\dfrac{x+14}{8}=\dfrac{x+2}{7}$

　　　この方程式を解くと，$x=82$
　　　子どもの人数は $\dfrac{82+14}{8}=12$（人）

　(4)　行きにかかった時間 → $\dfrac{x}{12}$ 時間

　　　帰りにかかった時間 → $\dfrac{x}{4}$ 時間

　　　2時間40分$=2\dfrac{40}{60}$ 時間$=\dfrac{8}{3}$ 時間 より

　　　$\dfrac{x}{12}+\dfrac{x}{4}=\dfrac{8}{3}$

　　　この方程式を解くと，$x=8$
　　　道のり8 km は，問題に適している。

ポイント

問題の意味をよく考え，何を x で表すか決めよう。

❷ (1)　もとの数は十の位の数が 4，一の位の数が
　　　x だから，$10\times4+x=40+x$
　　　もとの数の十の位の数と一の位の数を入れかえ
　　　た数は $10\times x+4=10x+4$
　(2)　入れかえた数はもとの数より18大きくなる
　　　から，方程式は $10x+4=(40+x)+18$
　　　この方程式を解くと，$x=6$
　　　よって，もとの自然数は $40+6=46$
　　　46は問題に適している。
　　　ミス注意　方程式の解 $x=6$ を答えとしない。
　　　　答えるのは，もとの数である。

❸ 部屋の数を x 室とする。1室を6人ずつにする
　と，最後の1室は3人になるので，
　6人の部屋が $(x-1)$ 室だから，
　生徒の人数は $\{6(x-1)+3\}$ 人と表される。
　また，1室の人数を1人増やして7人にすると，
　3室余るから，使う部屋の数は $(x-3)$ 室で，
　生徒の人数は $7(x-3)$ 人と表される。
　よって，$6(x-1)+3=7(x-3)$
　この方程式を解くと，$x=18$
　生徒の人数は，$6\times(18-1)+3=105$（人）
　生徒の人数105人は，問題に適している。
　別解　生徒の人数を x 人として解くこともできる。
　　6人ずつの部屋にすると最後の部屋が3人にな

　　るから，部屋の数は $\dfrac{x+3}{6}$ 室と表される。

　　また，7人ずつの部屋にすると3室余るので，

　　部屋の数は $\left(\dfrac{x}{7}+3\right)$ 室と表されるから，

$\dfrac{x+3}{6}=\dfrac{x}{7}+3$ より，$x=105$

④ Bを x 円とすると，A は $\left(\dfrac{1}{3}x+200\right)$ 円

C は $\left\{2\left(\dfrac{1}{3}x+200\right)-300\right\}$ 円 より，

$\left(\dfrac{1}{3}x+200\right)+x+\left\{2\left(\dfrac{1}{3}x+200\right)-300\right\}=3600$

この方程式を解くと，$x=1650$

A は $\dfrac{1}{3}\times1650+200=750$（円）

C は $750\times2-300=1200$（円）

これらは問題に適している。

⑤ 姉：妹＝7：5 より全体は 7＋5＝12 と考えれば
よいから，姉の出す金額を x 円とすると，

$x:720=7:12$ より $x=420$

姉の出す金額 420 円は，問題に適している。

別解 姉の出す金額を x 円とすると，
妹の出す金額は $(720-x)$ 円と表される。
$x:(720-x)=7:5$ より $x=420$

⑥ 1 年生と 2 年生の人数の合計は

$300\times\left(1-\dfrac{2}{5}\right)=180$（人）

1 年生の人数を x 人とすると，
1 年生と 2 年生の人数の比が 4：5 だから，
$x:180=4:(4+5)$ より $x=80$
1 年生 80 人は，問題に適している。

別解 1 年生の人数を x 人とすると，
2 年生の人数は $(180-x)$ 人と表されるから，
1 年生と 2 年生の人数の比が 4：5 より
比例式を $x:(180-x)=4:5$ としてもよい。

① ハンカチ 1 枚の定価を x 円とすると，
3 割引きの金額は
$x\times(1-0.3)=0.7x$（円）だから，
$2000-0.7x\times2=880$ より $x=800$
ハンカチ 1 枚の定価 800 円は，問題に適している。

② B の箱から取り出した白玉を x 個とすると，
A の箱から取り出した赤玉は $2x$ 個になるから，
$(45-2x):(27-x)=7:5$ より $x=12$
白玉 12 個は，問題に適している。

③ ゼリーを x 個買ったとすると，
プリンは $(24-x)$ 個買ったことになるから，
$100+80x+120(24-x)=2420$ より $x=14$
ゼリー 14 個は，問題に適している。

---

p.58〜59 ステージ3

❶ ㋐，㋔

❷ (1) $x=-9$　(2) $x=-4$
(3) $x=\dfrac{1}{9}$　(4) $x=-16$
(5) $x=5$　(6) $x=-9$

❸ (1) $x=3$　(2) $x=-1$
(3) $x=-5$　(4) $x=2$
(5) $x=21$　(6) $x=5$

❹ (1) $x=4$　(2) $x=30$

❺ $a=25$

❻ $a=1$

❼ 縦 … 7 cm　横 … 12 cm

❽ 人数 … 10 人　画用紙 … 48 枚

❾ 1 時間 12 分

❿ 80 人

⓫ 1.8 m

解説

❸ (1) $3(x-1)=-x+9$ （ ）をはずす。
$3x-3=-x+9$
$4x=12$
$x=3$

(2) $x-4=5(2x+1)$ （ ）をはずす。
$x-4=10x+5$
$-9x=9$
$x=-1$

(3) $1.3x+2=-0.3(x+20)$ 両辺に 10 をかける。
$13x+20=-3(x+20)$ （ ）をはずす。
$13x+20=-3x-60$
$16x=-80$
$x=-5$

(4) $0.5-0.2x=0.05x$ 両辺に 100 をかける。
$50-20x=5x$
$-25x=-50$
$x=2$

(5) $\dfrac{1}{3}x=\dfrac{1}{7}x+4$ 両辺に 21 をかける。
$7x=3x+84$
$4x=84$
$x=21$

(6) $\dfrac{-x+8}{6}=\dfrac{x-4}{2}$ 両辺に 6 をかける。
$-x+8=(x-4)\times3$

$$-x+8=3x-12$$
$$-4x=-20$$
$$x=5$$

4 比例式の性質を使って解く。

(1) $x:18=2:9$
$$x\times9=18\times2$$
$$9x=36$$
$$x=4$$

(2) $(x-2):32=7:8$
$$(x-2)\times8=32\times7$$
$$8x-16=224$$
$$8x=240$$
$$x=30$$

5 解が $x=-2$ だから，x に -2 を代入すると，
$$5\times(-2)-9=-3\times(-2)-a$$
$$-10-9=6-a \longleftarrow a についての方程式$$
$$a=6+10+9$$
$$a=25$$

得点アップのコツ
x についての方程式の解が $x=○$ であるときは，x に○を代入すると方程式は成り立つ。

6 方程式 $\dfrac{6}{5}x=x+1$ の解は，両辺に 5 をかけて，
$$\dfrac{6}{5}x\times5=(x+1)\times5$$
$$6x=5x+5$$
$$x=5$$
よって，方程式 $2x-\dfrac{-x+a}{4}=11$ の解も $x=5$ になるから，x に 5 を代入すると，
$$2\times5-\dfrac{-5+a}{4}=11$$
$$10-\dfrac{-5+a}{4}=11 \quad\Big\}\,両辺に4をかける。$$
$$40-(-5+a)=44$$
$$40+5-a=44$$
$$-a=-1$$
$$a=1$$

7 縦の長さを $x\,cm$ とすると，
横の長さは $\underline{(x+5)\,cm}$
縦の方が5cm短い。つまり，横の方が5cm長い。
(縦の長さと横の長さの和)×2＝(周の長さ) より
$$(x+x+5)\times2=38$$
この方程式を解くと，$x=7$

縦の長さが 7 cm より，横の長さは $7+5=12\,(cm)$
これらは問題に適している。

8 班の人数を x 人とすると，
画用紙の枚数は
5 枚ずつ配ると 2 枚足りない → $(5x-2)$ 枚
4 枚ずつ配ると 8 枚余る → $(4x+8)$ 枚
の 2 通りの式で表されるから，
$$5x-2=4x+8$$
この方程式を解くと，$x=10$
班の人数は 10 人
画用紙の枚数は，$5\times10-2=48\,(枚)$
1 班が 10 人で，画用紙が 48 枚であるとすると，問題に適している。

9 2 人が出会うまでの時間を x 時間とする。
(兄が進んだ道のり)＋(弟が進んだ道のり)＝$12\,km$
より，$\underline{6x}+\underline{4x}=12$
(道のり)＝(速さ)×(時間)
$$10x=12$$
$$x=\dfrac{6}{5}=1\dfrac{1}{5}$$
$1\dfrac{1}{5}$ 時間は 1 時間 12 分
出会うまでの時間を 1 時間 12 分とすると，問題に適している。

10 女子の人数を x 人とすると，
男子の人数は $\underline{(x+20)\,人}$ ← 女子より20人多い。
1 年生全体の人数は $(x+20+x)$ 人と表される。
めがねをかけている人の割合から方程式をつくると，
$$(x+20)\times\dfrac{31}{100}+x\times\dfrac{40}{100}=(x+20+x)\times\dfrac{35}{100}$$
両辺に 100 をかけると，
$$31(x+20)+40x=35(2x+20)$$
この方程式を解くと，$x=80$
女子の人数を 80 人とすると，問題に適している。

11 姉のリボンの長さを $x\,m$ とする。
姉と妹のリボンの長さの比が 9：7 だから，
全体は $9+7=16$ になるので，
$$x:3.2=9:16$$
この比例式を解くと，$x=1.8$
姉のリボンを 1.8 m とすると，問題に適している。
別解 姉のリボンの長さを $x\,m$ とすると，妹のリボンの長さは $(3.2-x)\,m$ と表されるので，比例式を $x:(3.2-x)=9:7$ としてもよい。

4章 比例と反比例

❶ (1) ① 84　　② 78　　③ 72
　　(2) いえる。

❷ (1) $x>4$　　　(2) $-8\leqq x<-1$

❸ (1) 400 m
　　(2) $y=80x$
　　(3) いえる。
　　(4) 2倍，3倍，4倍，… になる。

❹ (1) ① 6　　② 4　　③ 2
　　　④ 0　　⑤ -2　　⑥ -4
　　　⑦ -6
　　(2) -2

━━━ 解 説 ━━━

❶ (1) ① $90-6=84$
　　　② $90-6\times2=78$
　　　③ $90-6\times3=72$
　　(2) x の値が1つ決まると，それに対応して y の値もただ1つに決まるので，y は x の関数である。

❷ (1) x が4より大きい (4をふくまない)
　　　$\rightarrow x>4$
　　(2) -8 以上 $\rightarrow -8\leqq x$，-1 未満 $\rightarrow x<-1$
　　　これらのことをまとめて $-8\leqq x<-1$ と表す。

❸ (1) $80\times5=400\,(\mathrm{m})$ ◀━(道のり)＝(速さ)×(時間)
　　(2) $y=80\times x$ より $y=80x$
　　(3) $y=ax$ の式で表されるので，y は x に比例している。
　　(4) y が x に比例するとき，x の値が2倍，3倍，4倍，…になると，y の値も2倍，3倍，4倍，…になる。

❹ (1) ① $-2\times(-3)=6$　　② $-2\times(-2)=4$
　　　③ $-2\times(-1)=2$　　④ $-2\times0=0$
　　　⑤ $-2\times1=-2$　　⑥ $-2\times2=-4$
　　　⑦ $-2\times3=-6$
　　(2) たとえば，$x=-3$ には $y=6$ が対応しているので，$\dfrac{y}{x}=\dfrac{6}{-3}=-2$ となる。他の対応する x と y の値についても同様である。
　　　比例 $y=ax$ では，$x\neq0$ のとき $\dfrac{y}{x}$ の値は一定であり，その値は比例定数 a に等しい。

❶ (1) $y=-6x$　　　(2) $y=12$
　　(3) $x=4$

❷ (1) A(2, 4)　　　　B(-4, 1)
　　　C(-3, -2)　　D(0, -1)
　　　E(3, 0)
　　(2)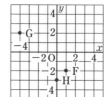

❸ (1) ① 3　　② $\dfrac{3}{2}$　　③ 0
　　　④ $-\dfrac{3}{2}$　　⑤ -3
　　(2)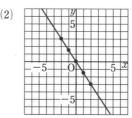

❹ (1) ①，②　　　(2) $y=\dfrac{5}{4}x$

━━━ 解 説 ━━━

❶ (1) $y=ax$ に $x=3$，$y=-18$ を代入すると，
　　　$-18=a\times3$ より $a=-6$　　よって，$y=-6x$
　　(2) $y=-6\times(-2)=12$
　　(3) $-24=-6x$ より $x=(-24)\div(-6)=4$

❷ (1) 点Aは，原点Oから右に2，上に4移動したところにあるから，x 座標が2，y 座標が4なので，A(2, 4) と書く。
　　(2) F(1, -2) は，原点Oから右に1，下に2移動したところにある。

❸ (1) $y=-\dfrac{3}{2}x$ に x の値を代入して求める。
　　(2) 表から，$(-2, 3)$，$\left(-1, \dfrac{3}{2}\right)$，$(0, 0)$，$\left(1, -\dfrac{3}{2}\right)$，$(2, -3)$ を座標とする点をかき入れ，これらの点を結ぶ直線をかく。

❹ (1) 比例のグラフで比例定数が負であるのは，右下がりのグラフになる。
　　(2) $y=ax$ に $x=4$，$y=5$ を代入すると，
　　　$5=a\times4$ より $a=\dfrac{5}{4}$　　よって，$y=\dfrac{5}{4}x$

p.64～65 ステージ**2**

❶ ㋐, ㋒

❷ (1) $y=8.5$
(2) いえる。
(3) $4 \leqq y \leqq 12$

❸ (1) $y=3x$
(2) いえる。

❹ A$(-4, -5)$

❺
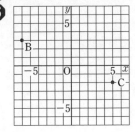

❻ (1) ① 5 ② $\dfrac{5}{2}$ ③ 0
④ $-\dfrac{5}{2}$
(2) $y=\dfrac{15}{2}$ (3) $x=-8$

❼ (1) $y=-\dfrac{1}{2}x$ (2) $y=-\dfrac{4}{3}x$
(3) $y=2x$ (4) $y=\dfrac{2}{5}x$

・・・・・・

① ㋓

② (1) $y=-\dfrac{3}{2}x$ (2) $y=-5x$

▰▰▰▰▰ 解説 ▰▰▰▰▰

❶ ㋐ 正五角形では，1辺の長さが決まると，周の長さはただ1つに決まる。
㋑ 長方形では，縦の長さを決めても横の長さはいろいろあるから，面積はただ1つに決まらない。
㋒ 正方形では，周の長さが決まると，1辺の長さも決まるから，面積はただ1つに決まる。
㋓ 身長を決めても胸囲は人によって異なり，ただ1つに決まらない。

ポイント

xの値が1つ決まる。→ yの値がただ1つに決まる。このとき，yはxの関数であるという。

❷ (1) 3.5 km 進んだときの残りの道のりを求めるから，$\underline{12-3.5=8.5}$（km）
（残りの道のり）＝12 km－（進んだ道のり）
(2) 進んだ道のりが1つ決まると，残りの道のり

はただ1つに決まるので，関数であるといえる。
(3) $x=0$ のとき $y=12$
$x=8$ のとき $y=12-8=4$
よって，yの変域は $4 \leqq y \leqq 12$

ミス注意！ yは4以上12以下の値をとるから，変域は，yを真ん中にして不等号の向きをそろえて表す。

❸ (1) （三角形 BCP の面積）＝$\dfrac{1}{2}\times$（底辺）$\times$（高さ）
より $y=\dfrac{1}{2}\times 6\times x=3x$
(2) (1)より，$y=ax$ の式で表されるから，yはxに比例するといえる。

ポイント

三角形の面積は，底辺か高さのどちらか一方が一定の値（比例定数になる）のとき，もう一方の長さに比例する。

❹ 点Aからx軸，y軸に垂直な直線をひく。それらの直線がx軸と交わる点のめもりは -4，y軸と交わる点のめもりは -5 だから，点Aの座標は $(-4, -5)$ である。

❺ (1) B$(-6, 3)$ は，原点Oから左に6，上に3移動したところにある。
(2) C$(5, -2)$ は，原点Oから右に5，下に2移動したところにある。

❻ (1) yがxに比例していて，表から
$x=2$ のとき $y=-5$ となるとわかるので，
$y=ax$ に $x=2$，$y=-5$ を代入すると，
$-5=a\times 2$
$a=-\dfrac{5}{2}$ よって，$y=-\dfrac{5}{2}x$
$y=-\dfrac{5}{2}x$ のxに -2，-1，0，1 をそれぞれ代入する。
① $y=-\dfrac{5}{2}\times(-2)=5$
② $y=-\dfrac{5}{2}\times(-1)=\dfrac{5}{2}$
③ $y=-\dfrac{5}{2}\times 0=0$
④ $y=-\dfrac{5}{2}\times 1=-\dfrac{5}{2}$
(2) $y=-\dfrac{5}{2}x$ に $x=-3$ を代入すると，
$y=-\dfrac{5}{2}\times(-3)=\dfrac{15}{2}$

4 章

(3) $y=-\dfrac{5}{2}x$ に $y=20$ を代入すると,

$20=-\dfrac{5}{2}x$　　よって，$x=-8$

7 y は x に比例するから，比例定数を a とすると，$y=ax$ と表すことができる。

(1) $\underline{x=2,\ y=-1\ を代入すると,}$　←グラフは,
点 $(2,\ -1)$ を通る。

$-1=a\times 2$

$a=-\dfrac{1}{2}$　　よって，$y=-\dfrac{1}{2}x$

(2) $\underline{x=3,\ y=-4\ を代入すると,}$　←グラフは,
点 $(3,\ -4)$ を通る。

$-4=a\times 3$

$a=-\dfrac{4}{3}$　　よって，$y=-\dfrac{4}{3}x$

(3) $\underline{x=1,\ y=2\ を代入すると,}$　←グラフは,
点 $(1,\ 2)$ を通る。

$2=a\times 1$

$a=2$　　よって，$y=2x$

(4) $\underline{x=5,\ y=2\ を代入すると,}$　←グラフは,
点 $(5,\ 2)$ を通る。

$2=a\times 5$

$a=\dfrac{2}{5}$　　よって，$y=\dfrac{2}{5}x$

① x と y の関係を式に表して考える。

㋐　1個 6 g のビスケット x 個の重さは $6x$ g で，
（全体の重さ）
＝（箱の重さ）＋（ビスケットの重さ）だから，
$y=30+6x$

㋑　（時間）＝（道のり）÷（速さ）だから，
$y=500\div x$ より $y=\dfrac{500}{x}$

㋒　（残りの線香の長さ）
＝（はじめの長さ）−（燃えた長さ）だから，
$y=140-x$

㋓　（たまった水の量）
＝（1秒間にたまる水の量）×（時間）だから，
$y=25\times x$ より $y=25x$

y が x の関数で，$y=ax$ の式で表されるとき，y は x に比例するというので，㋓が答えになる。

② y は x に比例するから，比例定数を a とすると，$y=ax$ と表すことができる。

(1) $y=ax$ に $x=6,\ y=-9$ を代入すると，
$-9=a\times 6$　　$a=-\dfrac{3}{2}$　　よって，$y=-\dfrac{3}{2}x$

(2) $y=ax$ に $x=3,\ y=-15$ を代入すると，
$-15=a\times 3$　　$a=-5$　　よって，$y=-5x$

---

❶ (1) ① 24　　② 12　　③ 8

④ 6　　⑤ $\dfrac{24}{5}$　　⑥ 4

(2) $\dfrac{1}{2}$ 倍，$\dfrac{1}{3}$ 倍，$\dfrac{1}{4}$ 倍，… になる。

(3) $y=\dfrac{24}{x}$

❷ (1) $y=5x+100$

(2) $y=\dfrac{200}{x}$

比例定数 … 200

(3) $y=8x$

❸ (1) $y=\dfrac{16}{x}$　　　　(2) $y=4$

(3) $y=-16$

❹

◆ 解説 ◆

❶ (1) （長方形の面積）＝（縦）×（横）より $24=y\times x$
$xy=24$ の x に 1，2，3，4，5，6 をそれぞれ代入して，y の値を求める。

(3) y は x に反比例し，比例定数が 24 だから，
$y=\dfrac{24}{x}$

❷ (1) （代金の合計）
＝（鉛筆5本の代金）＋（消しゴム1個の代金）

(2) （いっぱいになるまでにかかる時間）
＝（容器に入る水の量）÷（1分間に入れる水の量）

(3) （三角形の面積）$=\dfrac{1}{2}\times$（底辺）×（高さ）

❸ (1) y は x に反比例するから，
$y=\dfrac{a}{x}$ に $x=2,\ y=8$ を代入すると，
$8=\dfrac{a}{2}$ より $a=16$　　よって，$y=\dfrac{16}{x}$

別解 $xy=a$ を利用してもよい。

(2) $y=\dfrac{16}{x}$ に $x=4$ を代入すると，$y=\dfrac{16}{4}=4$

p.68〜69 ═ステージ**1**

❶ (1) いえる。　　(2) 3500 g

(3) 200 枚

❷ (1) 72 L

(2) $y=\dfrac{72}{x}$

(3) 18 分

❸ (1) $y=150x$

(2) 右の図

(3) 6 分後

(4) 300 m

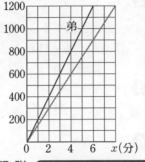

● 解 説 ●

❶ (1) 用紙の枚数が 2 倍，3 倍，4 倍，…になると，それにともなって，用紙の重さも 2 倍，3 倍，4 倍，…になるから，用紙の枚数は重さに比例する。

(2) 用紙 x 枚の重さを y g とすると，比例定数を a として，$y=ax$ と表すことができる。

用紙 12 枚の重さが 42 g だから，

$y=ax$ に $x=12$，$y=42$ を代入すると，

$42=a\times12$ より $a=3.5$　　よって，$y=3.5x$

$y=3.5x$ に $x=1000$ を代入すると，

$y=3.5\times1000=3500$

(3) $700=3.5x$ より $x=200$

❷ (1) $6\times12=72$ (L)

(2) 72 L＝(1 分間に入れる水の量)×(時間) だから，$72=x\times y$　　よって，$y=\dfrac{72}{x}$

(3) $y=\dfrac{72}{x}$ に $x=4$ を代入すると，$y=\dfrac{72}{4}=18$

❸ (1) 進んだ道のりは家を出てからの時間に比例するから，比例定数を a とすると，$y=ax$ と表される。グラフは点 (2, 300) を通るから，$y=ax$ に $x=2$，$y=300$ を代入すると，

$300=a\times2$ より $a=150$　　よって，$y=150x$

(2) 弟の進むようすを式に表すと，$y=200x$

グラフは，原点と (1, 200) を結ぶ直線になる。

(3) $1200\div200=6$ (分後)

(グラフでは，横のめもり 2 つ分の差になる。)

(4) 弟が図書館に着いたとき，

兄は $150\times6=900$ (m)　　つまり，家から 900 m のところにいるので，図書館より $1200-900=300$ (m) 手前の地点にいる。

(グラフでは，縦のめもり 3 つ分の差になる。)

p.70〜71 ═ステージ**2**

❶ (1) $y=-8$

(2) $x=16$

(3) $-4\leqq y\leqq-1$

❷ (1) $y=2x$

(2) x の変域

　　… $0\leqq x\leqq5$

y の変域

　　… $0\leqq y\leqq10$

(3) 右の図

❸ (1) $a=\dfrac{3}{2}$　　(2) (1, 6)

❹ $y=\dfrac{80}{x}$

❺ (1) $y=\dfrac{20}{x}$ …△　　(2) $y=2x^2$ …×

(3) $y=10-0.3x$ …×　　(4) $y=32x$ …○

❻ (1) 12 分　　(2) 8 分後

・・・・・・

① -4

② 式… $y=-\dfrac{6}{x}$

グラフ…右の図

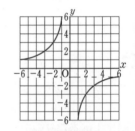

● 解 説 ●

❶ y は x に反比例するから，比例定数を a として，

$a=xy$ に $x=-6$，$y=\dfrac{2}{3}$ を代入すると，

$a=(-6)\times\dfrac{2}{3}=-4$ だから，$xy=-4$

(1) $xy=-4$ に $x=\dfrac{1}{2}$ を代入すると，

$\dfrac{1}{2}\times y=-4$ より $y=-4\times2=-8$

(2) $xy=-4$ に $y=-\dfrac{1}{4}$ を代入すると，

$x\times\left(-\dfrac{1}{4}\right)=-4$ より $x=-4\times(-4)=16$

(3) $y=-\dfrac{4}{x}$ に $x=1$，$x=4$ を代入する。

$x=1$ のとき $y=-4$，$x=4$ のとき $y=-1$

よって，y の変域は $-4\leqq y\leqq-1$

❷ (1) $y=\dfrac{1}{2}\times x\times4$ より $y=2x$

4 章

(2) 点PはBからCまで動くので，
x の変域は $0\leq x\leq 5$
また，$y=2x$ で，$x=0$ のとき $y=0$，$x=5$ のとき $y=10$ だから，y の変域は $0\leq y\leq 10$

(3) x が5のときyは10なので，グラフは原点と $(5,\ 10)$ を結んだ線分になる。$(5,\ 10)$ より先まで直線をのばさないようにする。

❸ (1) $y=\dfrac{6}{2}=3$ より A$(2,\ 3)$ だから，

$y=ax$ に $x=2$，$y=3$ を代入すると，

$3=a\times 2$ より $a=\dfrac{3}{2}$

(2) $y=\dfrac{6}{x}$ のグラフ上の点で，x 座標，y 座標がともに整数である点は

$(1,\ 6)$，$(2,\ 3)$，$(3,\ 2)$，$(6,\ 1)$ で，a の値も整数となる点は $(1,\ 6)$

❹ 歯車の歯数と回転数は反比例する。

$y=\dfrac{a}{x}$ に $x=20$，$y=4$ を代入すると，

$4=\dfrac{a}{20}$ より $a=80$ よって，$y=\dfrac{80}{x}$

❺ (1) $20=x\times y$ より $y=\dfrac{20}{x}$

(2) $y=x\times x\times 2$ より $y=2x^2$

(3) $y=10-0.3\times x$ より $y=10-0.3x$

(4) 1 m あたりの重さは $120\div 3=40$ (g)
また，1 g あたりの値段は $80\div 100=0.8$ (円)
よって，1 m あたりの値段は $0.8\times 40=32$ (円)

❻ 1本の管で30 L の水そうをいっぱいにするのに1時間かかるから，1分間に $30\div 60=0.5$ (L) 入れることができる。

(1) x 分間に y L の水が入るとすると，Bには5本の管があるから，$y=0.5\times 5\times x=2.5x$
いっぱいになるまでにかかる時間は，
$30=2.5x$ より $x=30\div 2.5=12$ (分)

(2) Aの水そうがいっぱいになるまでにかかる時間は $30=0.5\times 3\times x$ より，$x=30\div 1.5=20$ (分)
よって，$20-12=8$ (分後)

① y が x に反比例するから，
比例定数 a の値は $x=1$ のとき $y=-16$ より

$a=xy=1\times(-16)=-16$ よって，$y=-\dfrac{16}{x}$

$x=4$ を代入すると，$y=-\dfrac{16}{4}$ より $y=-4$

---

p.72~73 ≡ ステージ3

❶ ⑦, ④, ㊀

❷ (1) 式 … $y=\dfrac{6}{x}$

反比例する 比例定数 … 6

(2) 式 … $y=15x$

比例する 比例定数 … 15

❸ (1) $y=-3x$

(2) $y=-\dfrac{24}{x}$

❹ (1) $x\leq 3$

(2) $2\leq x<9$

❺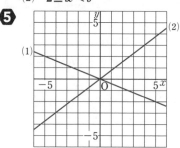

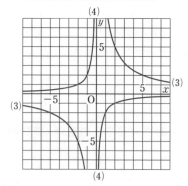

❻ (1) $y=\dfrac{1}{3}x$ □ … -1

(2) $y=-\dfrac{6}{x}$ □ … 1

❼ (1) $\dfrac{8}{3}$ (2) 3

❽ (1) 比例 (の関係) (2) 道のり

❾ (1) 600 L (2) $y=\dfrac{600}{x}$

(3) 20 L

▶◀ 解説 ▶◀

❶ ⑦ ひし形の周の長さは，ひし形の辺の長さがすべて等しいので，$y=4x$ と表されるから，y は x の関数である。(比例)

④ 三角形の面積は $\dfrac{1}{2}\times$(底辺)$\times$(高さ) で求めら

れるので，$y=\dfrac{1}{2}\times x\times 8=4x$ だから，

y は x の関数であるといえる。(比例)

㋒ 自然数 x をたとえば7とすると，7の倍数 y は 7，14，21，28，… となって，

ただ1つに決まらないので，y は x の関数ではない。

㋓ $y=\dfrac{18}{x}$ と表せ，x の値が1つ決まると y の

値がただ1つに決まるので，

y は x の関数である。

❷ (1) 6 m のひもを x 等分するので，1本分のひもの長さは $y=\dfrac{6}{x}$ で求められる。

> ・$y=ax \rightarrow$ 比例
> ・$y=\dfrac{a}{x}$ または
> $xy=a \rightarrow$ 反比例

(2) 1 m あたりの重さは $45\div 3=15$(g)

(針金全体の重さ)=(1 m あたりの重さ)×(長さ)

だから，$y=15\times x$　よって，$y=15x$

❸ (1) 比例するので，$y=ax$ と表される。

この式に $x=5$，$y=-15$ を代入すると，

$-15=5\times a$ より $a=-3$

(2) 反比例するので，$y=\dfrac{a}{x}$ と表される。

この式に $x=-2$，$y=12$ を代入すると，

$12=\dfrac{a}{-2}$ より $a=-24$

❹ 不等号は <，>，≦，≧ があり，意味によって使い分ける。

得点アップのコツ

$a>b\cdots a$ は b より大きい，b は a より小さい
　　　　b は a 未満である（$a=b$ はふくまない）
$a\geqq b\cdots a$ は b 以上，b は a 以下（$a=b$ をふくむ）

❺ (1)(2) $y=\dfrac{b}{a}x$ のグラフは，原点と点 (a, b) を

結ぶ直線である。

(1)は $(5, -2)$，(2)は $(4, 3)$ を通る。

(3) $(2, 5)$，$\left(4, \dfrac{5}{2}\right)$，$(5, 2)$，$(-2, -5)$，

$\left(-4, -\dfrac{5}{2}\right)$，$(-5, -2)$ を通る双曲線をかく。

(4) $(1, -2)$，$(2, -1)$，$\left(4, -\dfrac{1}{2}\right)$，$(-1, 2)$，

$(-2, 1)$，$\left(-4, \dfrac{1}{2}\right)$ を通る双曲線をかく。

❻ (1) グラフは原点を通る直線だから，比例のグ

ラフである。

$2=a\times 6$ より $a=\dfrac{1}{3}$　　よって，$y=\dfrac{1}{3}x$

$x=-3$ を代入すると，$y=\dfrac{1}{3}\times(-3)=-1$

(2) グラフは双曲線だから，反比例のグラフである。

$a=(-2)\times 3=-6$ より $y=-\dfrac{6}{x}$

$xy=-6$ に $y=-6$ を代入すると，

$x\times(-6)=-6$　　よって，$x=1$

❼ (1) y が x に比例するので，

$y=ax$ に $x=3$，$y=4$ を代入すると，

$4=a\times 3$ より $a=\dfrac{4}{3}$　　よって，$y=\dfrac{4}{3}x$

$x=2$ を代入すると，$y=\dfrac{4}{3}\times 2=\dfrac{8}{3}$

(2) y が x に反比例するので，

$a=xy$ に $x=3$，$y=4$ を代入すると，

$a=3\times 4=12$　　よって，$y=\dfrac{12}{x}$

$x=4$ を代入すると，$y=\dfrac{12}{4}=3$

❽ (1) 速さを a と決める。

時間を x，道のりを y とすると，

$y=a\times x \leftarrow$ (道のり)=(速さ)×(時間)

すなわち，$y=ax$ と表せるので，

道のりと時間は比例の関係にある。

(2) 道のりを a と決める。

速さを x，時間を y とすると，

$y=a\div x \leftarrow$ (時間)=(道のり)÷(速さ)

すなわち，$y=\dfrac{a}{x}$ と表せるので，

速さと時間は反比例の関係にある。

❾ (1) 2時間は120分だから，水そういっぱいに

入る水の量は $5\times 120=600$(L)

(2) 1分間に x L ずつ水を入れるとき，y 分でいっぱいになるとすると，

(いっぱいのときの水そうの水の量)
=(1分間に入れる水の量)×(時間) だから，

$600=x\times y$　　よって，$y=\dfrac{600}{x}$

(3) (2)の $xy=600$ に $y=30$ を代入すると，

$x\times 30=600$ より $x=600\div 30=20$

5章 平面図形

❶ (1)〜(4)

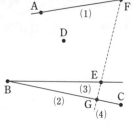

(5) 点F　　　　　　(6) 点C

❷ 線分 AR

❸ (1) AB∥DC，AD∥BC

(2) AB＝DC，AD＝BC

(3) ∠A＝∠C，∠B＝∠D

―――― 解説 ――――

❶ (1)〜(4) 直線は両方向に限りなくのびたまっすぐな線で，線分には両端がある。また，半直線 BE は点Bから点Eの方向に限りなくのびた線，半直線 FE は点Fから点Eの方向に限りなくのびた線のことである。

(5) 半直線 BD は点Bから点Dの方向に限りなくのびた線だから，点Fがその半直線上にある。

(6) 半直線 DE は点Dから点Eの方向に限りなくのびた線だから，点Cがその半直線上にある。点Aは半直線 DE 上にはない。

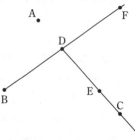

❷ 点Aと直線 ℓ 上の点を結ぶ線分のうち，もっとも短いものは，点Aから直線 ℓ に垂線をひき，ℓ との交点をRとしたときの線分 AR で，この線分 AR の長さを，点Aと直線 ℓ との距離という。

❸ (1) 平行四辺形の向かい合う 2 組の辺 AB と DC，AD と BC はそれぞれ平行である。
平行であることは，記号∥を使って表す。

(2) 平行四辺形の向かい合う 2 組の辺 AB と DC，AD と BC はそれぞれ長さが等しい。
等号 ＝ を使って表す。

(3) 平行四辺形の 2 組の向かい合う角 ∠A と ∠C，∠B と ∠D の大きさはそれぞれ等しい。
等号＝を使って表す。

❶ (1)

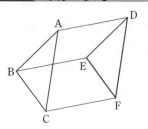

(2) ① ∥，BE　　　② DE，DE

❷ (1)

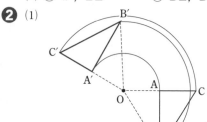

(2) 線分 OA′

(3) ∠BOB′，∠COC′

❸ (1)

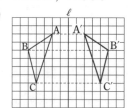

(2)

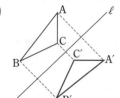

❹

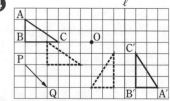

―――― 解説 ――――

❶ (2) ① 平行移動では，対応する点を結ぶ線分は，どれも平行で長さが等しい。
つまり，AD と BE，CF はそれぞれ平行で，
AD＝BE＝CF

② 平行移動した図形ともとの図形を比べると，対応する辺はどれも平行で長さが等しい。
AB∥DE，BC∥EF，AC∥DF
AB＝DE，BC＝EF，AC＝DF

❷ (1)　まず，点Oを中心にして，OAを半径とする円をかき，時計の針の回転と反対方向に∠A′OA＝150° となるような点 A′ を定める。同様にして，OBを半径とする円，OCを半径とする円をかき，∠B′OB＝∠C′OC＝150° となるような点 B′，C′ を定める。
3点 A′，B′，C′ を直線で結んで，△A′B′C′ をかく。

(2)　OA も OA′ も点Oを中心にしてかいた円の半径なので長さが等しいから，OA＝OA′

(3)　∠AOA′ の大きさは，△ABC を回転移動させた大きさに等しいから，150° である。
∠BOB′，∠COC′ も大きさは 150° で，∠AOA′ と大きさが等しい。

❸ (1)(2)　点Aから直線 ℓ に垂直に交わる直線をひき，ℓ との交点をLとし，直線 AL 上に AL＝A′L となるような点 A′ をとる。
同様にして，ℓ との交点を M，N として，BM⊥ℓ，BM＝B′M となるような点 B′，CN⊥ℓ，CN＝C′N となるような点 C′ をとる。
3点 A′，B′，C′ を直線で結んで，△A′B′C′ をかく。
AA′⊥ℓ，BB′⊥ℓ，CC′⊥ℓ
AL＝A′L，BM＝B′M，CN＝C′N
となる。

❹ ①　点Pと，点Pから右に2めもり，下に2めもり移動した点Qを結ぶと，矢印 PQ になるので，△ABC の各頂点を，右に2めもり，下に2めもり移動させる。

②　回転の中心Oと対応する2点をそれぞれ結んでできる角の大きさが 90° になるようにして，時計の針の回転と反対方向に回転移動させる。

③　直線 ℓ を対称の軸として対称移動させる。

平行移動，回転移動，対称移動の3つの移動を組み合わせると，図形をいろいろな位置に移動させることができるね。移動前と移動後の2つの図形は合同だよ。

---

p.78〜79　≡ステージ1

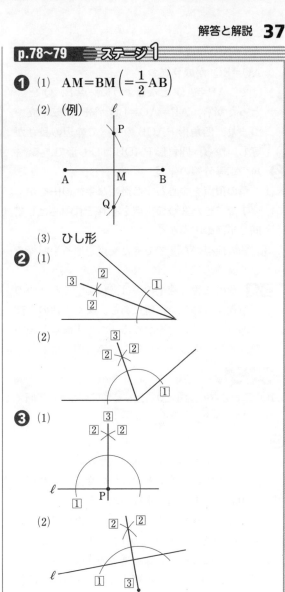

❶ (1)　$AM＝BM\left(＝\dfrac{1}{2}AB\right)$

(2)　(例)

(3)　ひし形

❷ (1)

(2)

❸ (1)

(2)

❹

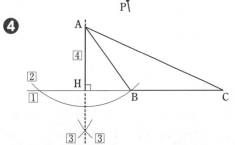

◀ 解説 ▶

❶ (1)　線分 AB 上の点で，2点 A，B から等しい距離にある点を線分 AB の中点というから，M が線分 AB の中点であるとき，
$AM＝BM＝\dfrac{1}{2}AB$ が成り立つ。

(3)　線分 AB の垂直二等分線 ℓ 上の点は，2点 A，B から等しい距離にあるから，点Pについて，

AP＝BP が成り立つ。同様に，点Qについて，
AQ＝BQ が成り立つ。

(2)で，AP＝AQ となるように，点P，Qを
とったから，AP＝AQ＝BQ＝BP が成り立つ。
つまり，四角形PAQBのすべての辺の長さが
等しいから，四角形PAQBはひし形である。

❷ 角の二等分線の作図

□1　角の頂点を中心とする適当な半径の円をかく。

□2　□1でできた2つの交点をそれぞれ中心として，
同じ半径の円をかく。

□3　角の頂点から□2でできた交点を通る半直線を
ひく。

参考　角の二等分線上の点は，角をつくる2つの
半直線から等しい距離にある。また，角の内部
にあって，その角をつくる2つの半直線との距
離が等しい点は，その角の二等分線上にある。

ポイント

角の二等分線の作図…2等分する角の頂点から半直
線をひく。直線としないように注意する。

❸ (1)　直線上にある点Pを通る垂線の作図

□1　点Pを中心とする適当な半径の円をかく。

□2　□1の円と直線ℓとの2つの交点をそれぞれ
中心として，同じ半径の円をかく。

□3　□2でできた交点と点Pを通る直線をひく。

※180°の角の二等分線の作図ともいえる。

(2)　直線上にない点を通る垂線の作図

□1　点Pを中心とする適当な半径（半径は直線
ℓと2点で交わる長さにする。）の円をかく。

□2　□1の円と直線ℓとの2つを交点をそれぞれ
中心として，同じ半径の円をかく。

□3　□2でできた交点と点Pを通る直線をひく。

ポイント

垂線の作図…直線上にある1点を通る垂線と，直線
上にない1点を通る垂線の2つの場合がある。

❹　辺BCをBの方へのばしてから作図する。
辺BCを底辺とするときの高さは，△ABCの外
側にひける。
作図した垂線と半直線CBとの交点をHとすると，
AHが△ABCの高さになる。

---

p.80〜81 ■■ステージ❶

❶
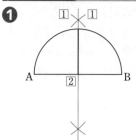

❷ 周の長さ…12π cm
面積…36π cm²

❸
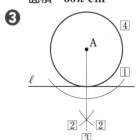

❹
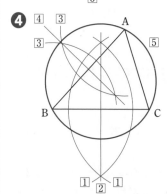

❺
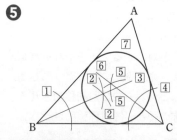

■■■■■ 解説 ■■■■■

❶　円は直径を対称の軸とする線対称な図形だから，
直径ABの垂直二等分線を作図すれば，円の中心
を通り，半円の対称の軸になる。

参考　この作図は，直径ABを一直線の角（180°）
とみて，その角の二等分線を作図しているとも
いえる。

❷　半径6cmの円の
周の長さは　$2\pi\times6＝12\pi$（cm）

面積は　$\pi \times 6^2 = 36\pi$（cm²）

ポイント

半径が r の円の周の長さを ℓ，面積を S とし，
円周率を π とすると，
周の長さは $\ell = 2\pi r$，面積は $S = \pi r^2$ となる。

❸ まず，点Aから直線 ℓ へ垂線をひくと，
この垂線と ℓ との交点が接点になる。

　　　　　円の接線は，接点を通る半径に垂直である。

点Aを中心として，点Aと直線 ℓ との距離（点A
と接点との距離）を半径とする円をかけばよい。

❹ 辺BCの垂直二等分線と辺ABの垂直二等分
線をそれぞれひく。（①〜④）

　2つの垂直二等分線の交点をOとすると，点Oは
△ABC の3つの頂点からの距離が等しい点にな
るので，

この交点を中心として，半径OA の円（⑤）をかく
と，3点 A，B，C を通る円になる。

ポイント

三角形の3つの頂点を通る
円を，
その三角形の「外接円」と
いい，
外接円の中心を「外心」
という。
三角形の3つの辺の垂直二
等分線は外心で交わる。

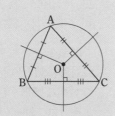

❺ ∠B の二等分線と ∠C の二等分線をそれぞれ
ひく。（①〜⑥）

　2つの角の二等分線の交点を I とすると，I は
∠B，∠C をつくる辺 AB，BC，CA から等しい
距離にあるので，

この交点を中心として，I と BC との距離を半径
とする円（⑦）をかくと，△ABC の3つの辺 AB，
BC，CA に接する円になる。

ポイント

三角形の3つの辺に接
する円を，
その三角形の「内接円」
といい，
内接円の中心を「内心」
という。
三角形の3つの角の二
等分線は内心で交わる。

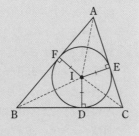

p.82〜83 ■**ステージ❷**

❶
(1)　AB＝DC，AD＝BC
(2)　AB∥DC，AD∥BC
(3)　AO＝CO，BO＝DO

❷
(1)　ウ
(2)　エ
(3)　エとオ

❸
(1)

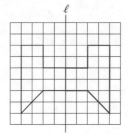

(2)

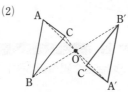

❹
(1)　周の長さ…4π cm
　　面積…4π cm²
(2)　周の長さ…14π cm
　　面積…49π cm²
(3)　周の長さ…6π cm
　　面積…9π cm²
(4)　周の長さ…10π cm
　　面積…25π cm²

❺

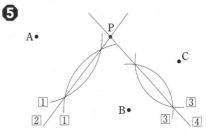

❻

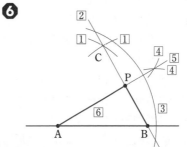

❼　90°

5章

8

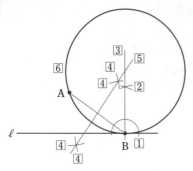

・ ・ ・ ・ ・ ・

①

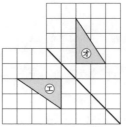

って，三角形㋓と㋐は，重ねることができる。

❸ (1) もとの図形とかいた図形を合わせてできる
図形は，線対称な図形になる。
下の図で，
AG＝A′G′，FE＝F′E，GF＝G′F′ など，
対応する辺の長さは等しい。
また，FF′⊥ℓ　CC′⊥ℓ

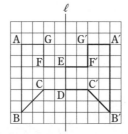

(2) 図形を180°回転移動させることを，
点対称移動という。
点対称な図形（下の図）では，対応する点を結
ぶ線分は，回転の中心を通り，回転の中心によ
って2等分される。
（AO＝A′O，BO＝B′O，CO＝C′O）

❹ (1) 半径が2cmだから，
周の長さ…$2\pi \times 2 = 4\pi$ (cm)
面積…$\pi \times 2^2 = 4\pi$ (cm²)

(2) 半径が7cmだから，
周の長さ…$2\pi \times 7 = 14\pi$ (cm)
面積…$\pi \times 7^2 = 49\pi$ (cm²)

(3) 直径が6cmより半径は3cmだから，
周の長さ…$2\pi \times 3 = 6\pi$ (cm)
面積…$\pi \times 3^2 = 9\pi$ (cm²)

(4) 直径が10cmより半径は5cmだから，
周の長さ…$2\pi \times 5 = 10\pi$ (cm)
面積…$\pi \times 5^2 = 25\pi$ (cm²)

▰▰▰ **解説** ▰▰▰

❶ (1)(2) 長方形の向かい合う2組の辺は平行で，
その長さが等しいから，
AB∥DC
AD∥BC
AB＝DC
AD＝BC

(3) 対角線はACとBDであり，中点とは線分を
2等分する点（図の点O）である。
長方形の対角線は，たがいに中点で交わるから，
対角線ACについて，AO＝CO
対角線BDについて，BO＝DO

❷ 問題の図の三角形は，1つの角の大きさが90°
の直角三角形である。
直角の位置と辺の長さに注目して考えていく。

(1) 三角形㋒は，それぞれの頂点を右へ4めもり，
下へ1めもり進む方向への平行移動によって，
三角形㋐に重ねることができる。
この問題の解答の見つけ方としては，
㋐を動かしてぴったり重なるものを探した方が
早く見つけることができる。

(2) 三角形㋓は，それぞれの頂点を左へ2めもり，
上へ2めもり進む方向へ平行移動させたあと，
重なった頂点を回転の中心にして，時計の針の
回転の方向に90°回転移動させると，三角形㋑
に重ねることができる。

(3) 次の図の直線を対称の軸とする対称移動によ

❺ 3点から等しい距離にある点を一度に見つけることはできないので，次の①，②で考える。
A，Bから等距離にある点を作図する…①
B，Cから等距離にある点を作図する…②
①はA，Bの垂直二等分線，
②はB，Cの垂直二等分線だから，
この2つの直線の交点が答えになる。

ポイント

垂直二等分線…線分ABの垂直二等分線ℓ上の点は，2点A，Bから等しい距離にある。

❻ 正三角形の1つの角の大きさは60°だから，まず，線分ABを1辺とする正三角形ABCを作図する。（①②）
次に，点Aから辺BCへ垂線をひき，辺BCとの交点をPとする。（③～⑤）

❼ ∠AOCの二等分線
ODを作図すると，
∠AOD＝∠COD
同様に，∠BOCの二
等分線OEを作図する
と，∠BOE＝∠COE
一直線の角の大きさは180°だから，
∠AOD＋∠COD＋∠BOE＋∠COE＝180°
　　　2(∠COD＋∠COE)＝180°
　　　　　∠DOE＝180°÷2＝90°

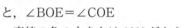

❽ 点Bを通る直線ℓの垂線を作図する。（①～③）
　→点Bは接点で，作図した垂線上に作図する円の中心がある。
　線分ABの垂直二等分線を作図する。（④⑤）
　→線分ABは作図する円の弦であり，弦の垂直二等分線は円の中心を通る。
　③の垂線と⑤の垂直二等分線の交点を中心として，直線ℓに接する円（⑥）をかく。

❶ △ABCを，辺BCを対称の軸として対称移動させた図形が△PBCだから，
AB＝PB，AC＝PC である。
したがって，点Bを中心とした半径ABの円と点Cを中心とした半径ACの円をそれぞれかき，A以外の交点をPとすればよい。

別解 点Aから辺BCに垂線をひき，辺BCとの交点をQとして，AQ＝QP となる点をとり，BとP，CとPを直線で結ぶ。

p.84～85 ≡ステージ❸

❶ (1) ⊥　　　(2) ＝　　　(3) ∠BAH
　　(4) AB

❷ (1) なし　　(2) 90°　　(3) 180°
　　(4) 線分BO（または線分BF）
　　(5) 線分CO（または線分CG）

❸ 点Aから点A″の方向に AA″の長さだけ平行移動させる。

❹ (1)

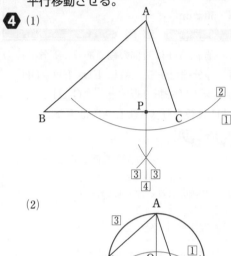

(2)

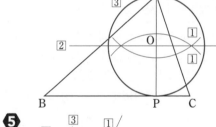

❺

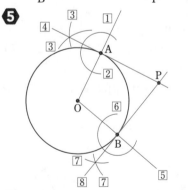

❻

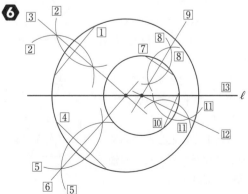

5章

❼

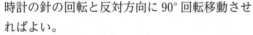

❽ 周の長さ…$(10\pi+20)$ cm

面積…50π cm²

━━━━ **解 説** ━━━━

❶ (1)(2) 直線 AH は対称の軸であり，線分 DE の
垂直二等分線だから，AH⊥ED，EH＝DH

(3)(4) 直線 AH で折り返すと，∠GAH と
∠BAH は重なり，AG と AB は重なる。

得点アップの コツ

図形の特徴は，いろいろな記号を使って表すことが
でき，次のような記号がある。

線の長さや角の大きさが等しい → ＝
2つの直線が平行である　　　 → ∥
2つの直線が垂直に交わる　　 → ⊥

❷ (1) 平行移動では，図形の向きは変わらない。
問題の図には，△AOB と同じ向きの三角形は
ないので，答は「なし」になる。

(2) A と C，B と D が対応す
る点になる。

∠AOC＝∠BOD
＝45°×2＝90° より，
点 O を回転の中心にして，
時計の針の回転と反対方向に 90° 回転移動させ
ればよい。

(3) A と E，B と F が対応す
る点になる。

∠AOE＝∠BOF
＝45°×4＝180° より，
点 O を回転の中心にして，
時計の針の回転と反対方向に 180° 回転移動さ
せればよい。

(4) A と C が対応する点にな
るから，対称の軸は線分
BO である。

(5) A と E，B と D が対応す
る点になるから，対称の軸
は線分 CO である。

❸ 対称移動では，対応する点を結ぶ線分は対称の
軸に垂直だから，△ABC と直線 ℓ を対称の軸と
して対称移動させた △A′B′C′ において，
AA′，BB′，CC′ は平行になる。
同様に，A′A″，B′B″，C′C″ も平行になるから，
AA″，BB″，CC″ は平行になる。
したがって，△ABC を △A″B″C″ に1回の移動
で移すには，
点 A から点 A″ の方向へ AA″ の長さだけ平行移
動すればよい。

❹ (1) 辺 BC を C の方向にのばしてから，垂線の
作図をする。交点を表す P を忘れずに書く。

(2) 2点 A，P を通り，辺 BC が接線となる円を
かくので，線分 AP は作図する円の直径である。
よって，線分 AP の垂直二等分線を作図すれば，
それと直径との交点が円 O の中心になる。

❺ 円の半径は接線と垂直に交わるから，点 A を通
る半直線 OA の垂線（①～④）と，点 B を通る半
直線 OB の垂線（⑤～⑧）を作図し，2つの垂線の
交点を P とする。

❻ まず，大きい円に弦を2つとり，それぞれの垂
直二等分線の交点を作図すれば，それが大きい円
の中心になる。（①～⑥）
次に，小さい円に弦を2つとり，それぞれの垂直
二等分線の交点を作図すれば，それが小さい円の
中心になる。（⑦～⑫）
作図した2つの円の中心を結ぶ直線をひけばよい。

❼ 右の図のように，直
線 ℓ を対称の軸として，
点 A と対称な点 A′ と，
直線 m を対称の軸と
して，点 B と対称な点
B′ をそれぞれ作図す
る。直線 A′B′ が直線
ℓ，m と交わる点がそれぞれ点 P，Q である。

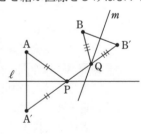

❽ 半円の周の長さを求めるときは，半円の弧の長
さに直径をたして求める。

❼ のように，図形の性質を利用
して，最短の距離を考えるなど，
作図は身のまわりのいろいろな問
題の解決に役立っているよ。

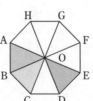

6章 空間図形

❶ (1) ⑦, ⑦　　(2) ⑦
(3) ⑦, ⑦　　(4) ⑦, ⑦
(5) ⑦

❷

	正四面体	正六面体	正八面体	正十二面体	正二十面体
面の形	正三角形	正方形	正三角形	正五角形	正三角形
面の数	4	6	8	12	20
辺の数	6	12	12	30	30
頂点の数	4	8	6	20	12
1つの頂点に集まる面の数	3	3	4	3	5

❸ ⑦, ⑦

❹ (1) 平面 ABGH
(2) 直線 AD, 直線 CD, 直線 EH,
直線 GH
(3) 平面 AEFB, 平面 EFGH

━━━ 解説 ━━━

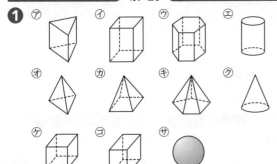

❷ 5種類の正多面体の面の形や数, 辺の数, 頂点の数は, 整理して覚えておこう。

❸ ⑦ 2点をふくむ平面はいくつもあるが, この2点を通る直線上にない点が与えられると, 平面はただ1つに決まる。
⑦ 交わる2直線は同じ平面上にあるが, もう1本の直線が同じ平面上にあるとは限らない。
⑦ 交わる2直線によって, 平面はただ1つに決まる。
⑦ 平行な2直線は同じ平面上にあるが, もう1本の直線が同じ平面上にあるとは限らない。

❹ 直方体の辺を直線, 面を平面とみて考える。
(1) 点Hもふくむ平面になる。
(2) 直線 BF と平行でなく, 交わらない直線は, ねじれの位置にある。

❶ (1) 平面 ABC
(2) 平面 ADEB, 平面 BEFC, 平面 ADFC
(3) 45°
(4) 90°

❷ (1) 五角形　　(2) 正三角形
(3) 正方形

❸ 六角柱の側面

❹ (1) 円柱　　(2) 円錐(すい)
(3) 球

❺ (1) 直角三角形　　(2) 長方形
(3) 台形

━━━ 解説 ━━━

❶ (1) 角柱の2つの底面は平行である。
(2) 角柱は, 底面がそれと垂直な方向に動いてできた立体と見ることができるので, 3つの側面は底面に対して垂直である。
(3) 立方体を半分にしたので, 底面は直角二等辺三角形だから, ∠ABC＝45°
よって, 平面 BEFC と平面 ADEB のなす角は45°である。

❷ 見取図をかいて考えてみるとよい。
(1) 　(2) 　(3)

❸ 垂直な線分が六角形の周にそってひとまわりすると, 六角柱の側面ができる。

❹ 1回転させてできる回転体は次のようになる。
(1) 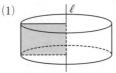　(2) 　(3)

❺ 回転の軸は底面の円の中心を通るから, 底面の円の中心を通る切り口がどんな図形になるかを考える。切り口は, 回転の軸(じく)を対称(たいしょう)の軸とする線対称な図形となる。
(1)　　　　(2)　　　　(3)

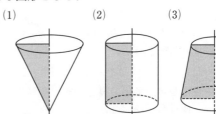

❶ (1)　四角錐　　　　　(2)　四角柱
　　(3)　三角錐　　　　　(4)　三角柱

❷

❸ (1)　長方形　　　　　(2)　正六角形

■■■■■■ 解 説 ■■■■■■

❶ 立面図で，角柱・円柱であるか，角錐・円錐であるかを区別することができる。

また，平面図で，立体の底面の形がわかる。

(1)　立面図 → 三角形，平面図 → 長方形
　　だから，四角錐である。

(2)　立面図 → 長方形，平面図 → 四角形
　　だから，四角柱である。

(3)　立面図 → 三角形，平面図 → 三角形
　　だから，三角錐である。

(4)　立面図 → 長方形，平面図 → 三角形
　　だから，三角柱である。

❷ 先に，立面図と合同な五角形を2つかくと見取図がかきやすい。側面図の正方形を半分に分ける線分は見取図にも現れる。また，見取図では，向かい合う辺は平行にかくことが大切である。

❸ (1)　平面が2つの平行な平面
に交わるときにできる交線を
それぞれ m，n とすると，
2直線 m，n は平行になる。
3点 A，D，F を通る平面は，

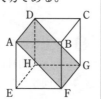

AD∥FG となる点Gも通るから，平行四辺形となる。

AD，FG はともに平面 AEFB，平面 DHGC に垂直になっているので，切り口の図形は長方形である。

(2)　3点P，Q，Rのほかに
PQ∥ST となる点S，T と，
PR∥UT となる点Uの全部
で6点を通るから，切り口の
図形は六角形となる。

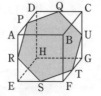

さらに，S，T，U はそれぞれ辺 EF，FG，CG の中点だから，各辺の長さがすべて等しくなるので，切り口の図形は正六角形である。

❶ (1)　正三角形　　　　　(2)　正四面体
　　(3)　正十二面体

❷ ㋑，㋓，㋔

❸ ㋐，㋑，㋖

❹ (1)　㋓　　　　(2)　㋐　　　　(3)　㋔
　　(4)　㋑　　　　(5)　㋒

❺ (1)　㋐，㋒，㋔　　　(2)　㋐，㋑，㋓

❻ (1)

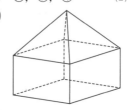

　　(2)　9　　　　　　　　(3)　線分 AB

❼ (1)　　　　　(2)　　　　　(3)

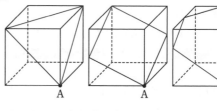

- - - - - -

① 辺 OC

② 辺 FG，辺 GH

■■■■■■ 解 説 ■■■■■■

❶ (2)　各面の真ん中の点は4つあって，それをA，B，C，Dとすると，そのうちの2点を結ぶ線分は AB，AC，AD，BC，BD，CD の6本になり，どれも長さが等しいから，また，正四面体ができる。

(3)　面の形が正五角形であるのは，正十二面体である。

ポイント

正多面体は，次の5種類しかない。
正四面体，正六面体，正八面体，正十二面体，正二十面体
それぞれの面の形を覚えておこう。

❷ 平面が1つに決まるのは，次のものが与えられたときである。

①　同じ直線上にない3点

②　平行な2直線

③　交わる2直線

④　1つの直線とその直線上にない1点

❸ 直線と平面が垂直である
ことを示すには，右の図の
ように，平面上の2つの直
線と垂直であることがいえ
ればよい。

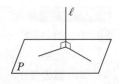

　⑦　CF⊥FD，CF⊥FE だから，
　　　CF⊥平面 P である。
　④　四角形 CFEB は長方形だから，
　　　CF∥BE より，BE⊥平面 P もいえる。
　㋖　DF⊥FE，DF⊥FC だから，
　　　DF⊥平面 BCFE である。

❹ (1)　立面図…三角形，平面図…三角形 ⇨ ㋓
　(2)　立面図…長方形，平面図…四角形 ⇨ ㋐
　(3)　立面図…三角形，平面図…長方形 ⇨ ㋔
　(4)　立面図…円，平面図…長方形 ⇨ ④
　(5)　立面図…三角形，平面図…円 ⇨ ㋒

❺ (1)　円柱や円錐のように，1つの直線を軸とし
　　て，図形を1回転させてできる立体を回転体と
　　いう。
　　長方形 → 円柱，直角三角形 → 円錐，
　　半円 → 球（直径を軸とする。）
　(2)　角柱や円柱は，底面がそれと垂直な方向に動
　　いてできた立体と見ることができる。

❻ (2)　見取図をかくと，面の数が数えやすい。正
　　四角錐の側面が4つ，正四角柱の側面が4つ，
　　底面が1つあるので，面の数は全部で9になる。
　(3)　投影図では，平面図と立面図の対応する頂点
　　を上下でそろえてかき，破線で結んである。
　　よって，平面図の点O，Qに対応する立面図の
　　点は，それぞれA，Bとなる。

❼ (1)　切り口の三角形の辺は，正方形の対角線だ
　　から，残りの2辺も正方形の対角線をかけばよ
　　い。
　(2)　切り口の四角形の4つの辺
　　の長さは等しい。
　(3)　切り口が五角形になるため
　　には，点Aを通り立方体の5
　　つの面に切り口の辺が現れる
　　ようにかいていく。
　　立方体を2つに重ねて，ひし
　　形の切り口を動かすと，立方
　　体の切り口が五角形になる場
　　合を確かめることができる。

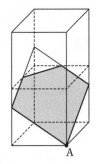

※立方体の切り口

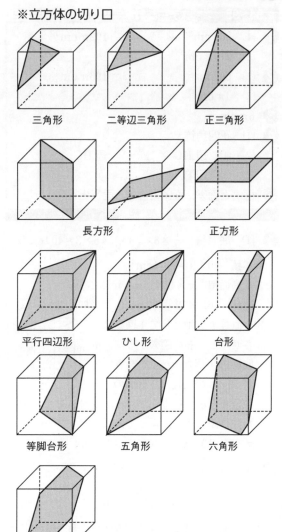

三角形　　二等辺三角形　　正三角形

長方形　　　　　正方形

平行四辺形　　ひし形　　台形

等脚台形　　五角形　　六角形

正六角形（各辺の中点を通るとき）

ミス注意! 面と面が交わると直線（辺）が1本で
きる。立方体の面は6つだから，切り口の図形
の辺の数は最大でも6つである（六角形までし
かかけない）。切り口の図形をかくときは，立
方体の平行な面には平行な線分が現れることに
注意してかくとよい。

① 正三角錐 OABC は6本の辺があって，辺 AB
と辺 OA，OB，CA，CB の4本は交わっている。
また，辺 AB と平行な辺はない。よって，辺 AB
とねじれの位置にある辺は辺 OC である。

② 辺 AE とねじれの位置にある辺は，辺 BC，FG，
CD，GH の4本である。このうち，面 ABCD と
平行であるのは，辺 FG と辺 GH である。
（辺 BC，CD は面 ABCD 上にある。）

❶ (1) **360 cm³**   (2) **192π cm³**

    (3) **210π cm³**

❷ (1) **60 cm³**   (2) **196π cm³**

    (3) **4π cm³**

❸ **6π cm**

❹ (1) **正四角錐**

    (2) ① **辺 HG**   ② **辺 DC**

       ③ **辺 BA**

❺ **面⑦と面⑦，面⑦と面⑤，面⑦と面⑦**

━━━ 解説 ━━━

❶ (1) 底面積 $\dfrac{1}{2}\times8\times7+\dfrac{1}{2}\times8\times3=40\,(cm^2)$

     体積 $40\times9=360\,(cm^3)$

   (2) 底面積 $\pi\times4^2=16\pi\,(cm^2)$

     体積 $16\pi\times12=192\pi\,(cm^3)$

   (3) 直線 ℓ を軸として 1 回転
させると，右の図のような
底面の半径が 5 cm で高さ
が 10 cm の円柱から底面の
半径が 2 cm で高さが10 cm の円柱をくりぬい
た立体ができる。よって，体積は
$\pi\times5^2\times10-\pi\times2^2\times10=210\pi\,(cm^3)$

❷ (1) $\dfrac{1}{3}\times4\times5\times9=60\,(cm^3)$

   (2) $\dfrac{1}{3}\times\pi\times7^2\times12=196\pi\,(cm^3)$

   (3) 1 回転させてできる回転体は，底面の半径が
2 cm，高さが 3 cm の円錐である。

     $\dfrac{1}{3}\times\pi\times2^2\times3=4\pi\,(cm^3)$

❸ 円柱の展開図において，側面の長方形の横の長
さは，底面の円周の長さに等しいから，
$2\pi\times3=6\pi\,(cm)$

❹ (1) 展開図を組み立ててで
きるのは，底面が正方形の
四角錐だから，正四角錐で
ある。

   (2) 右の図のように，点Aと
点E，点Bと点D，点Eと点Gが重なる。

❺ 平行になる面の組は，立
方体では，向かい合う面の
組だから，全部で3組ある。
右の図で，同じ色をつけた
面が，向かい合う面である。

❶ (1) 弧の長さ … **15π cm**

     面積 … **150π cm²**

   (2) 弧の長さ … **10π cm**

     面積 … **60π cm²**

   (3) 弧の長さ … **4π cm**

     面積 … **12π cm²**

   (4) 弧の長さ … **5π cm**

     面積 … **10π cm²**

❷ (1) **15π cm²**   (2) **60π cm²**

❸ (1) **200°**   (2) **324°**

❹ 弧の長さ … **10π cm**

   中心角の大きさ … **120°**

❺ 周の長さ … **15π cm**

   面積 … **(25π−50) cm²**

━━━ 解説 ━━━

❶ (1) 弧の長さ … $2\pi\times20\times\dfrac{135}{360}=15\pi\,(cm)$

     面積 … $\pi\times20^2\times\dfrac{135}{360}=150\pi\,(cm^2)$

   (2) 弧の長さ … $2\pi\times12\times\dfrac{150}{360}=10\pi\,(cm)$

     面積 … $\pi\times12^2\times\dfrac{150}{360}=60\pi\,(cm^2)$

   (3) 弧の長さ … $2\pi\times6\times\dfrac{120}{360}=4\pi\,(cm)$

     面積 … $\pi\times6^2\times\dfrac{120}{360}=12\pi\,(cm^2)$

   (4) 弧の長さ … $2\pi\times4\times\dfrac{225}{360}=5\pi\,(cm)$

     面積 … $\pi\times4^2\times\dfrac{225}{360}=10\pi\,(cm^2)$

ポイント

半径が r，中心角が $a°$ のおうぎ形の弧の長さを ℓ，
面積を S とすると，

    $\ell=2\pi r\times\dfrac{a}{360}$ $S=\pi r^2\times\dfrac{a}{360}$

❷ おうぎ形の半径 r と弧の長さ ℓ がわかっている
ときは，

面積は $S=\dfrac{1}{2}\ell r$ を使って求めるとよい。

   (1) $S=\dfrac{1}{2}\times6\pi\times5=15\pi\,(cm^2)$

   (2) $S=\dfrac{1}{2}\times15\pi\times8=60\pi\,(cm^2)$

❸ 1 つの円からできるおうぎ形の弧の長さと中心

角の大きさは比例するから，弧の長さが円周の何倍か，わかればよい。

(1) 半径 9 cm の円周の長さは

$2\pi \times 9 = 18\pi$ (cm) より，弧の長さは円周の

$\dfrac{10\pi}{18\pi} = \dfrac{5}{9}$ (倍) だから，$360° \times \dfrac{5}{9} = 200°$

(2) 半径 10 cm の円周の長さは

$2\pi \times 10 = 20\pi$ (cm) より，

弧の長さは円周の $\dfrac{18\pi}{20\pi} = \dfrac{9}{10}$ (倍) だから，

$360° \times \dfrac{9}{10} = 324°$

別解 中心角の大きさを $x°$ として，求める。

(1) $2\pi \times 9 \times \dfrac{x}{360} = 10\pi$

これを解くと，$x = 200$

(2) $2\pi \times 10 \times \dfrac{x}{360} = 18\pi$

これを解くと，$x = 324$

❹ 展開図において，側面のおうぎ形の弧の長さは，底面の円周の長さに等しいから，

$2\pi \times 5 = 10\pi$ (cm)

半径 15 cm の円周の長さは $2\pi \times 15 = 30\pi$ (cm) で，

弧の長さは円周の $\dfrac{10\pi}{30\pi} = \dfrac{1}{3}$ (倍) だから，

中心角の大きさは $360° \times \dfrac{1}{3} = 120°$

参考 円錐の展開図において，側面のおうぎ形の半径が a cm，底面の円の半径が b cmのとき，側面のおうぎ形の中心角の大きさは

$360° \times \dfrac{b}{a}$ で求めることができる。

たとえば，❹は $360° \times \dfrac{5}{15} = 120°$ となる。

❺ 半径 10 cm，中心角 90° のおうぎ形の弧の長さは $2\pi \times 10 \times \dfrac{90}{360} = 5\pi$ (cm)，直径 10 cm の半円の

弧の長さは $10\pi \times \dfrac{180}{360} = 5\pi$ (cm) だから，色をぬった図形の周の長さは $5\pi + 5\pi \times 2 = 15\pi$ (cm)

求める面積は，右の図のように考えて，

のように求め方のくふうができる。

$\pi \times 10^2 \times \dfrac{90}{360} - 10 \times 10 \div 2 = 25\pi - 50$ (cm²)

---

p.98～99 ◀◀◀ **ステージ1**

❶ (1) **468 cm²**　(2) **192 cm²**

❷ (1) **24π cm²**　(2) **132π cm²**

❸ (1) **224 cm²**　(2) **40π cm²**

❹ (1) **9 cm**　(2) **90π cm²**

❺ (1) $\dfrac{2}{3}$ **倍**　(2) **等しい**

━━◀ 解 説 ▶━━

❶ (1) 底面積　$12 \times 6 = 72$

側面積　$9 \times \underbrace{(6 + 12 + 6 + 12)}_{\text{底面の周の長さ}} = 324$

表面積　$72 \times 2 + 324 = 468$ (cm²)

(2) 底面積　$\dfrac{1}{2} \times 6 \times 8 = 24$

側面積　$6 \times (6 + 8 + 10) = 144$

表面積　$24 \times 2 + 144 = 192$ (cm²)

ポイント

(角柱の表面積)＝(底面積)×2＋(側面積)

❷ (1) 底面積　$\pi \times 2^2 = 4\pi$

側面積　$4 \times 2\pi \times 2 = 16\pi$

表面積　$4\pi \times 2 + 16\pi = 24\pi$ (cm²)

(2) 底面の半径が 6 cm，高さが 5 cm の円柱ができる。

底面積　$\pi \times 6^2 = 36\pi$

側面積　$5 \times 2\pi \times 6 = 60\pi$

表面積　$36\pi \times 2 + 60\pi = 132\pi$ (cm²)

ポイント

(円柱の表面積)＝(底面積)×2＋(側面積)

❸ (1) 底面積　$8 \times 8 = 64$

側面の 4 つの合同な二等辺三角形は，底辺が 8 cm，高さが 10 cm だから，

側面積　$\dfrac{1}{2} \times 8 \times 10 \times 4 = 160$

表面積　$64 + 160 = 224$ (cm²)

(2) 底面積　$\pi \times 4^2 = 16\pi$

側面のおうぎ形は，半径が 6 cm，弧の長さ (底面の円周の長さ) が $2\pi \times 4 = 8\pi$ (cm) だから，

側面積　$\dfrac{1}{2} \times 8\pi \times 6 = 24\pi$

表面積　$16\pi + 24\pi = 40\pi$ (cm²)

別解 側面積は，おうぎ形の中心角を求めてから，求めることもできる。

半径 6 cm の円周の長さは $2\pi \times 6 = 12\pi$ (cm)

側面のおうぎ形の弧の長さは

$2\pi \times 4 = 8\pi$ (cm) より,

弧の長さは円周の $\dfrac{8\pi}{12\pi} = \dfrac{2}{3}$ (倍) だから,

中心角の大きさは $360° \times \dfrac{2}{3} = 240°$

おうぎ形の面積は $\pi \times 6^2 \times \dfrac{240}{360} = 24\pi$ (cm²)

❹ (1) 円錐の母線の長さを a cm として，円錐を転がしたときにえがく円周の長さを 2 通りの式に表す。

半径 a cm の円の円周 → $(2\pi \times a)$ cm

半径 6 cm の円が 1 回転半したときに動く距離

$$\to \left(2\pi \times 6 \times \dfrac{3}{2}\right) \text{cm}$$

2 つの式から方程式をつくると，

$$2\pi \times a = 2\pi \times 6 \times \dfrac{3}{2}$$

この方程式を解くと，$a = 9$

(2) 底面積 $\pi \times 6^2 = 36\pi$

側面のおうぎ形は半径が 9 cm, 弧の長さ (底面の円周) が $(2\pi \times 6 =)12\pi$ cm だから,

側面積 $\dfrac{1}{2} \times 12\pi \times 9 = 54\pi$

表面積 $36\pi + 54\pi = 90\pi$ (cm²)

❺ (1) 球の体積 $\dfrac{4}{3} \times \pi \times 3^3 = 36\pi$

円柱の体積 $\underset{\text{底面積}}{\pi \times 3^2} \times \underset{\text{高さ（球の直径）}}{6} = 54\pi$

よって，球の体積は円柱の体積の

$36\pi \div 54\pi = \dfrac{2}{3}$ (倍) である。

(2) 球の表面積 $4\pi \times 3^2 = 36\pi$

円柱の側面積 $6 \times \underset{\text{底面の円の周の長さ}}{2\pi \times 3} = 36\pi$

よって，球の表面積と円柱の側面積は等しいといえる。

参考 半径が r の球の表面積は $S = 4\pi r^2$

また，半径 r の球がちょうど入る円柱の側面の長方形は高さが $2r$, 底面の円周の長さが $2\pi r$ だから,

側面積は $S = 2r \times 2\pi r = 4\pi r^2$

よって，球の表面積は，その球がちょうど入る円柱の側面積に等しいといえる。

---

p.100〜101 ステージ❷

❶ (1) 三角柱 (2) 36 cm³

(3) 84 cm²

❷ (1) 72 cm²

(2) 体積 … 432π cm³

表面積 … 324π cm²

❸ 8π cm³

❹ 486π cm³

❺ 54π cm³

❻ (1) 6π cm (2) 9 cm

(3) 27π cm²

❼

O

長さ … 12 cm

A

❽ (1) 36 cm³ (2) 6 cm

(3) 36 cm³

• • • • •

① 16π cm²

② $\dfrac{32}{3}\pi$ cm³

解 説

❶ (1)(2) 問題の直角三角形をそれと垂直な方向に動かすと，三角柱ができ，動いた距離が三角柱の高さになるから，その体積は

$$\dfrac{1}{2} \times 4 \times 3 \times 6 = 36 \text{ (cm³)}$$

(3) 底面積 $\dfrac{1}{2} \times 4 \times 3 = 6$

側面積 $6 \times (4+3+5) = 72$

表面積 $6 \times 2 + 72 = 84$ (cm²)

❷ (1) 底面積 $4 \times 4 = 16$

側面積 $\underset{\text{側面の二等辺三角形の面積}}{\dfrac{1}{2} \times 4 \times 7} \times 4 = 56$

表面積 $16 + 56 = 72$ (cm²)

(2) 体積 $\dfrac{1}{3} \times \pi \times 12^2 \times 9 = 432\pi$ (cm³)

底面積 $\pi \times 12^2 = 144\pi$

側面積　$\dfrac{1}{2} \times \underset{\text{側面のおうぎ形の弧の長さ}}{2\pi \times 12} \times \underset{\text{側面のおうぎ形の半径}}{15} = 180\pi$

表面積　$144\pi + 180\pi = 324\pi$ (cm²)

❸ 辺 BC を軸として 1 回転さ
せると，右の図のような円錐
を 2 つつなげた立体ができる。

1 つの円錐の高さは $6 \div 2 = 3$ (cm) だから，

体積は　$\underset{\text{円錐1つ分の体積}}{\dfrac{1}{3} \times \pi \times 2^2 \times 3} \times 2 = 8\pi$ (cm³)

❹ OA を軸として 1 回転させる
と，右の図のような半球ができ
る。

体積は　$\underset{\text{球の体積の半分}}{\dfrac{4}{3} \times \pi \times 9^3 \div 2} = 486\pi$ (cm³)

❺ くりぬく円錐の体積は，円柱の体積の $\dfrac{1}{3}$ だか
ら，円錐をくりぬいた立体の体積は
円柱の体積の $\left(1 - \dfrac{1}{3} = \right) \dfrac{2}{3}$ になる。
求める立体の体積は

$\underset{\text{円柱の体積}}{\pi \times 3^2 \times 9} \times \dfrac{2}{3} = 54\pi$ (cm³)

❻ (1)　側面のおうぎ形の弧の長さは，底面の円周
　　の長さに等しいから，$2\pi \times 3 = 6\pi$ (cm)
　(2)　おうぎ形の半径を r cm とすると，おうぎ形
　　の弧の長さは，中心角が $120°$ より，

　　$2\pi \times r \times \dfrac{120}{360} = 6\pi$　　よって，$r = 9$

　(3)　$\dfrac{1}{2} \times 6\pi \times 9 = 27\pi$ (cm²)

❼ 底面の円周の長さは $2\pi \times 2 = 4\pi$ (cm)
半径 12 cm の円周の長さは $2\pi \times 12 = 24\pi$ (cm)
だから，側面のおうぎ形の弧の長さは円周の

$\dfrac{4\pi}{24\pi} = \dfrac{1}{6}$ (倍) である。

中心角の大きさは $360° \times \dfrac{1}{6} = 60°$ だから，
展開図は右のようになり，
展開図に A と重なる点
A′ をかき入れると，ひも
がもっとも短くなるとき
のひもの通る線は，展開
図では線分 AA′ になる。

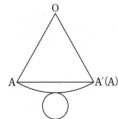

おうぎ形の中心角の大きさが $60°$ で OA＝OA′
だから，△OAA′ は 1 辺の長さが 12 cm の正三角
形である。よって，AA′＝12 cm

❽ (1)　三角錐 AEFH で，
　　△HEF を底面とすると，
　　高さは AE だから，
　　三角錐 AEFH の体積は
　　$\dfrac{1}{3} \times \dfrac{1}{2} \times 6 \times 6 \times 6$
　　$= 36$ (cm³)

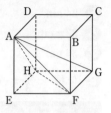

　(2)　角錐の高さは，頂点から底面にひいた垂線の
　　長さになる。
　　三角錐 AFGH で頂点 A から底面 FGH にひい
　　た垂線は AE だから，AE が高さになる。

　(3)　$\dfrac{1}{3} \times \underset{\text{△FGHの面積}}{\dfrac{1}{2} \times 6 \times 6} \times \underset{\text{AEの長さ}}{6} = 36$ (cm³)

　　三角錐 AEFH と三角錐 AFGH は，
　　底面積が等しく，高さが共通なので体積が等し
　　くなる。

① 側面のおうぎ形は半径が 8 cm，弧の長さ (底面
の円周の長さ) が $2\pi \times 2 = 4\pi$ (cm) だから，

側面積は　$\dfrac{1}{2} \times 4\pi \times 8 = 16\pi$ (cm²)

② 1 辺の長さが 4 cm の立方体にちょうど入る大
きさの球の半径は　$\underset{\text{直径が 4 cm}}{4 \div 2 = 2}$ (cm) だから，

体積は　$\dfrac{4}{3}\pi \times 2^3 = \dfrac{32}{3}\pi$ (cm³)

p.102～103 ステージ**3**

❶ (1)　㋐，㋒，㋕
　(2)　㋐，㋓，㋗
　(3)　㋑，㋒，㋕
　(4)　㋐，㋓

❷ (1)　平面 EFGH
　(2)　平面 BFGC，平面 EFGH
　(3)　直線 BC，直線 BF，直線 CG，
　　　直線 FG
　(4)　直線 DH，直線 CG，直線 EH，
　　　直線 FG
　(5)　直線 AB，直線 BF，直線 CD，
　　　直線 CG
　(6)　平面 ABCD，平面 EFGH

❸ (1) 体積 … 90 cm³　　表面積 … 126 cm²

　　(2) 体積 … 54π cm³　　表面積 … 54π cm²

❹ (1) 体積 … 48 cm³　　表面積 … 96 cm²

　　(2) 体積 … 96π cm³　　表面積 … 96π cm²

❺ 24 cm³

❻ 33π cm²

❼ 36 cm²

❽ 体積 … $\dfrac{32}{3}\pi$ cm³　　表面積 … 16π cm²

━━━━━━━◀ **解説** ▶━━━━━━━

❸ (1) 四角柱の底面は高さが 4 cm の台形で，展
開図は次のようになる。

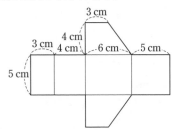

底面積　$\dfrac{1}{2}\times(3+6)\times4=18$

側面積　$5\times(3+4+6+5)=90$
　　　　四角柱の高さ　底面の周の長さ

体積　　$18\times5=90$（cm³）

表面積　$18\times2+90=126$（cm²）

(2) 展開図は右のように
なる。

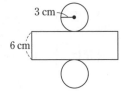

底面積　$\pi\times3^2=9\pi$

側面積　$6\times2\pi\times3=36\pi$

体積　　$9\pi\times6=54\pi$（cm³）

表面積　$9\pi\times2+36\pi=54\pi$（cm²）

❹ (1) 正四角錐の側面の
1 つの三角形は，底辺
が 6 cm，高さが 5 cm
の二等辺三角形で，展
開図は右のようになる。

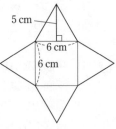

底面積　$6\times6=36$

側面積　$\dfrac{1}{2}\times6\times5\times4=60$

正四角錐の高さは，見取図より 4 cm だから，

体積　　$\dfrac{1}{3}\times36\times4=48$（cm³）

表面積　$36+60=96$（cm²）

(2) 展開図は右のようになる。

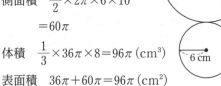

底面積　$\pi\times6^2=36\pi$

側面積　$\dfrac{1}{2}\times2\pi\times6\times10$

　　　$=60\pi$

体積　　$\dfrac{1}{3}\times36\pi\times8=96\pi$（cm³）

表面積　$36\pi+60\pi=96\pi$（cm²）

❺ 問題の直方体は，

平面図より，底面は縦 3 cm，横 4 cm の長方形，

立面図より，高さが 2 cm

であることがわかる。

よって，この直方体の体積は

$3\times4\times2=24$（cm³）

❻ 辺 AC を軸として 1 回転させると，母線の長さ
が 8 cm の円錐ができる。底面の円の半径を
r cm とすると，展開図の側面のおうぎ形の弧の
長さは，底面の円周の長さに等しいから，

$2\pi\times8\times\dfrac{135}{360}=2\pi r$ より，$r=3$

表面積は $\pi\times3^2+\pi\times8^2\times\dfrac{135}{360}=33\pi$（cm²）

❼ 色のついた三角錐 ADEF は，正三角形 DEF，
△ADE，△ADF，△AEF の 4 つの面からなる四
面体である。

一方，2 つに切り取られた残りの立体は，正三角
形 ABC，△ABE，△ACF，△AEF，正方形
BEFC の 5 つの面からなる五面体である。

正三角形 DEF と正三角形 ABC は面積が等しく，
△ADE，△ADF，△ABE，△ACF もそれぞれ正
方形の半分の大きさだから面積が等しいので，

2 つの立体の表面積の差は，正方形 BEFC 1 つ分
であることがわかる。

よって，$6\times6=36$（cm²）

❽ 半円を，直線 ℓ を軸として 1 回転させると，
半径が 2 cm の球ができる。

体積　　$\dfrac{4}{3}\pi\times2^3=\dfrac{32}{3}\pi$（cm³）

表面積　$4\pi\times2^2=16\pi$（cm²）

┌─ 得点アップの**コツ** ─────────

球の体積と表面積を求める公式は，きちんと覚えて
おこう。

半径 r の球の体積は $\dfrac{4}{3}\pi r^3$

　　　　　　表面積は $4\pi r^2$
└────────────────────

7章 データの活用

❶ (1) **16点**

(2) ⑦ **6** ④ **7**

⑤ **5**

(3) 階級 … 10点以上15点未満の階級

階級値 … 12.5点

❷ (1) **12**

(2) 生徒の身長のヒストグラム

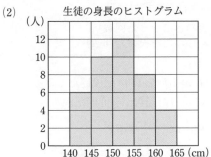

❸ 握力測定のヒストグラム

（解説）

❶ (1) 範囲は，データの散らばりの程度を表す値
で $18-2=16$（点）である。
　　（最大の値）−（最小の値）

(2) 得点のデータを，もれなく重複なく数える。
そのために，数えたデータにはチェックをつけ
ていくとよい。

　ミス注意！ 10点は「10点以上15点未満の階
級」に入ることに注意する。

(3) 10点以上15点未満の階級の階級値は
$\dfrac{10+15}{2}=12.5$（点）になる。

❷ (1) □にあてはまる数は，
$40-(6+10+8+4)=12$ になる。

(2) 階級の幅5cmを横の長さ，度数を縦の長さ
とする長方形をすき間なく並べて，ヒストグラ
ムをつくる。

❸ ヒストグラムの各長方形の上の辺の中点を結ん
で度数折れ線をつくる。

❶ (1) ⑦ **0.15** ④ **0.60**

⑤ **0.20** ⊑ **1.00**

(2) **いえない**

(3) （相対度数）

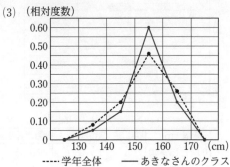

----・学年全体　　——あきなさんのクラス

❷ (1) ① **16** ② **14**

③ **2040**

(2) **51kg**

（解説）

❶ (1) ⑦~⑤ 度数の合計に対する各階級の度数
の割合が「相対度数」だから，度数分布表から
各階級の度数を読みとり，次のように計算する。

⑦ $6÷40=0.15$

④ $24÷40=0.60$

⑤ $8÷40=0.20$

⊑ すべての階級の相対度数の和は1.00にな
る。

(2) あきなさんのクラスの，身長が150cm未満
の人の割合は，(1)より$0.05+0.15=0.20$
学年全体の，身長が150cm未満の人の割合は
$0.08+0.20=0.28$

したがって，あきなさんのクラスは，学年全体
より身長が150cm未満の人の割合は小さい。

(3) 相対度数の分布を折れ線グラフに表すと，全
体の度数が異なるデータを比較するのに役立つ。
グラフの形はよく似ていて，真ん中あたりが1
番高い形になっている。

❷ (1) ヒストグラムを，次のような表に整理する
とわかりやすい。

階級（kg）	階級値	度数（人）	（階級値）×（度数）
40以上45未満	42.5	2	85
45 ～50	47.5	16	760
50 ～55	52.5	14	735
55 ～60	57.5	8	460
計		40	2040

(2) 平均値は，(1)より $2040÷40=51$（kg）

❶ (人)

❷ (1) ハンドボール投げの記録

階級（m）	度数（人）	累積度数（人）	累積相対度数
10 以上 15 未満	1	1	0.05
15 〜20	2	3	0.15
20 〜25	6	9	0.45
25 〜30	8	17	0.85
30 〜35	3	20	1.00
計	20		

(2) **45 %**

❸ **0.6**

❹ (1) **0.3**

(2) **0.56**

━━━━━ 解 説 ━━━━━

❶ 累積度数を折れ線グラフで表すときは，ヒストグラムの各長方形の右上の頂点を結ぶ。

ミス注意! ヒストグラムの左端に，度数 0 の階級があるものと考えて，1 番左の長方形の左下の頂点も結んでおく。

❷ (1) 度数分布表において，各階級以下の階級の度数をたし合わせたものが「累積度数」だから，「累積相対度数」は度数の合計に対する各階級の累積度数の割合を求めればよい。

10 m 以上 15 m 未満の階級の累積相対度数は
$1÷20＝0.05$

15 m 以上 20 m 未満の階級の累積相対度数は
$3÷20＝0.15$

20 m 以上 25 m 未満の階級の累積相対度数は
$9÷20＝0.45$

25 m 以上 30 m 未満の階級の累積相対度数は
$17÷20＝0.85$

30 m 以上 35 m 未満の階級の累積相対度数は
$20÷20＝1.00$ ← 最後は必ず 1.00 になる。

(2) 記録が 25 m 未満の生徒の，全体に対する割合は，累積相対度数の 0.45 だから，全体の 45 % いたことがわかる。

❸ 1 個のびんのふたを 1 回投げただけでは，起こりやすさを知ることは難しい。

たくさん投げてその結果を調べることによって，起こりやすさを求めることができる。

「表向きになる確率」とは「表向きになる相対度数」のことだから，

（表向きになる相対度数）

$$＝\frac{（表向きになった回数）}{（びんのふたを投げた回数）}$$

で求める。

あるびんのふたを 1500 回投げたところ，表向きになった回数が 900 回だから，

求める確率は $\dfrac{900}{1500}＝0.6$

ポイント

実験や観察を行うとき，
あることがらの起こりやすさの程度を表す数を，
そのことがらの起こる確率という。

❹ 長年の調査の結果など多くのデータを使って，そのことがらの起こる確率を考える場合がある。

$$（確率）＝\frac{（そのことがらが起こった回数）}{（度数の合計）}$$

で求める。

(1) 初日の出がみられたのは 50 年間で 15 回あったから，

初日の出がみられる確率は $\dfrac{15}{50}＝0.3$ である。

(2) 子どもの日が晴天だったのは 50 年間で 28 回あったから，

子どもの日が晴れる確率は $\dfrac{28}{50}＝0.56$ である。

p.110~111 ステージ**2**

① (1)　9冊

(2)　平均値…3.2冊

中央値…2.5冊

最頻値…2冊

(3)

階級（冊）	度数（人）	累積度数（人）
0 以上 2 未満	8	8
2 ～ 4	11	19
4 ～ 6	6	25
6 ～ 8	3	28
8 ～ 10	2	30
計	30	

② (1)　31人

(2)
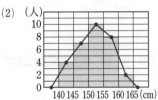

③ (1)　22 m　　　　(2)　18 m

(3)　20.4 m

④ (1)　⑦　0.44　　⑦　0.43　　⑦　0.43

(2)　0.43

・・・・・・

① ⑦

② (1)　22.5分　　　　(2)　0.30

(3)　⑦, ⑦

━━━━━━━ 解説 ━━━━━━━

① (1)　最大の値は9冊，最小の値は0冊だから，

範囲は　9－0＝9（冊）

ポイント

（範囲）＝（最大の値）－（最小の値）

(2)　冊数の合計は95冊だから，

平均値は　95÷30＝3.16…

小数第2位を四捨五入すると，3.2冊

度数の合計は30人で偶数だから，

データを小さい方から順に書き並べたときの

中央の値は15番目と16番目の平均になる。

0, 0, 0, 1, 1, 1, 1, 1, 2, 2,

2, 2, 2, 2, 2, 3, 3, 3, 3, 4,
　　　　　　15番目　16番目

4, 4, 5, 5, 5, 6, 7, 7, 8, 9

よって，中央値は　$\dfrac{2+3}{2}$＝2.5（冊）

最頻値は，もっとも多く現れている値だから，

2冊である。

(3)　階級の幅を2冊にして，各階級に入る度数を

数える。

累積度数は，階級の度数をたし合わせていく。

② (1)　ヒストグラムから，各階級の度数を読みと

る。4＋7＋10＋8＋2＝31（人）

(2)　ヒストグラムの各長方形の上の辺の中点を結

んで度数折れ線をつくる。

③ (1)　度数の合計は25人で奇数だから，

真ん中の13番目の人が入る階級は

1＋3＋8＜13＜1＋3＋8＋7　より，

20 m以上24 m未満の階級で，その階級値は

$\dfrac{20+24}{2}$＝22（m）だから，中央値は22 mである。

ポイント

中央値をふくむ階級の階級値をそのデータの中央値

として用いることがある。

(2)　度数がもっとも大きい階級は，

16 m以上20 m未満の階級で，その階級値は

$\dfrac{16+20}{2}$＝18（m）だから，最頻値は18 mである。

ポイント

度数がもっとも大きい階級の階級値をそのデータの

最頻値として用いることがある。

(3)　まず，{（階級値）×（度数）}の合計を求める。

10×1＋14×3＋18×8＋22×7＋26×5＋30×1

＝510（m）

平均値は　510÷25＝20.4（m）

ポイント

度数分布表を利用した平均値の求め方

（平均値）＝$\dfrac{\{（階級値）×（度数）\}の合計}{（度数の合計）}$

④ (1)　（針が下を向く割合）

＝$\dfrac{（針が下を向いた回数）}{（投げた回数）}$

⑦　$\dfrac{265}{600}$＝0.441…

小数第3位を四捨五入すると，0.44

⑦　$\dfrac{345}{800}$＝0.431…

小数第3位を四捨五入すると，0.43

ⓦ $\dfrac{431}{1000}=0.431$

　小数第3位を四捨五入すると，0.43

(2) 投げる回数が多くなるほど，0.43に近づく。

① ⓐ 最頻値は，1組，2組ともに7.5時間以上
8.0時間未満の階級の階級値7.75時間で等しい。

ⓑ 1組の中央値がふくまれる階級は7.0時間以
上7.5時間未満の階級，2組の中央値がふくま
れる階級は7.5時間以上8.0時間未満の階級だ
から，2組の方が中央値は大きい。

ⓒ 睡眠時間が8時間以上の生徒の人数は，1組
は7人，2組は11人だから，2組の方が多い。

ⓓ 睡眠時間が7時間以上9時間未満の生徒の割

合は，1組が $\dfrac{6+8+4+3}{32}=\dfrac{21}{32}=0.65\cdots$

2組が $\dfrac{6+7+5+3}{33}=\dfrac{21}{33}=0.63\cdots$ だから，

1組の方が多い。

② (1) A中学校の度数がもっとも大きい階級は
20分以上25分未満の階級だから，

最頻値はその階級値で $\dfrac{22+25}{2}=22.5$ (分)

(2) B中学校の15分未満の生徒の人数は
4+10+16=30 (人) だから，

相対度数は $\dfrac{30}{100}=0.30$

(3) ⓐ A中学校の最頻値は22.5分，B中学校
の最頻値は度数がもっとも大きい15分以上
20分未満の階級の階級値で17.5分だから，
同じではない。

ⓑ A中学校の中央値がふくまれる階級は15
分以上20分未満の階級，B中学校の中央値
がふくまれる階級は15分以上20分未満の階
級だから，同じ階級にある。

ⓒ 通学時間が15分未満の生徒の，A中学校

の相対度数は $\dfrac{6+7}{39}=\dfrac{13}{39}=0.33\cdots$，B中学校

の相対度数は $\dfrac{4+10+16}{100}=\dfrac{30}{100}=0.30$ だか

ら，A中学校の方が大きい。

ⓓ B中学校は0分以上5分未満の階級と35
分以上40分未満の階級の生徒がいるので，
B中学校の方が，範囲が大きい。

以上のことから，正しい文はⓑとⓓ

---

p.112 ステージ**3**

❶ (1) 度数折れ線（度数分布多角形）

(2) 30個

(3) 5 g

(4) 0.37

❷ (1) 50 cm

(2)(3)

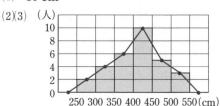

(4) 0.33

(5) 40 %

❸ 0.17

解 説

❶ (2) 度数折れ線から，各階級の度数を読みとる。
2+5+11+8+4=30 (個)

(3) たとえば，95 g以上100 g未満の階級で，
階級の幅を求めると，100−95=5 (g)

(4) 度数がもっとも大きい階級は
105 g以上110 g未満の階級で，度数は11

だから，その階級の相対度数は $\dfrac{11}{30}=0.366\cdots$

小数第3位を四捨五入すると，0.37

❷ (1) たとえば，250 cm以上300 cm未満の階級
で，階級の幅を求めると，
300−250=50 (cm)

(4) 度数がもっとも大きい階級は
400 cm以上450 cm未満の階級で，度数は10

だから，その階級の相対度数は $\dfrac{10}{30}=0.333\cdots$

小数第3位を四捨五入すると，0.33

(5) 記録が400 cm未満の生徒は，
2+4+6=12 (人) だから，

クラス全体の $\dfrac{12}{30}\times100=40$ (%)

❸ (1の目が出る確率)=$\dfrac{(1の目が出た回数)}{(投げた回数)}$

だから，求める確率は $\dfrac{330}{2000}=0.165$

小数第3位を四捨五入すると，0.17

定期テスト対策 得点アップ！ 予想問題

p.114〜115 第**1**回

1 (1) -6.5

(2) 西へ 23 m 進むこと

(3) -2, -1, 0, 1

(4) $-8 < -1 < 7$

(5) -11, $+11$

2 A $\cdots$ $+4$

B $\cdots$ -1.5

C $\cdots$ -5.5

3 (1) -4　　(2) 4.2　　(3) $\dfrac{2}{5}$

(4) 0　　(5) 42　　(6) 0

(7) -130　　(8) -6　　(9) $\dfrac{15}{8}$

(10) -8　　(11) -14　　(12) -18

4 (1) 18

(2) -3, 0, 18, -25

5 エ

6 (1) -3　　　　　　(2) -5238

7 (1) $+3$

(2) 2 回とも 5 の目が出たとき

8 (1) 17.1 cm　　(2) 158.2 cm

9 (1) 28　　　　　　(2) 30

── 解説 ◀

1 (1) 0 より小さい数だから，$-$ の符号を使う。

(2) 「東」の反対は「西」だから，「東へ進むこと」を「＋」を使って表すことにすると，「−」を使うと「西へ進むこと」を表すことができる。

(3) $-\dfrac{9}{4} = -2\dfrac{1}{4}$ より，$-\dfrac{9}{4}$ は -2 より小さい数だから，-2 以上 1 以下の整数を答える。

(4) $8 > 1$ で，負の数は絶対値が大きいほど小さいから，$-8 < -1$

また，（負の数）$< 0 <$（正の数）だから，$-8 < -1 < 7$ である。

(5) 絶対値が 11 である数は -11 と $+11$ の 2 つある。

2 **ミス注意！** 数直線のめもりは，0.5 の間隔になっている。

3 (1) $(+4) - (+8) = 4 - 8 = -4$

(2) $1.6 - (-2.6) = 1.6 + 2.6 = 4.2$

(3) $\left(+\dfrac{3}{5}\right) + \left(-\dfrac{1}{5}\right) = \dfrac{3}{5} - \dfrac{1}{5} = \dfrac{2}{5}$

(4) $-6 - 9 + 15 = -15 + 15 = 0$

(5) $(-7) \times (-6) = +(7 \times 6) = 42$

(6) ある数と 0 の積は，つねに 0 になる。

(7) $(-5) \times (-13) \times (-2) = -(5 \times 13 \times 2)$
$= -(5 \times 2 \times 13) = -(10 \times 13) = -130$

(8) $24 \div (-4) = -(24 \div 4) = -6$

(9) $\left(-\dfrac{5}{6}\right) \div \left(-\dfrac{4}{9}\right) = +\left(\dfrac{5}{6} \times \dfrac{9}{4}\right) = \dfrac{15}{8}$

(10) $12 \div (-3) \times 2 = (-4) \times 2 = -8$

(11) $2 - (-4)^2 = 2 - 16 = -14$

(12) $\left(\dfrac{1}{3} - \dfrac{5}{6}\right) \div \left(-\dfrac{1}{6}\right)^2 = \left(\dfrac{2}{6} - \dfrac{5}{6}\right) \div \dfrac{1}{36}$

$= -\dfrac{3}{6} \times 36 = -18$

ポイント

四則の混じった式の計算は，次の順序で計算する。

・累乗のある式は，累乗を先に計算する。

・乗法や除法は，加法や減法よりも先に計算する。

・かっこのある式は，かっこの中を先に計算する。

4 (1) 正の整数を自然数という。

(2) 整数には，負の整数，0，正の整数がある。

ポイント

$$\text{整数} \begin{cases} \text{正の整数（自然数）} & 1, \ 2, \ 3, \ \cdots \\ 0 & \\ \text{負の整数} & \cdots, \ -3, \ -2, \ -1 \end{cases}$$

※ 0 は，正の数でも負の数でもない数である。

5 累乗の指数は，かけ合わせた同じ数の個数を表しているから，$(-3)^2$ は -3 を 2 個かけ合わせた $(-3) \times (-3)$ のことになる。

6 (1) $(-0.3) \times 16 - (-0.3) \times 6$

$= (-0.3) \times (16 - 6)$

$= (-0.3) \times 10$

$= -3$

(2) $-54 \times 97 = -54 \times (100 - 3)$

$\qquad = -54 \times 100 + (-54) \times (-3)$

$\qquad = -5400 + 162$

$\qquad = -5238$

得点アップの**コツ**♪

分配法則を利用すると，計算を簡単にすることができることがある。「かっこをはずす」「かっこを使って，1つにまとめる」の2通りの使い方ができるようにしておこう。

7 (1) 1回目で正の方向へ4，2回目に負の方向へ1移動するから，$(+4)+(-1)=+3$

(2) 負の向きに移動するのは，1，3，5の目が出たときで，それに対応する数はそれぞれ -1，-3，-5 となる。
$-10=(-5)+(-5)$ だから，-10 を表す点に移動するのは，2回とも5の目が出たときである。

8 (1) 5人の中で，いちばん背が高いのはAで，いちばん低いのはBだから，その差は
$(+11.3)-(-5.8)=11.3+5.8=17.1$ (cm)

(2) Cとの差の平均は
$\{(+11.3)+(-5.8)+0+(+6.9)+(-2.4)\}÷5$
$=2$ (cm) だから，
5人の身長の平均は $156.2+2=158.2$ (cm)

ポイント

Cの身長を基準として，基準とのちがいから平均を求めるとよい。
(身長の平均)
=(基準の身長)+(基準の身長とのちがいの平均)

9 それぞれの数を素因数分解して考える。

(1)
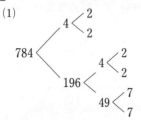

$784=2×2×2×2×7×7$
$=(2×2×7)×(2×2×7)$
$=28×28$

(2)
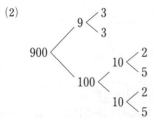

$900=2×2×3×3×5×5$
$=(2×3×5)×(2×3×5)$
$=30×30$

---

p.116～117 第**2**回

1 (1) $-4×p$

(2) $-1×a+3×b$

(3) $8×x×x×x$

(4) $a÷5$

(5) $(y+7)÷2$

(6) $b÷a-y÷x$

2 (1) $(350x+120)$ 円

(2) $(1000-3x-y)$ 円

(3) $\dfrac{x}{2}$ 秒　　(4) $\dfrac{ax}{100}$ 円

3 (1) $12x$　　(2) b

(3) $2y$　　(4) $-\dfrac{1}{3}a$

(5) $\dfrac{2}{3}x-6$　　(6) $-32x$

(7) $12a-6$　　(8) $-9x+3$

(9) $4a$　　(10) $-y+2$

(11) $-a-24$　　(12) $x+5$

(13) $3y+2$　　(14) $-2m+1$

4 (1) 20　　(2) $-\dfrac{2}{9}$

5 -6，$16x-8$

6 (1) $-7x-3$　　(2) $\dfrac{8}{3}x-2$

7 (1) $a=bc+3$　　(2) $180-xy≧10$

(3) $x<3y$　　(4) $S=\dfrac{\pi a^2}{2}$

8 (1) 三角形…⑦，$\dfrac{2a}{3}$ cm

(2) 三角形…④，$\dfrac{b}{3}$ cm

(3) 8 cm²

◤ **解説** ◢

2 (1) (代金の合計)
＝(ケーキの代金)＋(ジュースの代金)

(2) (おつり)
＝1000 円－(パンの代金)－(ジュースの代金)

(3) (時間)＝(道のり)÷(速さ)

(4) a% は $\dfrac{a}{100}$ だから，$x×\dfrac{a}{100}=\dfrac{ax}{100}$ (円)

3 (1) $5x+7x=(5+7)x=12x$

(2) $4b-3b=(4-3)b=b$

(3) $3y-y=(3-1)y=2y$

(4)　$\dfrac{5}{6}a-\dfrac{2}{3}a-\dfrac{1}{2}a=\left(\dfrac{5}{6}-\dfrac{2}{3}-\dfrac{1}{2}\right)a$

　　　$=\left(\dfrac{5}{6}-\dfrac{4}{6}-\dfrac{3}{6}\right)a=-\dfrac{1}{3}a$

(5)　$x-9-\dfrac{1}{3}x+3=x-\dfrac{1}{3}x-9+3$

　　　$=\left(1-\dfrac{1}{3}\right)x-9+3=\dfrac{2}{3}x-6$

(6)　$4x\times(-8)=4\times(-8)\times x=-32x$

(7)　$6(2a-1)=6\times2a+6\times(-1)=12a-6$

(8)　$-18\times\dfrac{3x-1}{6}=-3\times(3x-1)=-9x+3$

(9)　$(-12a)\div(-3)=(-12a)\times\left(-\dfrac{1}{3}\right)$

　　　$=(-12)\times\left(-\dfrac{1}{3}\right)\times a=4a$

(10)　$(5y-10)\div(-5)=(5y-10)\times\left(-\dfrac{1}{5}\right)$

　　　$=5y\times\left(-\dfrac{1}{5}\right)-10\times\left(-\dfrac{1}{5}\right)$

　　　$=-y+2$

(11)　$3(a-6)-2(2a+3)$

　　　$=3\times a+3\times(-6)+(-2)\times2a+(-2)\times3$

　　　$=3a-18-4a-6=-a-24$

(12)　$4(x-4)-3(x-7)=4x-16-3x+21$

　　　$=x+5$

(13)　$2(3y-2)-3(y-2)=6y-4-3y+6$

　　　$=3y+2$

(14)　$\dfrac{1}{5}(10m-5)-\dfrac{2}{3}(6m-3)$

　　　$=\dfrac{1}{5}\times10m+\dfrac{1}{5}\times(-5)$

　　　　　　　　$+\left(-\dfrac{2}{3}\right)\times6m+\left(-\dfrac{2}{3}\right)\times(-3)$

　　　$=2m-1-4m+2=-2m+1$

4 (1)　x に -6 を代入すると，

　　　$-5x-10=-5\times x-10$

　　　　　　　　　$=-5\times(-6)-10=30-10=20$

(2)　a に $\dfrac{1}{3}$ を代入すると，

　　　$a^2-\dfrac{1}{3}=\left(\dfrac{1}{3}\right)^2-\dfrac{1}{3}=\dfrac{1}{3}\times\dfrac{1}{3}-\dfrac{1}{3}=\dfrac{1}{9}-\dfrac{1}{3}$

　　　　　　$=\dfrac{1}{9}-\dfrac{3}{9}=-\dfrac{2}{9}$

5　$(8x-7)+(-8x+1)=8x-7-8x+1$

　　　　　　　　　$=8x-8x-7+1$

　　　　　　　　　$=-6$

　　$(8x-7)-(-8x+1)=8x-7+8x-1$

　　　　　　　　　$=8x+8x-7-1$

　　　　　　　　　$=16x-8$

6 (1)　$3A-2B=3(-3x+5)-2(9-x)$

　　　　　　　$=-9x+15-18+2x$

　　　　　　　$=-9x+2x+15-18$

　　　　　　　$=-7x-3$

(2)　$-A+\dfrac{B}{3}=-(-3x+5)+\dfrac{9-x}{3}$

　　　　　　　$=3x-5+3-\dfrac{1}{3}x$

　　　　　　　$=3x-\dfrac{1}{3}x-5+3$

　　　　　　　$=\dfrac{8}{3}x-2$

7 (1)　（わられる数)=(わる数)×(商)+(余り)
　　　だから，$a=b\times c+3$
　　　よって，$a=bc+3$

(2)　180 km－(走った道のり)=(残りの道のり)
　　　で，(残りの道のり)≧10 km

(3)　x 個が y 人の子どもに 3 個ずつ配るのに必要
　　　な個数 $3y$ 個より少ないことを式に表すので，
　　　不等式になる。

(4)　$S=\pi\times a^2\div2=\dfrac{\pi a^2}{2}$

ポイント

不等号
$a<b$…a は b より小さい（a は b 未満）
$a>b$…a は b より大きい
$a\geqq b$…a は b 以上
$a\leqq b$…a は b 以下

8 ㋐　　　　　㋑

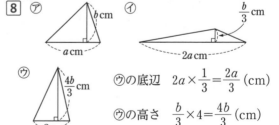

㋒

㋒の底辺　$2a\times\dfrac{1}{3}=\dfrac{2a}{3}$ (cm)

㋒の高さ　$\dfrac{b}{3}\times4=\dfrac{4b}{3}$ (cm)

(3)　$a=6$ のとき，㋒の底辺は $\dfrac{2\times6}{3}=4$ (cm)

　　　$b=3$ のとき，㋒の高さは $\dfrac{4\times3}{3}=4$ (cm)

　　　よって，求める面積は $\dfrac{1}{2}\times4\times4=8$ (cm²)

1 (1) ㋒, $C=9$

(2) ㋑, $C=3$

(3) ㋔, $C=-2$

2 (1) $x=11$　　(2) $x=16$

(3) $x=-14$　　(4) $x=\dfrac{1}{10}$

(5) $x=0$　　(6) $x=-7$

3 (1) $x=-2$　　(2) $x=20$

(3) $x=6$　　(4) $x=-\dfrac{1}{4}$

4 (1) $x=\dfrac{1}{4}$　　(2) $x=-4$

5 $a=-\dfrac{10}{3}$

6 (1) $(6-x)$ 個

(2) $230x+120(6-x)=940$

(3) もも…2個　　オレンジ…4個

7 53 枚

8 780 m

9 (1) 375 g　　(2) 28 個

━━━━ 解　説 ━━━━

1 (2) ㋐, $C=-3$ でもよい。

(3) ㋒, $C=-\dfrac{1}{2}$ でもよい。

2 (1) $7-x=-4$
$-x=-4-7$
$-x=-11$
$x=11$

(2) $\dfrac{x}{2}=8$
$\dfrac{x}{2}\times2=8\times2$
$x=16$

(3) $-6x-11=-5x+3$
$-6x+5x=3+11$
$-x=14$
$x=-14$

(4) $9x+2=-x+3$
$9x+x=3-2$
$10x=1$
$x=\dfrac{1}{10}$

(5) $-4(2+3x)+1=-7$　
$-8-12x+1=-7$　⎫ ( )をはずす。
$-12x=-7+8-1$
$-12x=0$
$x=0$

(6) $5(x+3)=2(x-3)$　⎫ ( )をはずす。
$5x+15=2x-6$
$5x-2x=-6-15$
$3x=-21$
$x=-7$

3 (1) $3.7x+1.2=-6.2$　⎫ 両辺に 10 をかける。
$37x+12=-62$
$37x=-74$
$x=-2$

(2) $0.05x+4.8=0.19x+2$　⎫ 両辺に 100 をかける。
$5x+480=19x+200$
$-14x=-280$
$x=20$

(3) $\dfrac{1}{5}+\dfrac{x}{3}=1+\dfrac{x}{5}$　⎫ 両辺に 15 をかける。
$3+5x=15+3x$
$2x=12$
$x=6$

(4) $\dfrac{2x-1}{2}=\dfrac{x-2}{3}$　⎫ 両辺に 6 をかける。
$3(2x-1)=2(x-2)$
$6x-3=2x-4$
$4x=-1$
$x=-\dfrac{1}{4}$

4 比例式の性質 $a:b=c:d$ ならば $ad=bc$ を使う。

(1) $x:8=2:64$
$x\times64=8\times2$
$64x=16$
$x=\dfrac{1}{4}$

(2) $10:12=5:(2-x)$
$10\times(2-x)=12\times5$
$20-10x=60$
$-10x=40$
$x=-4$

5 $5x-4a=10(x-a)$ の x に -4 を代入すると,
$5\times(-4)-4a=10(-4-a)$
$-20-4a=-40-10a$
$6a=-20$
$a=-\dfrac{10}{3}$

6 (1) (ももの個数)+(オレンジの個数)=6個
だから, ももの個数を x 個とすると,
オレンジの個数は $(6-x)$ 個と表される。

(2) (ももの代金)+(オレンジの代金)=940円
から方程式をつくる。

(3) $230x+120(6-x)=940$ より $x=2$

オレンジの個数は　$6-2=4$（個）

もも2個，オレンジ4個は，問題に適している。

7 子どもの人数を x 人として，画用紙の枚数を2通りに表して方程式をつくると，

$6x-13=4x+9$　　この方程式を解くと，$x=11$

画用紙の枚数は　$6\times11-13=53$（枚）

画用紙53枚は，問題に適している。

別解 画用紙の枚数を x 枚として，子どもの人数を2通りに表して方程式をつくると，

$$\frac{x+13}{6}=\frac{x-9}{4}\quad\Big\rangle\text{両辺に 12 をかける。}$$
$$2(x+13)=3(x-9)$$
$$2x+26=3x-27$$
$$-x=-53$$
$$x=53$$

8 家から学校までの道のりを x m とする。

兄が歩いた時間は $\dfrac{x}{80}$ 分，弟が歩いた時間は $\dfrac{x}{60}$ 分

弟の方が $\left(3分15秒=3\dfrac{15}{60}分=\right)\dfrac{13}{4}$ 分多く時間がかかったから，

（兄が歩いた時間）$+\dfrac{13}{4}$ 分$=$（弟が歩いた時間） より

$$\frac{x}{80}+\frac{13}{4}=\frac{x}{60}\quad\Big\rangle\text{両辺に 240 をかける。}$$
$$3x+780=4x$$
$$-x=-780$$
$$x=780$$

道のり 780 m は，問題に適している。

9 (1) ビー玉 150 個の重さを x g として比例式をつくると，$8:20=150:x$

$$8\times x=20\times150$$
$$x=375$$

これは問題に適している。

(2) 2つの箱A，Bに入れるクッキーの個数の比が4:5だから全体は9となる。Aの箱に入れるクッキーの個数を x 個とすると，次のような比例式ができる。$x:63=4:9$

$$x\times9=63\times4$$
$$x=28$$

これは問題に適している。

別解 Aの箱に入れる個数を x 個とすると，Bの箱に入れる個数は $(63-x)$ 個と表せるから，$x:(63-x)=4:5$ より $x=28$

---

p.120~121 第**4**回

1 (1) $y=8x$　　　　比例定数…8

(2) $y=\dfrac{20}{x}$　　　比例定数…20

(3) $y=80-x$

(4) $y=\dfrac{2000}{x}$　　比例定数…2000

(5) $y=5x$　　　　比例定数…5

2 (1) $y=-3x$　　　(2) $y=15$

3 (1) $y=-\dfrac{8}{x}$　　　(2) $y=-1$

4 A$(5,\ 1)$　　　　B$(-4,\ 0)$

C$(-2,\ -3)$

5
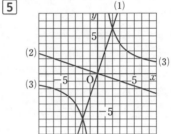

6 (1) ① $y=x$　　　② $y=\dfrac{1}{3}x$

③ $y=-\dfrac{5}{2}x$

(2) $a=-3$　　　(3) ③

7 12 個

8 (1) $y=3x$　　　(2) $0\leqq x\leqq10$

(3) $\dfrac{20}{3}$ cm

▶ **解 説** ◀

1 比例や反比例の関係かどうかは，式の形で判断することができる。

ポイント

比例

・比例を表す式…$y=ax$（a は比例定数）

・y が x に比例するとき，x の値が2倍，3倍，4倍，…になると，y の値も2倍，3倍，4倍，…になる。

反比例

・反比例を表す式…$y=\dfrac{a}{x}$ または $xy=a$

（a は比例定数）

・y が x に反比例するとき，x の値が2倍，3倍，4倍，…になると，y の値は $\dfrac{1}{2}$ 倍，$\dfrac{1}{3}$ 倍，$\dfrac{1}{4}$ 倍，…になる。

2 (1) 比例定数を a として，$y=ax$ に $x=2$，
$y=-6$ を代入すると，$-6=a\times2$ より $a=-3$
よって，$y=-3x$

(2) $y=-3x$ に $x=-5$ を代入すると，
$y=-3\times(-5)=15$

3 (1) 比例定数を a として，$y=\dfrac{a}{x}$ に $x=-4$，
$y=2$ を代入すると，$2=\dfrac{a}{-4}$ より $a=-8$
よって，$y=-\dfrac{8}{x}$

(2) $y=-\dfrac{8}{x}$ に $x=8$ を代入すると，$y=-1$

5 (1)(2) 原点と，グラフが通る原点以外のもう1
点を結ぶ直線をかく。

(3) x，y の値の組をそれぞれ座標とする点 $(2,6)$，
$(3,4)$，$(4,3)$，$(6,2)$，$(-2,-6)$，$(-3,-4)$，
$(-4,-3)$，$(-6,-2)$ などをとり，それらの点
をなめらかな曲線になるように結ぶ。

6 (1) グラフは原点を通る直線だから，y は x に
比例する。比例定数を a とすると，$y=ax$ と表
せるので，グラフが通る点の座標を読みとって，
a の値を求める。

(2) 点 $(-9,a)$ は②の直線上にあるから，
$x=-9$，$y=a$ を $y=\dfrac{1}{3}x$ に代入する。

得点アップのコツ

グラフから比例の式を求めるときは，グラフが通る
点のうち，x 座標，y 座標がともに整数である点を
見つける。

7 グラフの式は $y=-\dfrac{12}{x}$ である。

$xy=-12$ を満たす整数 x，y の組は $(-12,1)$，
$(-6,2)$，$(-4,3)$，$(-3,4)$，$(-2,6)$，
$(-1,12)$，$(1,-12)$，$(2,-6)$，$(3,-4)$，
$(4,-3)$，$(6,-2)$，$(12,-1)$ の全部で12個ある。

8 (1) $y=\dfrac{1}{2}\times x\times6$

(2) P は辺 BC 上の点だから，
x の変域は $0\leqq x\leqq10$

(3) 長方形 ABCD の面積は $6\times10=60\,(\text{cm}^2)$ で，
その $\dfrac{1}{3}$ は $60\times\dfrac{1}{3}=20\,(\text{cm}^2)$ だから，(1)で求め
た $y=3x$ に $y=20$ を代入すると，$20=3x$
よって，$x=\dfrac{20}{3}$

---

p.122〜123 第5回

1 (1) 線分 (2) 垂線
(3) 中点 (4) 垂直

2 (1) △CDO (2) △EFO
(3) △GFO

3 $\ell\perp$AB，AM＝BM

4 (1) ⑦

(2)
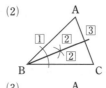

(3)
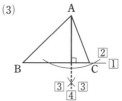

5
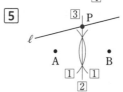

6
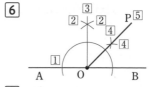

7
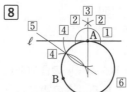

8

9 (1) 周の長さ … 28π cm
面積 … 196π cm²

(2) 周の長さ … 18π cm
面積 … 81π cm²

━━ 解説 ━━

1 (1) 直線 AB 線分 AB 半直線 AB
A━━B A━━B A━━B

2 (1) 点Oを回転の中心にして，時計の針の回転

と反対方向に 90° だけ回転移動させたとき，点
Aは点Cに，点Bは点Dにそれぞれ移動する。

(2) 180° の回転移動を点対称移動というので，対
応する 2 点を結ぶ直線が回転の中心Oを通るこ
とから，点A，Bはそれぞれ点E，Fに移動する。

(3) 直線 DH が対称の軸だから，
DH⊥BF，DH⊥AG になる。

3 線分の中点を通り，その線分に垂直な直線を，
その線分の垂直二等分線という。

4 (1) 半直線 AB，AC によってできる角が
∠BAC である。

(2) 1 つの角を 2 等分する半直線を，その角の二
等分線という。

(3) 頂点Aから辺 BC への垂線を作図する。
その垂線と辺 BC との交点を，たとえばHとす
ると，AH が辺 BC を底辺とするときの高さに
あたる。

5 2 点A，Bからの距離（きょり）が等しい点は，線分 AB
の垂直二等分線上にあるから，
線分 AB の垂直二等分線と直線 ℓ との交点をP
とすればよい。

6 ①〜③ 直線 AB 上の点Oを通る垂線をひい
て 90° の角をつくる。

④，⑤ 右側の 90° の角の二等分線をひく。
90°＋45°＝135° だから，作図した角の二等分線
が求める半直線 OP になる。

7 ① 直線 ℓ，m をそれぞれ延長して交わるよう
にし，交点をOとする。

②〜④ 角の内部にあって，その角の半直線との
距離が等しい点は，その角の二等分線上にある
ことから，∠AOB の二等分線をひく。

⑤ 二等分線と線分 AB との交点をPとすればよ
い。

8 ①〜③ 点Aを通る直線 ℓ の垂線をひく。

④，⑤ 弦の垂直二等分線は円の中心を通ること
から，求める円周上の 2 点となるA，Bを使っ
て，弦 AB の垂直二等分線をひく。

⑥ この垂直二等分線と垂線との交点を中心とし
て円をかけばよい。

9 (1) 周の長さ　2π×14＝28π（cm）
面積　π×14²＝196π（cm²）

(2) 周の長さ　π×18＝18π（cm）
面積　18÷2＝9　　π×9²＝81π（cm²）

---

p.124〜125　**第6回**

1 (1) 直線 BC，直線 BE，直線 AD

(2) 直線 EF

(3) 平面 ADEB

(4) 平面 BEFC

(5) 直線 AD，直線 BE，直線 CF

(6) 平面 ABC，平面 DEF，平面 ADEB

(7) 直線 AB，直線 AC，直線 AD

2 (1) ㋐，㋒，㋓，㋔，㋕

(2) ㋗

(3) ㋑，㋖

(4) ㋒，㋓，㋔

(5) ㋑，㋖，㋗

(6) ㋑，㋒，㋔

(7) ㋐，㋒，㋕

(8) ㋗

3 (1) ×　　　(2) ○　　　(3) ×

(4) ○　　　(5) ×

4 (1) 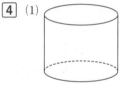　　　(2)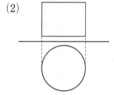

(3) **12π cm³**　　(4) **20π cm²**

5 (1) **216°**　　　(2) **324π cm³**

(3) **216π cm²**

6 体積 … **2304π cm³**
表面積 … **576π cm²**

◆　**解　説**　◆

1 (2) 同じ平面上にあって交わらない 2 直線は，
平行である。

(3) BC⊥AB，BC⊥BE より BC⊥平面 ADEB

(4) 直線 AD と交わらない平面が，直線 AD と平
行な平面である。

(5) 平面 DEF 上の 2 つの直線と垂直になってい
る直線が平面 DEF と垂直な直線である。

(6) 2 平面PとQのなす角が 90° のとき，平面P
とQは垂直であるというから，
∠ABE＝90° より平面 BEFC⊥平面 ABC
∠DEB＝90° より平面 BEFC⊥平面 DEF
∠ABC＝90° より平面 BEFC⊥平面 ADEB

(7) 空間内で，平行でなく，交わらない 2 直線は
ねじれの位置にあるという。

直線 EF に対して、
　平行 … 直線 BC
　垂直 … 直線 BE，直線 CF，直線 DE
　交わる … 直線 DF
　ねじれの位置 … 直線 AB，直線 AC，
　　　　　　　　　直線 AD
直線にしるしをつけると調べやすい。

2 (1) 平面だけで囲まれた立体を多面体といい，
面の数によって，四面体，五面体，… などとい
う。

(5) 円柱 … 長方形を，その辺を軸として 1 回転
　　　させる。
円錐 … 直角三角形を，直角をはさむ辺を軸と
　　　して，1 回転させる。
球 … 半円を，その直径を軸として 1 回転させる。

(6) 円柱…底面は円
正六面体…底面は正方形
正四角柱…底面は正方形

(7) すべての面が合同な正多角形であり，どの頂
点にも同じ数の面が集まっているへこみのない
多面体を正多面体といい，正四面体，正六面体，
正八面体，正十二面体，正二十面体の 5 種類が
ある。

(2)(8) 球は曲面だけで囲まれており，どこから見
ても円になる。

3 直方体の辺を直線に，面を平面におきかえてみ
ると考えやすい。

(1) 右の上の図で，$\ell \perp m$，$\ell \parallel P$
であるが，$m \parallel P$ である。

(3) 右の上の図で，$\ell \parallel P$，$m \parallel P$
であるが，$\ell \perp m$ である。

(5) 右の下の図で，$\ell \parallel P$，$P \perp Q$
であるが，$\ell \parallel Q$ である。

4 (1)(2) 1 回転させてできる回転体は，底面の半
径が 2 cm で，高さが 3 cm の円柱になる。

(3) 底面積　$\pi \times 2^2 = 4\pi$
体積　$4\pi \times 3 = 12\pi$ (cm³)

(4) 側面積　$3 \times 2\pi \times 2 = 12\pi$
表面積　$4\pi \times 2 + 12\pi = 20\pi$ (cm²)

円柱の体積
円柱の底面の円の半径を r，高さを h，体積を V
とすると，$V = \pi r^2 h$

円柱の表面積
（円柱の表面積）＝（底面積）×2＋（側面積）

5 1 回転させてできる回
転体は，右の図のような
底面の半径が 9 cm で，
高さが 12 cm の円錐であ
る。

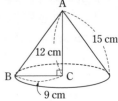

(1) 半径 15 cm の円周の
長さは　$2\pi \times 15 = 30\pi$ (cm)
側面のおうぎ形の弧の長さは　$2\pi \times 9 = 18\pi$ (cm)
円周が 30π，弧の長さは 18π だから，

弧の長さは円周の　$\dfrac{18\pi}{30\pi} = \dfrac{3}{5}$ （倍）である。

よって，中心角の大きさは　$360° \times \dfrac{3}{5} = 216°$

(2) 底面積　$\pi \times 9^2 = 81\pi$

体積　$\dfrac{1}{3} \times 81\pi \times 12 = 324\pi$ (cm³)

ポイント

円錐の体積
円錐の底面の円の半径を r，高さを h，体積を V
とすると，$V = \dfrac{1}{3}\pi r^2 h$

円錐の表面積
（円錐の表面積）＝（底面積）＋（側面積）

(3) 側面積　$\dfrac{1}{2} \times 2\pi \times 9 \times 15 = 135\pi$

表面積　$81\pi + 135\pi = 216\pi$ (cm²)

別解 側面積は，$\pi \times 15^2 \times \dfrac{216}{360}$ を計算しても

よい。
また，1 つの円からできるおうぎ形の面積は
弧の長さに比例するから，

$\pi \times 15^2 \times \dfrac{2\pi \times 9}{2\pi \times 15} = 135\pi$ (cm²)

として，側面積を求めてもよい。

6 体積　$\dfrac{4}{3}\pi \times 12^3 = 2304\pi$ (cm³)

表面積　$4\pi \times 12^2 = 576\pi$ (cm²)

ポイント

半径 r の球の体積 V と表面積 S
$V = \dfrac{4}{3}\pi r^3$　　　$S = 4\pi r^2$

p.126~127　第**7**回

1 (1) **10 cm**　　　　(2) **12**

　(3) **150 cm 以上 160 cm 未満の階級**

　　　階級値 … 155 cm

(4)　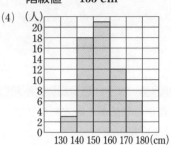

　(5) **0.35**　　　　(6) **0.70**

　(7) **30 %**

2 (1) ① **280**　　　　② **360**

　　　③ **21**　　　　④ **3920**

　　　⑤ **6720**　　　　⑥ **2520**

　　　⑦ **15880**

　(2) **317.6 cm**　　　(3) **320 cm**

　(4) **0.28**

3 (1) **40 人**　　　　(2) **47.5 kg**

　(3) **47.5 kg**

(4)　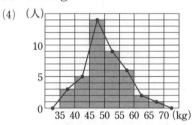

4 (1) **×**　　(2) **○**　　(3) **×**　　(4) **○**

5 **0.25**

▶ **解 説** ◀

1 (1) たとえば，130 cm 以上 140 cm 未満の階級
　で考えると，階級の幅は 140−130＝10 (cm)

　(2) □ にあてはまる数は，度数の合計から考え
　る。60−(3＋18＋21＋6)＝12

　(3) もっとも大きい度数は 21 人で，
　150 cm 以上 160 cm 未満の階級である。
　その階級値は (150＋160)÷2＝155(cm)

　(4) 階級の幅 10 cm を横の長さ，度数を縦の長さ
　とする長方形をすき間なく並べて，ヒストグラ
　ムをつくる。

　(5) 相対度数は，その階級の度数を度数の合計で
　わって求めるから，21÷60＝0.35

　(6) まず，累積度数を求める。
　各階級以下または各階級以上の階級の度数をた
　し合わせたものが累積度数だから，
　150 cm 未満の累積度数は 3＋18＝21 (人)
　160 cm 未満の累積度数は 21＋21＝42 (人)
　累積相対度数は，
　度数の合計に対する各階級の累積度数の割合だ
　から，42÷60＝0.70

　(7) 身長が 160 cm 以上の生徒の割合は，
　(6)で求めた 160 cm 未満の生徒の累積相対度数
　を使うと，1−0.70＝0.30 より 30 %

　　別解 身長が 160 cm 以上の生徒の人数は
　　12＋6＝18 (人) だから，
　　クラス全体に対する割合は
　　18÷60×100＝30 (%)

2 (1) ① 260 cm 以上 300 cm 未満の階級の階級
　値だから，280

　　② 340 cm 以上 380 cm 未満の階級の階級値
　　だから，360

　　③ 50−(3＋14＋7＋5)＝21

　　④ 280×14＝3920

　　⑤ 320×21＝6720

　　⑥ 360×7＝2520

　　⑦ 720＋3920＋6720＋2520＋2000＝15880

　(2) (階級値)×(度数) を各階級で計算し，
　その和を人数でわったものが平均値となるから，
　15880÷50＝317.6 (cm)

　(3) 最頻値は，度数がいちばん大きい階級の階級
　値だから，320 cm になる。

　(4) 260 cm 以上 300 cm 未満の階級の度数は 14 人
　で，全体の度数が 50 人だから相対度数は，
　14÷50＝0.28

3 (1) ヒストグラムから，
　各階級の度数を読みとると，
　3＋5＋14＋9＋6＋2＋1＝40(人)

　(2) (1)より，このクラスの生徒の人数は 40 人で，
　中央値はデータを大きさの順に並べたときの中
　央の値だから，ふつう 20 番目と 21 番目の平均
　になるが，この問題のように中央値をふくむ階
　級の階級値を中央値として用いることがある。

中央値をふくむ階級は $45\,\mathrm{kg}$ 以上 $50\,\mathrm{kg}$ 未満の階級だから，その階級値を求める。

$(45+50)÷2=47.5\,(\mathrm{kg})$

(3) (2)と同様に，度数がもっとも大きい階級の階級値をそのデータの最頻値として用いることがある。

度数がもっとも大きい階級は $45\,\mathrm{kg}$ 以上 $50\,\mathrm{kg}$ 未満の階級だから，その階級値を求める。

$(45+50)÷2=47.5\,(\mathrm{kg})$

(4) ヒストグラムの各長方形の上の辺の中点を結んで，度数折れ線をかく。

④ グラフより相対度数の表をつくる。

階級（時間）	相対度数 A中学校	相対度数 B中学校
0 以上 5 未満	0.20	0.14
5 ～10	0.30	0.13
10 ～15	0.20	0.18
15 ～20	0.15	0.25
20 ～25	0.10	0.16
25 ～30	0.05	0.14
計	1.00	1.00

(1) A中学校の通学時間が 15 分未満の累積相対度数は $0.20+0.30+0.20=0.70$ だから，通学時間が 15 分以上の生徒の割合は 30 % である。

(2) A中学校の最頻値は 5 分以上 10 分未満の階級の階級値だから，7 分 30 秒

B中学校の最頻値は 15 分以上 20 分未満の階級の階級値だから，17 分 30 秒

(3) グラフをみると，全体的にB中学校の方が右によっている。これは，B中学校の方が全体的に通学時間が長いことを表している。

(4) B中学校の通学時間が 10 分未満の累積相対度数は

$0.14+0.13=0.27$ となるから 27 % で，

通学時間が 10 分未満の生徒は 3 割より少ない。

⑤ 実験や観察を行うとき，

あることがらの<u>起こりやすさの程度を表す数</u>を，

そのことがらの起こる<u>確率</u>という。← 割合で表す。

ハートのエースが出る割合は

$\dfrac{298}{1200}=0.248\cdots$ だから，

小数第 3 位を四捨五入して 0.25 になる。

---

p.128 第**8**回

① 4 年前

② 600 m

③ (1) $a=\dfrac{1}{2}$ (2) $b=2$

(3) 12 cm²

④ 8π cm²

⑤ 200 cm³

解説

① 現在より x 年後の年齢（ねんれい）が 5 倍であるとすると，

$49+x=5(13+x)$ より $x=-4$

-4 年後は 4 年前のことであり，問題に適している。

② 鉄橋の長さを x m とすると，

列車が進んだ距離は $(x+240)$ m だから，

列車の速さについて，$\dfrac{x+240}{56}=15$

この方程式を解くと，$x=600$

鉄橋の長さを 600 m とすると，問題に適している。

③ (1) 点Aの y 座標は $y=\dfrac{8}{4}=2$

①の直線 $y=ax$ は A(4, 2) を通るから，

$2=a\times4$ より $a=\dfrac{1}{2}$

(2) 点Bの y 座標は $y=\dfrac{8}{2}=4$

②の直線 $y=bx$ は B(2, 4) を通るから，

$4=b\times2$ より $b=2$

(3) Cは x 座標が 4 で，②のグラフ上の点だから，

y 座標は $y=2\times4=8$

三角形 OAC は底辺を AC とすると，

高さは 4 cm になるから，

面積は $\dfrac{1}{2}\times(8-2)\times4=12\,(\mathrm{cm}^2)$

④ 色をつけた部分は，

（半円）＋（おうぎ形）－（半円）＝（おうぎ形）

となることから，半径が 8 cm，中心角が 45° のおうぎ形の面積と等しくなる。

⑤ もとの直方体の体積は $6\times8\times5=240$

切った三角錐の体積は

$\dfrac{1}{3}\times\dfrac{1}{2}\times8\times6\times5=40$

求める立体の体積は $240-40=200\,(\mathrm{cm}^3)$

教科書ワーク 数学 特別ふろく ②

無料ダウンロード
定期テスト対策問題

こちらにアクセスして，表紙カバーについているアクセスコードを入力してご利用ください。
https://www.kyokashowork.jp/ma11.html

① 実力テスト

基本・標準・発展の3段階構成で無理なくレベルアップできる！

数学1年
実力テスト **基本**

1章　正負の数
❶正負の数，加法と減法
⏱20分　得点　点

中学教科書ワーク付録　定期テスト対策問題　文理

1 次の問いに答えなさい。　　【10点×2＝20点】

(1) -4，$+0.6$，0，-2，$+3$，$+\frac{1}{4}$，-0.6 の7つの数について，絶対値がいちばん小さい数といちばん大きい数をそれぞれ答えなさい。

　　　　　　　　　　　　小さい数　　　大きい数

(2) 右の数を小さいほうから順に並べなさい。　　-3，$+8$，0，-9

2 次の計算をしなさい。　　【10点×8＝80点】
(1) $11+(-4)$　　　　　　(2) $-27+13$

数学1年
実力テスト **発展**

1章　正負の数
❶正負の数，加法と減法
⏱30分　得点　点

中学教科書ワーク付録　定期テスト対策問題　文理

1 次の問いに答えなさい。　　【20点×3＝60点】
(1) 右の数の大小を，不等号を使って表しなさい。　　$-\frac{1}{2}$，$-\frac{1}{3}$，$-\frac{1}{5}$

数学1年
実力テスト **標準**

1章　正負の数
❶正負の数，加法と減法
⏱25分　得点　点

中学教科書ワーク付録　定期テスト対策問題　文理

1 次の問いに答えなさい。　　【10点×2＝20点】
(1) 絶対値が3より小さい整数をすべて求めなさい。

(2) 数直線上で，-2 からの距離が5である数を求めなさい。

2 次の計算をしなさい。　　【10点×8＝80点】
(1) $-6+(-15)$　　　　　　(2) $-\frac{2}{5}-\left(-\frac{1}{5}\right)$

② 観点別評価テスト

観点別評価にも対応。苦手なところを克服しよう！

解答用紙が別だから，テストの練習になるよ。

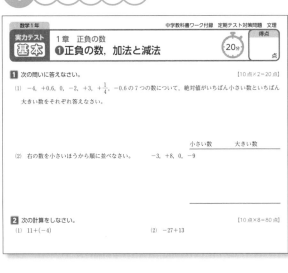

数学1年
第❶回 観点別評価テスト
◎答えは，別紙の解答用紙に書きなさい。　⏱40分

中学教科書ワーク付録　定期テスト対策問題　文理

📋 主体的に学習に取り組む態度
❶ 次の問いに答えなさい。
(1) 交換法則や結合法則を使って正負の数の計算の順序を変えることに関して，正しいものを次から1つ選んで記号で答えなさい。
ア　正負の数の計算をするときは，計算の順序をくふうして計算しやすくできる。
イ　正負の数の加法の計算をするときだけ，計算の順序を変えてもよい。
ウ　正負の数の乗法の計算をするときだけ，計算の順序を変えてもよい。
エ　正負の数の計算をするときは，計算の順序を変えるようなことをしてはいけない。

(2) 電卓の使用に関して，正しいものを次から1つ選んで記号で答えなさい。
ア　数学や理科などの計算問題は電卓をどんどん使ったほうがよい。
イ　電卓は会社や家庭で使うものなので，学校で使ってはいけない。
ウ　電卓の利用が有効な問題のときは，先生の指示にしたがって使ってもよい。

📋 思考力・判断力・表現力等
❸ 次の問いに答えなさい。
(1) 次の各組の数の大小を，不等号を使って表しなさい。
① $-\frac{3}{4}$，$-\frac{2}{3}$　　　② $-\frac{2}{3}$，$\frac{1}{4}$，$-\frac{1}{2}$

(2) 絶対値が4より小さい整数を，小さいほうから順に答えなさい。

(3) 次の数について，下の問いに答えなさい。
$-\frac{1}{4}$，0，$\frac{1}{5}$，1.70，$-\frac{13}{5}$，$\frac{7}{4}$
① 小さいほうから3番目の数を答えなさい。
② 絶対値の大きいほうから3番目の数を答えなさい。

📋 思考力・判断力・表現力等
❹ 次の問いに答えなさい。
(1) 次の数量を，文字を使った式で表しなさい。

数学1年
第❶回 観点別評価テスト

中学教科書ワーク付録　定期テスト対策問題　文理

解答用紙

❶ 【5点×2】📋主体的に学習に取り組む態度　/10

❷ 【5点×3】📋主体的に学習に取り組む態度　/15

❸ 【2点×5】📋思考力・判断力・表現力等　/10

❹ 【3点×5】📋思考力・判断力・表現力等　/15

❺ 【2点×5】📋知識・技能　/10

❻ 【3点×5】📋知識・技能　/15

❼ 【2点×5】📋知識・技能　/10

❽ 【3点×5】📋知識・技能　/15

大問	観点	得点	評価の基準	得点
❶・❷	主体的に学習に取り組む態度	/25	A…20 点以上 B…6〜19 点 C…0〜5 点	
❸・❹	思考力・判断力・表現力等	/25	A…20 点以上 B…6〜19 点 C…0〜5 点	
❺〜❽	知識・技能	/50	A…20 点以上 B…6〜19 点 C…0〜5 点	